轨道交通行业系列培训教程

数控加工中心技术指导

主　编　张利好　彭　博
副主编　文照辉　张　辉
参　编　欧阳黎健　张　谦　刘　辉　常文卫
　　　　熊亚洲　文　献　龙　浩　王　盛
　　　　杨成斌　刘　荣
主　审　尹子文　周培植

机械工业出版社

本书主要针对轨道交通行业数控加工中心技术指导和技能鉴定进行编写，内容全面，理论和实际生产制造相结合。本书主要内容包括：数控铣床及加工中心程序编制的基础知识、数控铣床及加工中心工艺与刀具系统、精密量具和量仪的使用、宏程序编程基础理论（FANUC 0i 系统）、高速切削加工应用技术及数控维修、宏程序编程案例、技能大师解决加工工艺难题、数控加工中心试题指南。其中，数控加工中心试题指南部分为高级工、技师、高级技师试题，形式以填空题、选择题、判断题、简答题、计算题、论述题、绘图题等为主。

本书可作为轨道交通制造企业加工中心一线技术人员的培训教材及铁路加工中心职业技能鉴定参考教材，也可作为高等职业教育轨道交通电力机车专业师生的教学参考书。

图书在版编目（CIP）数据

数控加工中心技术指导/张利好，彭博主编. —北京：机械工业出版社，2024.3

轨道交通行业系列培训教程

ISBN 978-7-111-74814-4

Ⅰ.①数⋯ Ⅱ.①张⋯ ②彭⋯ Ⅲ.①数控机床加工中心-职业教育-教材 Ⅳ.①TG659

中国国家版本馆 CIP 数据核字（2024）第 027854 号

机械工业出版社（北京市百万庄大街22号 邮政编码100037）
策划编辑：侯宪国 王振国 责任编辑：侯宪国 王振国 杜丽君
责任校对：高凯月 刘雅娜 封面设计：张 静
责任印制：张 博
北京雁林吉兆印刷有限公司印刷
2024年3月第1版第1次印刷
184mm×260mm·17.75 印张·399 千字
标准书号：ISBN 978-7-111-74814-4
定价：59.80元

电话服务	网络服务
客服电话：010-88361066	机 工 官 网：www.cmpbook.com
010-88379833	机 工 官 博：weibo.com/cmp1952
010-68326294	金 书 网：www.golden-book.com
封底无防伪标均为盗版	机工教育服务网：www.cmpedu.com

丛书编审委员会

主 任 委 员　渠　源

副主任委员　任富明　刘金勇　欧阳黎健

委　　　员　林　杰　杨朝光　尹子文　周培植　张利好

秘 书 处　张利好　彭　博

本书编审人员

主　编　张利好　彭　博

副主编　文照辉　张　辉

参　编　欧阳黎健　张　谦　刘　辉　常文卫
　　　　熊亚洲　文　献　龙　浩　王　盛
　　　　杨成斌　刘　荣

主　审　尹子文　周培植

在党中央、国务院的正确决策和大力支持下，中国轨道交通装备制造业迅猛发展。中国是全球高铁技术最全、集成能力最强、运营里程最长、运行速度最高的国家，轨道交通已成为中国外交的"金名片"，中国轨道交通装备制造业的百年积淀，承载着中国高铁走向世界的梦想。

站在新的发展起点上，面对新的机遇和挑战，中车株洲电力机车有限公司将继续秉承振兴民族工业的理想和做强、做优、做大中央企业的信念，以行业发展和开放心态，大力推进经营模式创新、技术创新和管理创新，提升经营品质，全面建设全球领先的高端装备系统解决方案供应商，助推中国高端装备走向世界，以卓越的业绩回馈社会。

中车株洲电力机车有限公司，作为中国轨道交通事业的积极参与者和主要推动者，在大力推动产品、技术创新的同时，始终站在人才队伍建设的重要战略高度，把高技能人才作为创新资源的重要组成部分，不断加大"大国工匠"的培养力度。广大技术工人立足本职岗位，用自己的聪明才智，为轨道交通事业的创新、发展做出了重要贡献。高技能人才队伍发展，得益于国家的政策环境，得益于企业的发展，也得益于扎实的基础工作。轨道交通行业数控编程加工方面的专门培训教材比较少，特别是大型焊接件、车轮及电动机端盖等轨道交通零部件的案例讲解是很少见的，不锈钢整车的加工更是少之又少，轨道交通零部件加工几乎没有可以学习借鉴的相关书籍。本书组织在城市轨道交通一线工作的，有丰富经验的中车资深专家和在轨道交通机械加工方面经验丰富的工艺人员共同编写，以填补这方面的空缺。本书内容基于多年工作实践，积累和提炼了大师们的经验和建议，力求重点突出，做到图文并茂，讲解深入浅出，在轨道交通零部件加工方面具有广泛的适用性和指导性，对促进轨道交通行业零部件加工水平的不断提升具有重要意义。

相信本书的出版发行，对促进高技能人才队伍建设、轨道交通事业的发展必将起到启迪后人、传承发扬的作用。

中车株洲电力机车有限公司转向架事业部

前言
Foreword

近年来，我国制造业飞速发展，随着轨道交通行业制造水平的不断提升，对车辆零部件的制造精度要求越来越高。数控机床加工能力代表了一个国家工业发展的水平，在新设备、新工艺、新技术、新方法、新刀具不断涌现的现状下，为提升数控加工从业人员的技术水平，有必要编写比较完善且适用于轨道交通行业类数控加工中心的培训教材。

轨道交通的整车生产包含数以万计的零件，其中大部分零部件需要通过机械精密加工。尤其是转向架构架、车轮、抱轴箱体、车体，以及各种小型电气零件，精度要求高、程序编制复杂，而且不断有新工艺、新技术运用到城市轨道交通加工中来，需运用多种不同的加工编程方法和专用刀具。目前，关于城市轨道交通行业数控加工编程方面的专门培训教材比较少，特别是大型焊接钢结构、不锈钢整车的加工更是少有可学习借鉴的书籍。为了使城市轨道交通技术高效、持续发展，更为了城市轨道交通技术的传承，我们特组织在城市轨道交通一线工作的、有丰富经验的中车资深专家和在轨道交通机械加工方面经验丰富的工艺人员共同编写了本书，以填补这方面的空缺。

本书内容紧密结合生产实际，力求重点突出，做到图文并茂，讲解深入浅出、通俗易懂、便于培训。基于此，由中车株洲电力机车有限公司技师协会组织，组建了以转向架事业部总经理渠源为主任委员，转向架事业部党委书记任富明、党委副书记兼工会主席刘金勇、综合管理部经理欧阳黎健为副主任委员的编审委员会，并邀请全国技术能手张利好，中车首席技能专家文照辉，中车资深技能专家张谦、刘辉及一批工艺人员和中车技能专家参加编写，使得本书既体现城市轨道交通技术的发展成果，又汇集了很多生产实例，可供轨道交通技术人员培训使用。

本书由张利好、彭博担任主编，文照辉、张辉担任副主编。欧阳黎健、张谦、刘辉、常文卫、熊亚洲、文献、龙浩、王盛、杨成斌、刘荣参与编写。全书由尹子文、周培植主审。本书在编写过程中参阅了部分著作、技术标准，在此向相关作者表示最诚挚的感谢。本书在编写过程中还得到中车株洲电力机车有限公司工会和公司人力资源部、转向架事业部及工会的大力支持和帮助，在此表示衷心感谢。

鉴于轨道交通技术仍处于不断发展中，还需要进一步探索和验证，加之编者水平有限，书中不足之处在所难免，恳请广大读者批评指正。

编　者

目 录 Contents

序
前言

第1篇　理论知识篇

第1章　数控铣床及加工中心程序编制的基础知识

1.1　数控加工坐标系的建立与应用 ············· 2
　1.1.1　机床坐标系的建立与应用 ············· 2
　1.1.2　工件坐标系的建立与应用 ············· 3
1.2　数控系统的基本功能 ············· 4
　1.2.1　准备功能 ············· 4
　1.2.2　辅助功能 ············· 6
　1.2.3　主轴功能 ············· 7
　1.2.4　刀具功能 ············· 7
　1.2.5　进给功能 ············· 7
　1.2.6　字符显示功能 ············· 7
　1.2.7　诊断功能 ············· 7
　1.2.8　通信功能 ············· 7
1.3　指令编程的方法与应用 ············· 8
　1.3.1　指令编程的方法 ············· 8
　1.3.2　指令编程的应用 ············· 11
1.4　子程序编程与应用 ············· 21
　1.4.1　子程序简介 ············· 21
　1.4.2　调用子程序 M98、M99 指令的功能与格式（FANUC）············· 22
　1.4.3　子程序编程实例 ············· 23
1.5　数控铣床及加工中心加工常用的对刀方法 ············· 25
　1.5.1　对刀前的准备工作 ············· 25
　1.5.2　常用的对刀方法 ············· 26

第2章　数控铣床及加工中心工艺及刀具系统

2.1　数控铣床及加工中心的加工对象 ············· 30

2.1.1	平面类零件	30
2.1.2	空间曲面类零件	31
2.1.3	箱体类零件	31
2.1.4	异形及普通机床上难以加工的零件	32

2.2 加工工艺的分析方法 … 32
    2.2.1 数控铣床及加工中心的加工特点 … 32
    2.2.2 数控铣床及加工中心加工内容的选择 … 33
2.3 定位与装夹 … 34
    2.3.1 定位基准及定位原理 … 34
    2.3.2 工件的安装定位方式 … 35
    2.3.3 对夹具的基本要求 … 39
    2.3.4 夹紧力三要素的确定 … 39
2.4 加工方法的选择及加工路线的确定 … 42
    2.4.1 加工方法的选择 … 42
    2.4.2 加工路线的确定 … 43
2.5 加工工艺参数的确定 … 47
    2.5.1 铣削用量 … 47
    2.5.2 工件表面结构 … 50
2.6 数控铣削加工刀具系统和刀具的类型 … 51
    2.6.1 数控铣削加工刀具系统 … 51
    2.6.2 常用铣刀的种类及用途 … 52
2.7 工艺规程的制订 … 54
    2.7.1 加工工序的划分 … 54
    2.7.2 加工路线的确定 … 55
    2.7.3 轮廓铣削加工路线的分析 … 55
    2.7.4 多孔加工路线的分析 … 55

第3章 精密量具和量仪的使用

3.1 杠杆卡规和杠杆千分尺 … 58
    3.1.1 杠杆卡规 … 58
    3.1.2 杠杆千分尺 … 59
3.2 千分表 … 60
    3.2.1 钟面式千分表 … 60
    3.2.2 杠杆千分表 … 61
    3.2.3 数显千分表 … 61
3.3 扭簧测微仪 … 63
3.4 正弦规 … 64
3.5 量块 … 64
3.6 三坐标测量机 … 66

第4章 宏程序编程基础理论（FANUC 0i系统）

4.1 宏程序编程的基础 …… 72
4.1.1 宏程序的定义 …… 72
4.1.2 用户宏功能的分类 …… 73
4.1.3 变量的概述 …… 73
4.1.4 变量的引用 …… 74
4.1.5 变量的类型 …… 75

4.2 宏程序编程的工具——控制流向的语句 …… 80
4.2.1 语句的分类 …… 80
4.2.2 运算符的描述 …… 83

4.3 宏程序编程的灵魂——程序设计的逻辑 …… 84
4.3.1 算法的概述 …… 84
4.3.2 算法设计的三大原则 …… 85
4.3.3 宏程序的设计——流程框图 …… 86
4.3.4 宏程序编程基础——编程步骤和变量设置 …… 88

第5章 高速切削加工应用技术及数控维修

5.1 高速铣削简介 …… 91
5.1.1 高速铣削的定义与特点 …… 91
5.1.2 高速铣削的工艺分析 …… 95
5.1.3 高速铣削的方法 …… 97

5.2 数控机床的故障诊断与维护 …… 100
5.2.1 数控机床常见故障诊断与维修方法 …… 100
5.2.2 数控机床常见故障处理案例 …… 103
5.2.3 数控机床的日常维护保养 …… 106

第2篇 技能知识篇

第6章 宏程序编程案例

6.1 椭圆加工编程 …… 110
6.1.1 椭圆参数方程 …… 110
6.1.2 椭圆内轮廓加工 …… 112

6.2 正多边形外斜面加工编程 …… 114
6.2.1 正多边形外斜面加工的类型 …… 114
6.2.2 采用平底立铣刀加工正多边形斜面 …… 114
6.2.3 采用球头立铣刀加工正多边形斜面 …… 116

6.3 圆球面加工编程 …………………………………………………………………… 117
　　6.3.1 外球面加工 ………………………………………………………………… 118
　　6.3.2 内球面加工 ………………………………………………………………… 119
　　6.3.3 球面加工案例 ……………………………………………………………… 120
6.4 利用可编程零点偏置功能加工编程 ………………………………………………… 121
　　6.4.1 局部坐标系（坐标平移）指令 G52 …………………………………………… 121
　　6.4.2 局部坐标系指令 G52 的运用 ………………………………………………… 121
　　6.4.3 基准转换指令 G92 …………………………………………………………… 123
　　6.4.4 基准转换指令 G92 的运用 …………………………………………………… 124
6.5 利用比例缩放功能加工编程 ………………………………………………………… 126
　　6.5.1 比例缩放功能介绍 …………………………………………………………… 126
　　6.5.2 比例缩放编程案例 …………………………………………………………… 127
6.6 利用坐标系旋转功能加工编程 ……………………………………………………… 130
　　6.6.1 坐标系旋转功能介绍 ………………………………………………………… 130
　　6.6.2 坐标系旋转编程案例 ………………………………………………………… 130
6.7 机车构架八字槽宏程序编程 ………………………………………………………… 132
　　6.7.1 八字槽工艺分析 ……………………………………………………………… 132
　　6.7.2 八字槽加工编程案例 ………………………………………………………… 133
6.8 机车构架拉杆座螺纹孔选择性返修宏程序 ………………………………………… 135
　　6.8.1 返修拉杆座螺纹孔工艺分析 ………………………………………………… 135
　　6.8.2 选择性返修拉杆座螺纹孔编程案例 ………………………………………… 136
6.9 车轮制动盘孔宏程序编程 …………………………………………………………… 138
　　6.9.1 车轮制动盘孔加工工艺分析 ………………………………………………… 138
　　6.9.2 车轮制动盘孔编程案例 ……………………………………………………… 139
6.10 车轮倒圆宏程序编程 ………………………………………………………………… 140
　　6.10.1 倒圆工艺分析 ……………………………………………………………… 140
　　6.10.2 圆角宏程序编程案例 ……………………………………………………… 141
6.11 牵引电动机端盖铣削加工 …………………………………………………………… 143
　　6.11.1 牵引电动机端盖加工工艺分析 …………………………………………… 143
　　6.11.2 牵引电动机端盖宏程序编程案例 ………………………………………… 143
6.12 牵引电动机机壳铣削加工 …………………………………………………………… 145
　　6.12.1 牵引电动机机壳铣削加工工艺分析 ……………………………………… 145
　　6.12.2 牵引电动机机壳宏程序编程案例 ………………………………………… 145
6.13 宏程序在刀具参数和坐标系设置中的应用 ………………………………………… 148
　　6.13.1 宏程序在刀具参数和坐标系设置中的应用原理 ………………………… 148
　　6.13.2 宏程序在刀具参数中的应用案例 ………………………………………… 148
　　6.13.3 宏程序在坐标系设置中的应用案例 ……………………………………… 149

第7章　技能大师解决加工工艺难题

7.1 西门子 840D 系统宏程序在生产中的应用 ………………………………………… 152

- 7.1.1 宏程序的应用技巧 ······ 152
- 7.1.2 利用宏程序降低产品质量问题发生的概率 ······ 153
- 7.1.3 利用宏程序减少检查系统变量消耗的时间 ······ 154
- 7.1.4 利用宏程序减少编程的工作量 ······ 155
- 7.2 铝合金底架高速加工工艺难点分析 ······ 156
  - 7.2.1 学习目标与注意事项 ······ 156
  - 7.2.2 工艺分析 ······ 157
  - 7.2.3 切削加工工艺 ······ 157
  - 7.2.4 自动记录切削时间程序编制 ······ 159
- 7.3 箱体类零件加工 ······ 160
  - 7.3.1 箱体类零件的技术特点 ······ 160
  - 7.3.2 箱体类零件的加工案例 ······ 161
- 7.4 细长杆类零件的加工 ······ 166
  - 7.4.1 细长杆的技术特点和加工难点 ······ 166
  - 7.4.2 细长杆的加工案例 ······ 167
- 7.5 铝合金车体大部件的参数化编程工艺 ······ 176
  - 7.5.1 概述 ······ 176
  - 7.5.2 具有参数传送的子程序 ······ 176
  - 7.5.3 大侧墙产品加工分析 ······ 178
- 7.6 动车组车辆铝合金型材加工 ······ 181
  - 7.6.1 学习目标与注意事项 ······ 181
  - 7.6.2 工艺分析 ······ 181
  - 7.6.3 工装设计 ······ 182
  - 7.6.4 刀具选择 ······ 183
  - 7.6.5 切削用量的确定 ······ 184
- 7.7 城轨车辆构架加工工艺难点 ······ 184
  - 7.7.1 构架装夹及加工工艺难点分析 ······ 184
  - 7.7.2 各加工难点的解决方法 ······ 186
  - 7.7.3 宏程序的优化 ······ 188

第3篇 试题指南篇

第8章 数控加工中心试题指南

- 8.1 高级工试题 ······ 190
  - 8.1.1 填空题 ······ 190
  - 8.1.2 选择题 ······ 193
  - 8.1.3 判断题 ······ 197
- 8.2 技师试题 ······ 200

- 8.2.1 填空题 …… 200
- 8.2.2 选择题 …… 203
- 8.2.3 判断题 …… 208
- 8.2.4 简答题 …… 211
- 8.2.5 计算题 …… 212
- 8.2.6 论述题 …… 213
- 8.2.7 绘图题 …… 213
- 8.3 高级技师试题 …… 214
  - 8.3.1 填空题 …… 214
  - 8.3.2 选择题 …… 217
  - 8.3.3 判断题 …… 222
  - 8.3.4 简答题 …… 224
  - 8.3.5 计算题 …… 225
  - 8.3.6 论述题 …… 225
  - 8.3.7 绘图题 …… 226
- 8.4 试题答案 …… 226
  - 8.4.1 高级工试题答案 …… 226
  - 8.4.2 技师试题答案 …… 227
  - 8.4.3 高级技师试题答案 …… 232
- 8.5 技能实操试题 …… 238
  - 8.5.1 高级工实操试题 …… 238
  - 8.5.2 技师实操试题 …… 247
  - 8.5.3 高级技师实操试题 …… 256

参考文献

第1篇

理论知识篇

第 1 章
数控铣床及加工中心程序编制的基础知识

> ☺ **学习目标：**
> 1. 熟悉工件坐标系的建立与应用。
> 2. 掌握数控系统的基本功能、指令编程的应用。
> 3. 掌握数控编程中的数值计算。
> 4. 掌握数控铣床及加工中心加工常用的对刀方法。
> 5. 掌握数控加工工件的检测。

1.1 数控加工坐标系的建立与应用

为了明确刀具与工件在数控机床上的相对位置概念，因此必须理解数控机床坐标系。数控机床坐标系有机床坐标系和工件坐标系两种。

1.1.1 机床坐标系的建立与应用

为了确定机床的运动方向、移动的距离，要在机床上建立一个坐标系，这个坐标系称作机床坐标系。目前国际标准化组织已经统一了坐标系的标准，我国也颁布了 GB/T 19660—2005《工业自动化系统与集成 机床数值控制 坐标系和运动命名》的标准，对包括数控铣床在内的所有数控机床的坐标轴和运动方向都做了明确规定。为了编程时方便，明确该类设备的坐标系统一采用右手笛卡儿坐标系。确定机床坐标时，通常先确定 Z 轴，再确定 X、Y 轴。坐标的正方向为刀具远离工件的方向。以加工中心为例，凡是钻入、镗入的方向均为负方向。目前常见到的加工中心有三种运动方式：第一种是工件静止不动，刀具相对于工件运动；第二种是工件沿各坐标轴方向运动，刀具不动（只回转，不进给）；第三种是刀具和工件各自做部分进给运动。无论哪一种运动方式，编程时都统一认为是刀具相对于静止的工件运动。

机床坐标系又称机械坐标系，是机床制造商在出厂时就已经设置好的一个坐标。在编制程序时，以机床坐标系作为工件确定运动方向和距离的坐标系，从而与数控机床建立坐标关系。在使用中，机床坐标系是由参考点来确定的，机床系统启动后，进行返回参考点操作，机床坐标系就建立了。坐标系一经建立，只要不切断电源，坐标系就不会变化。

机床坐标系的原点也称机床原点或机械原点，这个原点是机床上的一个固定点。与机床原点不同但又很容易混淆的一个概念是机床零点，它是机床坐标系中一个固定不变的极限点，即运动部件回到正向极限的位置。机床启动前，通常要进行机动或手动回零。所谓回零，就是指运动部件回到正向极限位置，这个极限位置就是机械原点（零点）。数控机床在接通电源后要进行回零操作，这是因为数控机床断电后，就失去了对各坐标位置的记忆，所以在接通电源后，要让各坐标轴回到机械原点，并记住这一初始化位置，从而使机床恢复位置记忆。

1.1.2 工件坐标系的建立与应用

工件坐标系是编程人员根据零件图样或加工工艺文件，在编程时建立在工件上的坐标系，工件坐标系原点也称编程零点。在一般数控机床中，工件坐标系的设定主要有 G92 指令和 G54~G59 指令两种方法。

1. G92 指令设定工件坐标系

G92 指令是通过设定刀具起点（对刀点）相对于编程零点的相对位置建立起来的工件坐标系。这种方法本质上是通过刀具的位置来确定工件坐标系的原点。此坐标系一旦建立，程序中各移动轴的数值都与该坐标系有直接关联。G92 指令的编程格式如下：

$$G92\ X\_\_\ Y\_\_\ Z\_\_;$$

数控系统在执行该指令后，就在机床上建立了一个工件坐标系，该指令中的坐标值代表刀具刀位点在这个坐标系中的坐标值。在使用该指令建立工件坐标系时，必须在执行加工程序前检查刀具与工件坐标之间的位置关系，以确保机床上的工件坐标系与编程时在工件上所确定的工件坐标系的位置一致。

在使用该指令设定工件坐标系时应注意：因为工件坐标系原点的位置随当前刀具起刀点位置的不同而随时改变，所以在批量加工时，每完成一个工件的加工后，刀具都应该退回到程序最初的起刀点位置，否则在加工下一个工件时，会因当前刀具起刀点与机床记忆的工件坐标系位置不对而产生事故。

2. G54~G59 指令设定工件坐标系

与 G92 指令不同，G54~G59 指令是通过找到编程零点与机床参考点之间的相对距离，然后把这个相对距离输入到数控系统中，从而使工件的编程零点与机床的机床原点建立起相对的位置关系，最终实现工件坐标系原点偏移。在一个数控程序中，可以用 G54~G59 的方法设定 6 个工件坐标系，设定工件坐标系时，用 MDI（也称为手动数据输入）方式，指定各工件坐标系原点（编程零点）到机床原点的距离。利用 G54~G59 指令设定工件坐标系后，编程零点在机床坐标系中的位置固定不变，它与刀具的当前位置无关。

注意：在使用该指令设定工件坐标系时在机床通电后，需要对机床各轴进行回零操作，以便建立起机床坐标系。

3. 多工件坐标系的设定

数控加工中，可根据实际情况设定多个工件坐标系，运用 G92 指令和 G54～G59 指令均可在同一个工件中设定多坐标系。

> **注意**：一般情况下，对于一些复杂工件的加工，为了方便编程人员进行数值计算，减少对刀次数，建议采用 G54～G59 指令来设定多坐标系。

在卧式加工中心的实际加工中，如果有多个侧面需要加工，那么可以通过工作台 B 轴的旋转来加工这些要素。此时，如果只使用一个编程零点，那么对于非零点所在侧面上的加工尺寸，就需要进行十分复杂的空间坐标系数值转换计算，再加上旋转工作台的旋转中心偏移量，使得计算更加复杂；但如果采用在各个不同侧面设置零点偏移，就可以大大简化程序编制，从而提高编程效率。

例如：

N10 G54；

……；

N100 G57；

N102 ……；

> **注释**：在执行 N10 程序段时，系统会选定 G54 坐标系作为当前工件坐标系；当执行 N100 程序段时，系统又会自动选择 G57 坐标系作为当前工件坐标系。

4. 使用工件坐标系的原则

1）尽量便于坐标值的数值计算。
2）尽可能使加工程序简单明了。
3）有利于工件的精准测量，以稳定保证工件的尺寸精度。
4）工件坐标系原点应与设计基准一致。
5）尽量选择尺寸精度高、表面结构低小的工件表面。

1.2 数控系统的基本功能

基本功能是数控系统的必备功能，而选择功能是供用户根据机床的特点和用途可选择的功能。数控系统的基本功能主要有准备功能 G 指令（代码）和辅助功能 M 指令（代码）。

1.2.1 准备功能

准备功能指令由字母"G"和其后的数字组成，从 G00～G99 有 100 种。该指令的作用主要是指定数控机床的运动方式，为数控系统的插补运算做好准备，所以在程序段中，G 指令一般位于坐标字指令的前面。

FANUC 0i 系统常用 G 指令见表 1-1。

1）表中 00 组的 G 指令除 G10 和 G11 外，都是单步 G 指令。

2）在相同程序段中可指定不同组的多个 G 指令。如果在相同程序段中指定了多个相同组的 G 指令，则最后指定的 G 代码有效。

3）在固定钻削循环方式（G80～G89）中，如果规定了 01 组中的任何 G 指令，则固定循环功能自动取消，系统处于 G80 状态。

表 1-1 FANUC 0i 系统常用 G 指令

G 指令	组别	含 义	G 指令	组别	含 义
G00	01	快速定位	G40.1	19	法线方向控制取消方式
G01		直线插补	G41.1		法线方向控制左侧 ON
G02		顺时针圆弧插补	G42.1		法线方向控制右侧 ON
G03		逆时针圆弧插补	G43	08	刀具长度补偿+
G04	00	暂停（延时）	G44		刀具长度补偿-
G05.1		AI 先行控制/AI 轮廓控制	G45	00	刀具位置偏置伸长
G05.4		HRV3 接通/断开	G46		刀具位置偏置缩小
G07.1（G07）		圆柱插补	G47		刀具位置偏置伸长 2 倍
G09		准确停止	G48		刀具位置偏置缩小 2 倍
G10		可编程数据输入	G49	08	刀具长度补偿取消
G11		可编程数据输入方式取消	G50	11	比例缩放取消
G15	17	极坐标指令取消	G51		比例缩放
G16		极坐标指令	G50.1	22	可编程镜像取消
G17	02	XY 平面选择	G51.1		可编程镜像
G18		ZX 平面选择	G52	00	局部坐标系设定
G19		ZY 平面选择	G53		机床坐标系选择
G20	06	寸制输入	G54	14	工件坐标系 1 选择
G21		米制输入	G54.1		选择追加工件坐标系
G22	04	存储行程检测功能 ON	G55		工件坐标系 2 选择
G23		存储行程检测功能 OFF	G56		工件坐标系 3 选择
G27	00	返回参考点检测	G57		工件坐标系 4 选择
G28		自动返回至参考点	G58		工件坐标系 5 选择
G29		从参考点移动	G59		工件坐标系 6 选择
G30		返回第 2、第 3、第 4 参考点	G60	00	单向定位
G31		跳过功能	G61	15	准确停止方式
G33	01	螺纹切削	G62		自动拐角倍率
G37	00	刀具长度自动测定	G63		攻螺纹方式
G39		刀具半径补偿拐角圆弧插补	G64		切削方式
G40	07	刀具半径补偿取消	G65	00	宏指令调用
G41		刀具半径左补偿	G66	12	宏模态调用
G42		刀具半径右补偿	G67		宏模态调用取消

(续)

G指令	组别	含 义	G指令	组别	含 义
G68	16	坐标旋转方式 ON	G87	09	反镗循环
G69		坐标旋转方式 OFF	G88		镗孔循环
G73	09	深孔钻削循环	G89		镗孔循环
G74		反向攻螺纹循环	G90	03	绝对指令
G75	01	切入式磨削循环(磨床用)	G91		增量指令
G76		精镗循环	G91.1		最大增量值检测
G80		固定循环取消/电子齿轮箱同步取消	G92	00	工件坐标系的设定/主轴最高转速钳制
G81		钻孔循环、点镗孔循环/电子齿轮箱同步开始	G92.1		工件坐标系预置
G82		钻孔循环、镗阶梯孔循环	G93	05	反比时间进给
G83	09	深孔钻削循环	G94		每分钟进给
G84		攻螺纹循环	G95		每转进给
G84.2		刚性攻螺纹循环(FS10/11 格式)	G96	13	周速恒定控制
G84.3		反向刚性攻螺纹循环(FS10/11 格式)	G97		周速恒定控制取消
G85		镗孔循环	G98	10	固定循环初始平面返回
G86		镗孔循环	G99		固定循环 R 点返回

1.2.2 辅助功能

辅助功能也称为 M 指令或 M 代码，是用来控制机床或系统辅助动作及状态的命令。M 指令常因机床生产厂家及机床结构和规格的不同而有所差别。

FANUC 0i 系统常用 M 指令见表 1-2。

表 1-2 FANUC 0i 系统常用 M 指令

指令	含义	用 途
M00	程序无条件停止	该指令实际上是一个暂停指令。当执行有 M00 指令的程序段后，主轴的转动、进给、切削液都将停止。它与单程序段停止相同，模态信息全部被保存，以便进行某一个手动操作，如换刀、测量工件的尺寸等。按循环启动按钮后，可以再启动程序
M01	程序选择停止	该指令与 M00 的功能基本相似，只有在按下机床操作面板上的"选择停止"后，M01 才有效，否则机床继续执行后面的程序段；按"循环启动"按钮后，可以再启动后面的程序
M02	程序结束	该指令编在程序的最后一条，表示执行完程序内所有指令后，主轴停止、进给停止、切削液关闭，机床处于复位状态
M03	主轴正转	从主轴尾端向主轴前端看时，为顺时针
M04	主轴反转	从主轴尾端向主轴前端看时，为逆时针
M05	主轴停止	用于主轴停止转动
M06	刀具交换	用于加工中心的自动换刀动作
M08	切削液开	打开切削液
M09	切削液关	关闭切削液

(续)

指令	含义	用途
M30	程序结束	使用该指令后,除表示执行 M02 的内容之外,还返回到程序的第一条语句,准备下一个工件的加工
M98	子程序调用	调用格式:M98 P__ L__。其中:P 为程序地址;L 为调用次数
M99	子程序返回	用于子程序结束及返回

1.2.3 主轴功能

主轴功能也称为主轴转速功能或 S 指令,是用来指令机床主轴转速的指令。S 指令用 S+数字来直接表示,在编程时,除用 S 指令控制主轴转速外,还要用 M 指令控制主轴的旋转方向。例如:M03 S1500 表示主轴以 1500r/min 的速度顺时针旋转。

1.2.4 刀具功能

刀具功能用指令 T+数字表示。它主要用来选择刀具和确定刀具参数,是数控编程的重要步骤。例如:加工中心中,T1 M06 表示自动换取第一把刀,其中"1"表示所要换取的刀号。

1.2.5 进给功能

进给功能又称 F 指令,表示刀具中心运动时的进给速度,用字母 F+数字表示。这个数字的单位取决于每个系统所采用的进给速度设定(具体内容见所用机床的编程说明书)。F 指令中进给率的单位为 mm/min 或 in/min,数控铣床或加工中心一般使用 mm/min。例如:G01 X100 Y200 F1200 表示主轴以 1200mm/min 的速度从原来的位置作直线运动至坐标为(100,200)的点。

1.2.6 字符显示功能

数控装置可以配置单色或彩色 CRT(阴极射线管),通过软件和接口实现字符和图形显示,还可以显示加工程序、参数、各种补偿量、坐标位置、故障信息、工件图形、动态刀具运动轨迹等。

1.2.7 诊断功能

数控装置中设置了各种诊断程序,可以防止故障的发生或扩大。在故障出现后,可迅速查明故障的类型及部位,减少因故障而造成的停机时间。

1.2.8 通信功能

数控机床上通常有 RS232C 接口,有的还备有 DNC 接口。现在部分数控车床还具有网卡,可接入因特网。

1.3 指令编程的方法与应用

指令编程是指按照加工工件设计图样的要求，通过特定的指令组合及相关格式，将待加工工件的工艺过程、尺寸参数、刀具信息和其他辅助动作编制成一个完整的加工程序，再将全部内容记录于某个信息载体中。

1.3.1 指令编程的方法

1. 设定坐标系的编程方法

（1）工件坐标系设定指令 G92　编程时，要预先设定工件坐标系，通过 G92 指令可以设定当前工件坐标系，该坐标系在机床重新启动时自动消失。执行 G92 指令后，确定了刀具刀位点的初始位置与工件坐标系坐标原点的相对距离，并在 CRT 显示器上显示出刀具刀位点在工件坐标系中当前位置坐标值。G92 指令是以刀具当前位置作为参考点设立工件坐标系的，因此，当机床断电或重新启动后，坐标系将不复存在。

（2）工件坐标系设定指令 G54~G57　工件坐标系的设定指令可以是 G54~G57 指令中任意一个。一般数控机床可以预先设定 4 个（G54~G57）工件坐标系。这些坐标系存储在机床存储器内，在机床重开机时仍然存在，在程序中可以交替选取任意一个工件坐标系使用，4 个工件坐标系皆以机床原点为参考点，分别以自身与机床原点的偏移量表示，需要提前输入机床数控系统。值得注意的是，G54~G57 指令是在加工前就设定好坐标系，而 G92 指令是在程序中设定坐标系，如果使用了 G54~G57 指令，就没有必要使用 G92 指令，否则用 G54~G57 指令设定的坐标系将被 G92 指令所设定的坐标系替换，因此必须避免。

2. 常用指令的编程方法

（1）快速定位指令 G00　用 G00 指令指定目标点的快速定位，指定刀具从当前点以系统参数设定的最大进给量，快速移动到目标点，移动的路径根据不同的数控系统有所不同，有些是起始点到目标点之间用最短的直线方式来执行，而有些是用折线方式来执行。因此，一定要在刀具与工件留有足够安全距离的情况下才能使用 G00 指令。该指令的程序格式为：

G00 X__ Y__ Z__；

其中，X__ Y__ Z__为目标点坐标。用绝对值编程时，X__ Y__ Z__为目标点在工件坐标系中的坐标；用相对值编程时，X__ Y__ Z__是刀具所在点移动过的距离，用±号表示移动方向。

（2）直线插补指令 G01　用 G01 指令指定直线进给，其作用是指定两个坐标（或三个坐标）以多轴联动的方式，按照指定的进给速度移动到目标点。该指令的程序格式为：

G01 X__ Y__ Z__ F__；

其中，X__ Y__ Z__为目标点坐标，可以用绝对值编程，也可以用相对值编程；F__为刀具移动的速度（mm/min），各坐标轴用±号表示移动方向。编写的进给速度 F 值可以通过数控控制面板上的旋钮在 0~120% 之间调整。G01 指令与 F 指令都是续效指令，在主程序中，第一个 G01 程序段里必须含有 F 指令，否则系统将默认进给速度为零。

（3）圆弧插补指令 G02、G03　圆弧插补有两种插补方式：顺时针圆弧插补和逆时针圆弧插补。顺时针圆弧（G02）和逆时针圆弧（G03）的定义可根据图 1-1 所示的坐标系统来确定。该坐标系统指刀具在机床上的运动，用 G02、G03 指定圆弧进给，该指令只能在平面上运行，G02 和 G03 编写的运动沿圆弧路径，并按指定的进给率 F 进行。

圆弧插补指令的程序格式为：

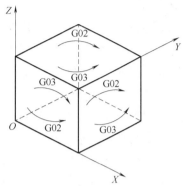

图 1-1　圆弧插补方向

1）笛卡儿坐标系。

XY 平面：G02(G03) G17 X __ Y __ I __ J __ F __；

XZ 平面：G02(G03) G18 X __ Z __ I __ K __ F __；

YZ 平面：G02(G03) G19 Y __ Z __ J __ K __ F __；

其中，圆弧的终点和圆心位置的坐标相对于工作平面轴的起点，圆弧的终点通过字母 X、Y、Z 定，圆心通过字母 I、J、K 定义，它是指从起点到圆心在坐标轴上的增量，有大小和方向，X 轴用 I 表示，Y 轴用 J 表示，Z 轴用 K 表示。

2）极坐标系。

XY 平面：G02(G03) G17 Q __ I __ J __ F __；

XZ 平面：G02(G03) G18 Q __ I __ K __ F __；

YZ 平面：G02(G03) G19 Q __ J __ K __ F __；

其中，定义 Q 为加工圆弧的角度，I、J、K 分别为起点到圆心在 X、Y、Z 轴的增量，工作平面 I、J、K 和各轴的对应关系为：X 轴用 I 表示，Y 轴用 J 表示，Z 轴用 K 表示。

如果圆弧的圆心没有定义，数控系统假定圆心与当前的极坐标原点重合。

3）用半径编程。

XY 平面：G02(G03) G17 X __ Y __ R __ F __；

XZ 平面：G02(G03) G18 X __ Z __ R __ F __；

YZ 平面：G02(G03) G19 Y __ Z __ R __ F __；

其中，定义圆弧的终点和半径，圆弧的终点通过字母 X、Y、Z 定，如果编写完整的圆，则不能采用半径编程，因为以 R 为半径的起点和终点重合的圆有无数个，数控系统将显示相应的错误提示。如果圆弧<180°，编写半径时用"+"号；如果圆弧>180°，编写半径时用"-"号。

（4）刀具长度补偿指令 G43、G44、G49　当在一个主程序内要使用几把刀时，由于每把刀的长度不尽相同，因此在同一个坐标系内，在 Z 值不变的情况下，每把刀具的端面在 Z 方向的实际位置不相同，这就给程序的编制带来了困难。为此，可预先将某把刀设置成标准刀具，并以此为基准，将其他刀具的长度相对于标准刀具长度的差值作为补偿值记录在机床数控系统的某个单元内。在刀具作 Z 方向运动时，数控系统将根据已记录的补偿值做相应的修正。如图 1-2 所示，要在一个加工程序中同时使用三把刀，它们的长度各不相同。另外两把刀分别较基准刀长或短 10mm，故这三把刀的长度补偿量分别为 0、10、-10，并将后两个数分别记录在数控系统的数据库中，代号为 "H02" 和 "H03"。这样就可以在同一个坐标系内使三把刀处于同一个 Z 向高度。

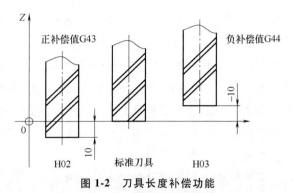

图 1-2 刀具长度补偿功能

刀具长度补偿指令的程序格式为：

刀具增长补偿（正补偿）：G43 H02；

刀具缩短补偿（负补偿）：G44 H03；

由于刀具长度补偿指令是模态的，因此要取消刀具长度补偿就必须使用 G49 指令。通常情况下，数控机床开机后，系统自动进入"刀补取消"状态。

（5）刀具半径补偿指令 G40、G41、G42 在零件轮廓的加工过程中，由于刀具都有半径，刀具中心运动轨迹并不等于被加工零件的实际轮廓，因此在实际加工时，刀具中心轨迹要偏移被加工零件轮廓表面一个刀具半径值，即进行刀具半径补偿。刀具半径补偿功能的应用具有以下优点：在编程时可以不考虑刀具的半径，直接按图样所给定的尺寸编程，只需要在实际加工前输入刀具的半径即可，以简化编程；通过改变刀具补偿值，可用一个加工程序完成不同尺寸工件的加工。

因为刀具半径补偿只限于在二维平面内进行，所以在使用补偿指令前需要先进行加工平面的选择。该指令的通用格式为：

G17 G41(G42) X＿ Y＿ D＿；

G18 G41(G42) X＿ Z＿ D＿；

G19 G41(G42) Y＿ Z＿ D＿；

由于 G17、G18、G19 指令是模态的，所以在半径补偿指令这个程序段中并不一定要出现，只要在该程序段之前出现即可。刀具半径补偿指令格式中，G41 表示刀具半径左补偿，G42 表示刀具半径右补偿。判断使用 G41、G42 指令的方法为：沿着刀具前进的方向看，如果刀具在被加工工件的左边，用 G41 指令，反之则用 G42 指令。D 为刀具半径补偿号，在数控机床的数控系统数据库中，在刀具补偿号的位置写入刀具半径值即可。要取消刀具半径补偿，必须用 G40 指令。

3. 固定循环的编程方法

在孔系、镜像、槽类加工中，应用固定循环编程可以简化手工编程，使用一个程序段就可以完成一个孔的全部加工，因此可以大大简化编程。目前，不同的数控系统使用的固定循序指令各不相同，但所用的方法基本相同，在编程时需灵活使用。

固定循环的一般格式是由特定的地址字指定的一系列参数值：

N＿ G＿ G＿ X＿ Y＿ R＿ Z＿ P＿ Q＿ I＿ J＿ F＿ L＿（或 K＿）；

1) N __：程序段号。依据不同的控制系统，范围为 N1~N9999 或从 N1~N99999。

2) G __（格式中第一个 G 指令）：G98 或 G99。G98 使刀具返回初始 Z 位置，G99 使刀具返回由地址 R 指定的点。

3) G __（第二个 G 指令）：循环次数。只能从 G73、G74、G76、G81~G89 指令中选择一个：

4) X __：孔的 X 轴坐标。X 值可以是绝对值，也可以是增量值。

5) Y __：孔的 Y 轴坐标。Y 值可以是绝对值，也可以是增量值。

6) R __：Z 轴起点（R 点），是切削进给率起始的位置。R 点位置可以是绝对值，也可以是增量距离和方向。

7) Z __：Z 轴终点位置（Z 向深度），是进给率终止的位置。Z 轴终点位置可以是绝对值，也可以是增量距离和方向。

8) P __：暂停时间。单位是 ms（1s=1000ms）。暂停时间（刀具暂停）通常用于 G76、G82、G88、G89 指令中，根据控制系统参数设置情况，它也可以用在 G74、G84 指令和其他指令中。暂停时间范围为 0.001~99999.999s，编程格式为 P1~P99999999。

9) Q __：地址 Q 有两种含义。与 G73 或 G83 指令一起使用时，表示每次钻削的深度；与 G76 或 G87 指令一起使用时，表示镗削的偏移量。地址 I 和 J 可以替代地址 Q，这取决于控制器参数设置。

10) I __：偏移量。必须包含 G76 或 G87 指令的 X 轴偏移方向。I 偏移可替代 Q 设置使用。

11) J __：偏移量。必须包含 G76 或 G87 指令的 Y 轴偏移方向。J 偏移可替代 Q 设置使用。

12) F __：指定进给率。它只用于实际切削运动。F 值的单位可以是 in/min 或 mm/min，这取决于所选择的单位输入。

13) L __（或 K __）：循环的重复次数。必须在 L0~L9999（K0~K9999）内，默认状态为 L1（K1）。

1.3.2 指令编程的应用

在数控铣床和加工中心的加工中，孔加工是最常见的操作。通常加工一个简单孔只需要一把刀具即可，但是如果要加工高精度而复杂的孔，则需要几把刀具配合使用才能保证质量。因此，选择适当的编程方法对于多孔的加工非常重要。

孔的加工步骤相对来说较为简单，它既没有轮廓要求，也不需要多轴联动，实际切削时往往只需要沿着一根轴运动，这种加工方式一般称为点到点的加工。点到点加工可以概括为以下四个步骤（这里以常见的钻孔为例）：

第 1 步：刀具快速移动到孔的位置 [沿 X 和（或）Y 轴方向]。

第 2 步：刀具快速移动到切削起点的安全位置（沿 Z 轴方向）。

第 3 步：刀具切削到指定深度（沿 Z 轴方向）。

第 4 步：退刀（返回）至安全位置（沿 Z 轴方向）。

以上 4 个步骤表示使用手动编程方法（不使用固定循环）加工一个孔所需的最少程序

段的数量。如果零件图上只有一两个孔，且只需完成简单的中心孔或钻孔加工，那么加工程序段的数量不会太长；如果在一个零件上有很多个孔，且各孔的规格也不尽相同，那么就会需要用到多把刀具才能完成，由此就会造成加工程序段的数量较多，受机床内存的影响，导致有些机床因加工程序太长而无法存储在数控系统的内存中。针对这个问题，在实际加工中可以通过采用固定循环的编程方式来解决。

在大多数的数控程序中，不同的孔加工之间有许多相似之处。孔加工是可以事先预测的，几乎所有数控控制器生产商都会在他们生产的控制系统中加入几种灵活的编程方法，也就是所谓的固定循环。

在固定循环加工中，刀具一般由下述 6 个动作组成，如图 1-3 所示。

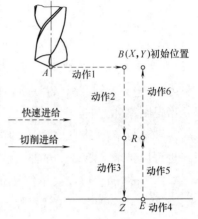

图 1-3 孔加工循环的 6 个动作

动作 1：$A \to B$，刀具快速移动到孔加工循环起始点 $B(X, Y)$。

动作 2：$B \to R$，刀具沿 Z 轴快速移动到 R 参考平面。

动作 3：$R \to Z$，切削进给加工。

动作 4：E 点，加工至孔底位置（如进给暂停、刀具偏移、主轴准停、主轴反转等动作）。

动作 5：$E \to R$，刀具快速返回到 R 参考平面。

动作 6：$R \to B$，刀具返回到起始点 B。

初始平面是为了安全下刀而设定的一个平面；R 参考平面表示刀具下刀时自快速进给转为切削进给的高度平面。对于立式数控铣床，孔加工都是在 XY 平面定位并在 Z 轴方向进给。

1. 单步加工程序与固定循环程序的差别

以图 1-4 中的三个孔为例，采用两种编程方式进行编程，程序 O1234 采用单步加工编程方式；而程序 O2345 则使用固定循环编程方式。通过对相同规格的孔采用不同的编程方式，可发现两种程序的效率截然不同，见表 1-3。

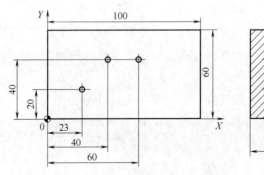

图 1-4 加工三个孔的案例图

表 1-3　单步加工程序与固定循环程序的差别

段号	单步加工程序 O1234	段号	固定循环程序 O2345
N1	G21;	N1	G21;
N2	G17 G40 G80;	N2	G17 G40 G80;
N3	G90 G54 G00 X23 Y20 S900 M03;	N3	G90 G54 G00 X23 Y20 S900 M03;
N4	G43 Z10 H01 M08;	N4	G43 Z10 H01 M08;
N5	Z2.5;	N5	G99 G81 X23 Y20 R2.5 Z-18 F100;
N6	G01 Z-18 F100;	N6	X40 Y40;
N7	G00 Z2.5;	N7	X60;
N8	X40 Y40;	N8	G80;
N9	G01 Z-18;	N9	G00 G49 X200 Y200 Z2.5 M09;
N10	G00 Z2.5;	N10	M30;
N11	X60;		
N12	G01 Z-18;		
N13	G00 Z2.5 M09;		
N14	G00 X200 Y200 Z2.5;		
N15	M30;		

虽然只是加工三个孔，程序 O1234 需要 15 个程序段，而使用固定循环程序 O2345 只需要 10 个程序段。较短的程序易读且没有重复程序段，该程序的修改和更新也更容易。

2. 基本思想

比较以上两个实例，可以得出固定循序的基本思想——重复数据只存储一次，并最大限度地重复使用。图 1-5 所示为应用到第一个孔的基本思想。

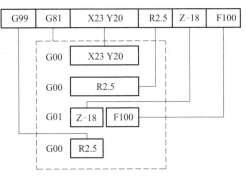

图 1-5　应用到第一个孔的基本思想

3. FANUC 系统常用固定循环

固定循环由生产商设计，程序中通过特殊的 G 指令来调用固定循环。固定循环不但可以使程序简洁，并可使程序更容易更改。固定循环的主要目的就是对必要的值（即第一个孔的值）只编写一次，第一次编写的值成为循环中的模态值且无须重复编写，除非需要改变某些值。

FANUC 系统常见固定循环功能见表 1-4。

表 1-4　FANUC 系统常见固定循环功能

G 指令	进刀操作	在孔底位置的操作	退刀操作	用途
G73	间歇进给	—	快速进给	高速钻深孔循环
G74	切削进给	暂停→主轴正转	切削进给	反攻螺纹

(续)

G 指令	进刀操作	在孔底位置的操作	退刀操作	用途
G76	切削进给	主轴准确停止	快速进给	精镗
G80	—	—	—	取消固定循环
G81	切削进给	—	快速进给	钻孔、锪孔
G82	切削进给	暂停	快速进给	钻孔、镗阶梯孔
G83	间歇进给	—	快速进给	钻深孔循环
G84	切削进给	暂停→主轴反转	切削进给	攻螺纹
G85	切削进给	—	切削进给	镗削
G86	切削进给	主轴停止	快速进给	镗削
G87	切削进给	主轴正转	快速进给	镗削
G88	切削进给	暂停→主轴停止	手动	镗削
G89	切削进给	暂停	切削进给	镗削

4. 孔固定循环加工功能指令的应用

（1）普通钻削固定循环指令 G81　如图 1-6 所示，主轴正转，刀具从起始点快速的移动到 R 安全平面，然后以进给速度进行钻孔，到达孔底位置后，刀具快速返回（无孔底动作）到安全高度 R（G99 指令，图 1-6b）或起始点 B（G98 指令，图 1-6a）。

指令格式：G90/G91 G98/G99 G81 X＿ Y＿ Z＿ R＿ F＿ ；

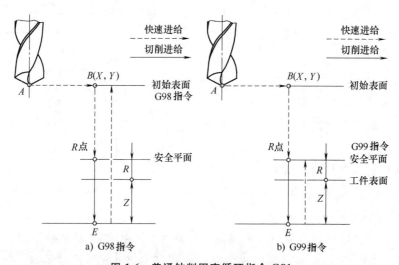

图 1-6　普通钻削固定循环指令 G81

1）G90/G91 表示绝对/相对方式，固定循环指令地址 X、Y、Z 及 R 的数据指定与其有关。在采用绝对方式时，X、Y 表示孔的位置，Z、R 统一取终点坐标值；在采用相对方式时，X、Y 表示孔位相当于前点的相对坐标值，Z 是指孔底坐标相对于 R 点的相对坐标值，R 是指 R 点相对于初始点的相对坐标值。

2）G98/G99 为两个模态指令。G98 表示孔加工循环结束后刀具返回到起始点 B 的位置，攻其他孔的定位。G99 则表示刀具返回到安全高度 R 的位置，攻其他孔的定位，默认为 G98。

3）X＿＿、Y＿＿为孔的位置，表示第一个孔的位置，G81 指令后的 X、Y 为需要加工的其他孔的位置。

4）Z＿＿为钻孔深度。

5）R＿＿为钻孔安全高度。

6）F＿＿为进给率（mm/min）。

（2）锪孔、镗阶梯孔固定循环指令 G82　G82 指令主要用于锪孔。所用刀具为锪刀或锪钻，是一种专用刀具，用于对已加工的孔刮平或切出圆柱形成或锥形沉头孔。其加工过程与 G81 指令类似，唯一不同的是，刀具在进给加工至深度 Z 后，暂停 Pms，刀具不做进给运动，并保持旋转状态，使孔的表面结构更加光滑。然后快速退刀，加工过程如图 1-7 所示。

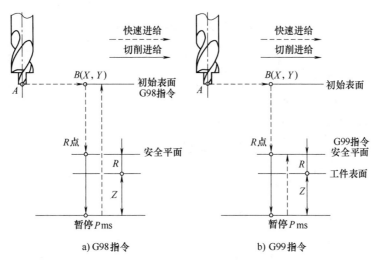

图 1-7　锪孔、镗阶梯孔固定循环指令 G82

指令格式：G90/G91 G98/G99 G82 X＿＿ Y＿＿ Z＿＿ R＿＿ P＿＿ F＿＿；

1）X＿＿、Y＿＿为孔的位置，表示第一个孔的位置，G82 指令后的 X、Y 为需要加工的其他孔的位置。

2）Z＿＿为从 R 点到孔底的距离。

3）R＿＿为钻孔安全高度。

4）P＿＿为在孔底的暂停时间，单位为 ms。

5）F＿＿为进给率（mm/min）。

（3）深孔钻孔循环指令 G83　G83 指令与 G81 指令的主要区别是：G83 指令用于深孔加工，采用间歇进给运动，有利于排屑。刀具每次进给深度为 Q，退刀量为 d（由数控系统内部参数设定），直到孔底位置为止，在孔底切削进给暂停动作，即当钻头加工到孔底位置时，刀具不作进给运动，并保持主轴旋转状态，有利于提高孔的表面质量，如图 1-8 所示。

指令格式：G90/G91 G98/G99 G83 X＿＿ Y＿＿ Z＿＿ R＿＿ P＿＿ Q＿＿ F＿＿；

1）X＿＿、Y＿＿为孔的位置，表示第一个孔的位置，G83 指令后的 X、Y 为需要加工的

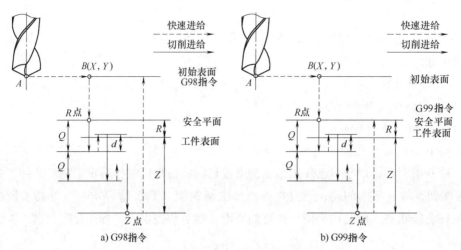

图 1-8 深孔钻孔循环指令 G83

其他孔的位置。

2) Z __ 为从 R 点到孔底的距离。

3) R __ 为初始位置到 R 点的距离。

4) P __ 为在孔底的暂停时间，单位为 ms。

5) Q __ 为每次进给深度，为正值。

6) F __ 为进给率（mm/min）。

（4）攻螺纹循环指令

1) 右旋攻螺纹循环指令 G84。如图 1-9 所示，攻螺纹时，主轴下移至 R 点启动，正转切入，至孔底 Z 点后反转退出。

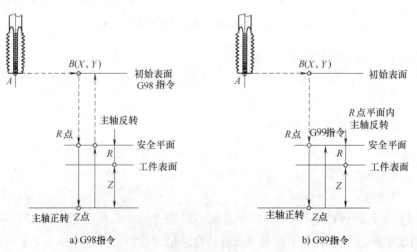

图 1-9 右旋攻螺纹循环指令 G84

指令格式：G90/G91 G98/G99 G84 X __ Y __ R __ Z __ F __ ;

① X __、Y __ 为孔的位置，表示第一个孔的位置。G84 指令后的 X、Y 为需要加工的其他孔的位置。

② R __ 为初始位置到 R 点的距离。

③ Z __ 为从 R 点到孔底的距离。

④ F __ 为进给率（mm/min）。

> 说明：与 G74 指令钻孔加工不同的是，G84 指令攻螺纹结束后的刀具返回过程不是快速进给，丝锥攻入孔底后停转，在以进给速度反转退出；编辑程序时，主轴的进给速度应严格以与主轴速度成比例关系来计算。

2）左旋攻螺纹循环指令 G74。与 G74 指令不同的是，G84 指令攻螺纹进给时主轴反转切入，退出时主轴正转切出，如图 1-10 所示。

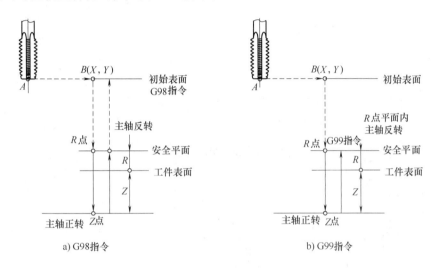

图 1-10　左旋攻螺纹循环指令 G74

指令格式：G90/G91 G98/G99 G74 X __ Y __ R __ Z __ F __；

① X __、Y __ 为孔的位置，表示第一个孔的位置。G84 指令后的 X、Y 为需要加工的其他孔的位置。

② R __ 为初始位置到 R 点的距离。

③ Z __ 为从 R 点到孔底的距离。

④ F __ 为进给率（mm/min）。

（5）镗孔循环类加工指令

1）镗削循环指令 G85、G86。

指令格式：G90/G91 G98/G99 G85 X __ Y __ Z __ R __ F __；
　　　　　G90/G91 G98/G99 G86 X __ Y __ Z __ R __ F __；

① X __、Y __ 为孔的位置，表示第一个孔的位置。

② Z __ 为从 R 点到孔底的距离。

③ R __ 为初始位置到 R 点距离。

④ F __ 为进给率（mm/min）。

说明：如图 1-11 所示，在初始表面，刀具快速定位至孔中心 $B(X, Y)$，接着快速下降至安全平面 R 处，再以进给速度 F 镗孔至孔底 Z 点，然后以进给速度退刀至安全平面，再快速抬至初始平面高度。G86 固定循环动作当镗孔至孔底后，快速返回安全平面或初始平面后，主轴重新启动，如图 1-12 所示。

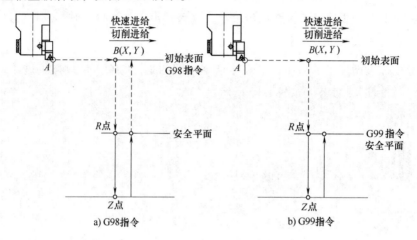

图 1-11　镗孔循环指令 G85

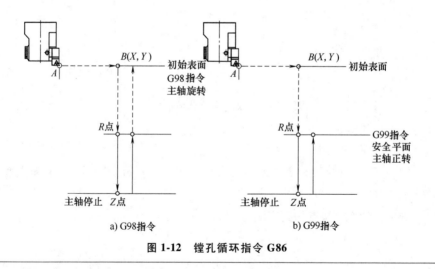

图 1-12　镗孔循环指令 G86

2）镗削循环指令 G88、G89。

指令格式：G90/G91 G98/G99 G88 X＿＿ Y＿＿ Z＿＿ R＿＿ P＿＿ F＿＿；
　　　　　G90/G91 G98/G99 G89 X＿＿ Y＿＿ Z＿＿ R＿＿ P＿＿ F＿＿；

① X＿＿、Y＿＿为孔的位置，表示第一个孔的位置。

② Z＿＿为从 R 点到孔底的距离。

③ R＿＿为初始位置到 R 点的距离。

④ P＿＿为在孔底的暂停时间，单位为 ms。

⑤ F＿＿为进给率（mm/min）。

说明：G88 指令的固定循环动作与 G86 指令的类似，如图 1-13 所示。不同的是，G88 指令刀具在镗孔至孔底后，暂停 Pms 后，然后主轴停止转动。退刀是在手动方式下进行。G89 指令的固定循环动作与 G85 指令的类似，唯一差别的是，G89 指令刀具在镗孔至孔底后，暂停 Pms，如图 1-14 所示。

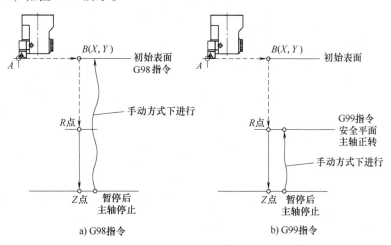

图 1-13 镗削循环指令 G88

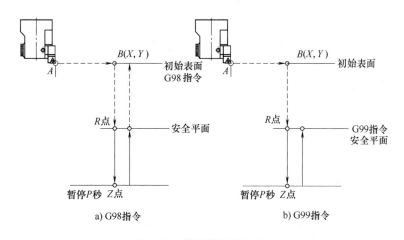

图 1-14 镗孔循环指令 G89

3）精镗削循环指令 G76。

指令格式：G90/G91 G98/G99 G76 X__ Y__ Z__ R__ Q__ P__ F__；

1）X__、Y__为孔的位置，表示第一个孔的位置。

2）Z__为从 R 点到孔底的距离。

3）R__为初始位置到 R 点的距离。

4）Q__为刀具的横向偏移量。

5）P__为在孔底的暂停时间，单位为 ms；

6）F__为进给率（mm/min）。

说明：精镗削循环与粗镗削循环的主要区别是，刀具镗至孔底后，主轴定向停止，并向刀尖方向偏移，使刀具在退出时刀尖不致划伤工件表面，如图 1-15 所示。

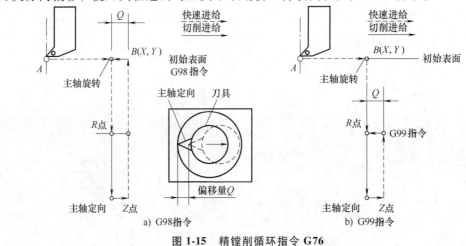

图 1-15 精镗削循环指令 G76

4）反镗削循环指令 G87。

指令格式：G87 X__ Y__ Z__ R__ Q__ P__ F__；

① X__、Y__为孔的位置，表示第一个孔的位置。

② Z__为从 R 点到孔底的距离。

③ R__为初始位置到 R 点的距离。

④ Q__为刀具的横向偏移量。

⑤ P__为在孔底的暂停时间，单位为 ms。

⑥ F__为进给率（mm/min）。

说明：反镗削循环中，X、Y 轴定位后，主轴定向，X、Y 轴向指定方向移动由加工参数 Q 指定的距离，以快速进给速度运动到孔底（R 点），X、Y 轴恢复原来的位置，主轴以给定的速度和方向旋转，Z 轴以 F 给定的速度进给到 Z 点，然后主轴再次定向，X、Y 轴向指定方向移动 Q 指定的距离，以快速进给速度返回初始点，X、Y 轴恢复定位位置，主轴开始旋转。该固定循环用于孔的加工。该指令不能使用 G99，注意事项同 G76 指令，如图 1-16 所示。

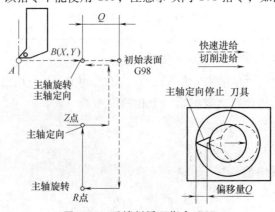

图 1-16 反镗削循环指令 G87

大师经验谈

使用孔加工固定循环的注意事项：

1) 编程时需注意，在固定循环指令之前，必须先使用 S 和 M 指令旋转主轴。

2) 在固定循环模态下，包含 X、Y、Z、A、R 的程序段将执行固定循环，如果一个程序段不包含以上列出的任何一个地址，则在该程序段中将不执行固定循环，G04 中的地址 X 除外，另外，G04 指令中的地址 P 不会改变孔加工参数中的 P 值。

3) 孔加工参数 Q、P 必须在固定循环被执行的程序段中被指定，否则指令的 Q、P 值无效。

4) 在执行含有主轴控制的固定循环（如 G74、G76、G84 等指令）过程中，刀具开始切削进给时，主轴有可能还没有达到指令转速。这种情况下，需要在孔加工操作之间加入 G04 暂停指令。

5) 因为 01 组的 G 指令也有取消固定循环的作用，所以请不要将固定循环指令和 01 组的 G 指令写在同一程序段中。

6) 如果执行固定循环的程序段中包含了一个 M 指令，那么 M 指令将在固定循环执行定位时被同时执行，M 指令执行完毕的信号在 Z 轴返回 R 点或初始点后被发出。使用 K 指令重复执行固定循环时，同一程序段中的 M 指令将在首次执行固定循环时被执行。

7) 在固定循环模态下，刀具偏置指令 G45~G48 将被忽略（不执行）。

8) 单程序段开关置上位时，固定循环执行完 X、Y 轴定位、快速进给到 R 点及从孔底返回（到 R 点或到初始点）后，都会停止。也就是说，需要按循环起动按钮 3 次才能完成一个孔的加工。3 次停止中，前两次处于进给保持状态，第 3 次处于停止状态。

9) 执行 G74 和 G84 循环时，在 Z 轴从 R 点移动到 Z 点的过程中按进给保持按钮，虽然进给保持指示灯立即会亮，但机床的动作不会立即停止，直到 Z 轴返回 R 点后才进入进给保持状态。另外 G74 和 G84 指令中，进给倍率开关无效，进给倍率被固定在 100%。

1.4 子程序编程与应用

机床加工程序可以分为主程序和子程序两种。主程序是一个完整的零件加工程序，或是零件加工程序的主体部分。它与被加工零件的加工要求一一对应，不同的零件或不同的加工要求，都有唯一的主程序与之对应。在编制加工程序中，有时会遇到一组程序段在一个程序中多次出现，或者在几个程序中都要使用它，这个典型的加工程序段可以作为固定程序单独使用，并加以命名，这组程序就称为子程序。

子程序分为用户子程序和机床制造商所固化的子程序（公司子程序）两种。在加工中，要事先将子程序存入储存器中，然后根据需要调用，这样可以使程序变得非常简单。

1.4.1 子程序简介

1. 子程序的概念

子程序原则上和零件加工程序具有相同的结构，也具有运动和切换命令的数控程序段。

基本上子程序和主程序之间没有区别，子程序包括需要执行几次的加工过程和操作顺序。

2. 子程序的使用

经常重复出现的加工程序在子程序中只需编程一次。例如，经常出现的轮廓形状和加工循环。子程序可以在任意主程序中调用和执行。

3. 子程序的结构

子程序的结构和主程序相同，子程序以 M17 结尾，表示返回调用子程序的主程序程序段处。

4. 子程序的命名

给子程序命名是为了与其他的子程序区别开来，以便选择和调用。名字可以在编程时自由选择确定，但要考虑以下几个方面：

1）第一个字符必须是字母（FANUC 系统必须用字母 O）。
2）其他可以是字母、数字或下划线（FANUC 系统必须是数字）。
3）最多可以用 31 个字符（FANUC 系统除首字母 O 外，最多使用 4 位数字）。
4）不能使用分隔符号。

> **注意**：使用地址字 L 时，开头数字 0 的个数不同，意味着不同的子程序。例如：子程序 L123 不等同于子程序 L0123，它们是两个不同的子程序。

5. 子程序嵌套的深度

子程序不仅可以从主程序开始调用，也可以从子程序开始调用，总的来说可以嵌套 12 层（包括主程序），也就是说，从主程序开始可以调用 11 层子程序。

1.4.2 调用子程序 M98、M99 指令的功能与格式（FANUC）

1. 子程序调用

（1）子程序调用指令 M98

格式一：M98 P＿＿；

> **说明**：P 地址后一般跟 7 位数字，其中前三位表示子程序调用循环的次数，后四位表示调用子程序名字。例如："M98 P0023001" 表示重复调用 O3001 的子程序两次。也可以使用 6 位数字表示 P 地址，即将循环次数少写一位，如 "M98 P023001"。当不指定循环次数时，表示子程序只调用一次。

1）当调用循环次数不满 4 位时，前面的数字 0 可以省略，当循环 1 次时，可以省略。例如：M98 P211234；表示调用 1234 号子程序 21 次。
2）当子程序号数不满 4 位时，前面的数字 0 不可省略。例如：M98 P0003；表示调用 3 号子程序 1 次。

格式二：M98 P＿＿ L＿＿；

> **说明**：地址符 P 后面的四位数字是子程序名，地址符 L 后面的数字表示重复调用的次数，此格式中程序名和调用次数前面的数字 0 可以省略。如果只调用一次子程序，则地址符 L 及其后面的数字均可省略。

(2) 子程序结束指令 M99

M99 指令的功能是子程序调用结束后返回主程序，如 O1234 号程序。

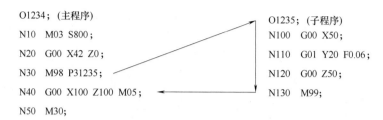

子程序结束返回到主程序中的某一程序段，如果在子程序结束返回指令中加上 P×× （××表示程序段号），则子程序结束后返回到主程序中××的程序段，而不返回 M98 的下一程序段。其程序格式如下：

格式：

O××××； （子程序名）

…… （子程序内容）

M99 P100；（子程序结束并返回主程序 N100 程序段）

2. 子程序嵌套

子程序可以嵌套，即主程序调用一个子程序，而子程序又可调用另一个子程序。各种数控系统的子程序嵌套次数不同，FANUC 0i 系统中子程序可以嵌套 4 级，如图 1-17 所示。

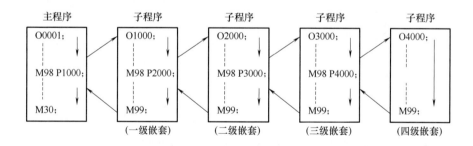

图 1-17　子程序嵌套（FANUC 0i 系统）

1.4.3 子程序编程实例

如图 1-18 所示，零件上有三个形状相同的槽，已知槽宽为 10mm、槽深为 2mm，试对该零件进行编程。

解：设左下角为工件零点，选用 ϕ10mm 的键槽铣刀一次加工成形。考虑到三个槽的形状、尺寸相同，可采用调用子程序加工。以每个槽的左下角为基准点，调用子程序。主程序和子程序参考及说明见表 1-5 和表 1-6。

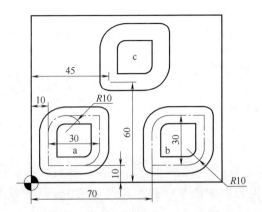

图 1-18 零件示意图

表 1-5 主程序参考及说明

	O1111 程序内容	程序说明
N10	G54 G90 G40 G80;	设定坐标系及模态代码
N20	G00 X10 Y10;	快速走刀第一个槽基准点
N30	M08;	开启切削液
N40	G00 Z2.0;	快速走刀 Z 向安全平面
N50	M98 P2222;	调用 O2222 子程序,加工槽 a
N60	G00 X60.0 Y10.0;	快速走刀第二个槽基准点
N70	M98 P2222;	调用 O2222 子程序,加工槽 b
N80	G00 X35.0 Y5.00;	快速走刀第三个槽基准点
N90	M98 P2222;	调用 O2222 子程序,加工槽 c
N100	G00 Z100.0 M09;	刀具快退并关闭切削液
N110	M05;	主轴停止转动
N120	M30;	主程序结束

表 1-6 子程序参考及说明

	O2222 程序内容	程序说明
N10	G01 G91 Z-4.0 F100;	刀具沿 Z 方向进刀
N20	X20.0;	X 向相对走刀 20mm
N30	G03 X10.0 Y10.0 R10.0;	加工 R10 圆弧
N40	G01 Y20.0;	Y 向相对走刀 20mm
N50	G01 X-20.0;	X 向相对走刀 -20mm
N60	G03 X-10.0 Y-10.0 R10.0;	加工 R10 圆弧
N70	G01 Y-20.0;	Y 向相对走刀 -20mm
N80	G90 Z2.0;	抬刀到安全平面
N90	M99;	子程序结束

1.5 数控铣床及加工中心加工常用的对刀方法

数控铣床分为带刀库和不带刀库两大类,其中带刀库的数控铣床又称为加工中心。选用数控铣床刀具时,要根据被加工零件的几何形状、材料、表面质量要求、切削性能及加工余量等选择刚性好、寿命长的刀具。铣刀的角度有前角、后角、主偏角、副偏角、刃倾角等,为满足不同的加工需要,有多种角度组合。数控铣床的加工步骤主要为工艺分析、数学计算、编程及模拟、对刀、试切、正式加工等环节。其中,保证数控铣床加工质量的一项重要环节就是对刀,这是由于数控铣床本身的加工过程是按照程序进行的,只有建立正确、合理的坐标系,才能保证刀具运动轨迹合理,进而保证加工质量。机床坐标系是以机床参考点作为坐标原点建立的坐标系,工件坐标值是判断刀具位置的重要依据。由于工件坐标系原点(编程零点)是一个"动"点,只有确定工件坐标系原点的坐标值,才能够准确地将编制程序运用到数控加工之中,而想要准确地确定工件坐标系原点(编程零点)的坐标值就必须通过对刀来实现。

1.5.1 对刀前的准备工作

1. 对刀点的确定

对刀点是工件在机床上定位装夹后,用于确定工件坐标系在机床坐标系中位置的基准点。对刀点的准确性是保证数控铣床加工精度的重要前提,因此对刀点的确定十分重要。对刀点又被称为起刀点或程序起点,其确定原则一般如下:

1)所选的对刀点应使程序编制简单。
2)对刀点应选在容易找正、便于确定工件加工原点的位置。
3)对刀点应选在加工时检验方便、可靠的位置。
4)对刀点的选择应有利于提高加工精度。

2. 换刀点的确定

在数控铣床加工过程中难免遇到多刀加工,无论是自动换刀还是手动换刀,都需要确定换刀点的位置。因此,确定换刀点对于多刀加工时的精度控制十分重要。一般情况下,换刀点的确定以不碰伤刀具、夹具和工件为原则,换刀点应在加工工件的轮廓外,并留有一定的安全空间。

3. 刀位点的确定

在使用对刀点确定编程零点时,就需要进行对刀。所谓对刀是指使刀位点与对刀点重合的操作。每把刀具的半径与长度尺寸都是不同的,刀具装在机床上后,应在控制系统中设置刀具的基本位置。刀位点是指刀具的定位基准点。如图1-19所示,钻头的刀位点是钻头顶点;车刀的刀位点是刀尖或刀尖圆弧中心;圆柱形铣刀的刀位点是刀具轴线与刀具底面的交点;球头立铣刀的刀位点是球头的球心点或球头顶点。各类数控机床的对刀方法是不完全一样的。

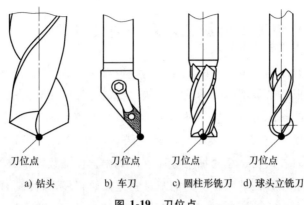

图 1-19 刀位点

1.5.2 常用的对刀方法

1. 对刀的作用

对刀的实质是确定编程零点在机床坐标系中的位置。对刀存在误差，对刀误差在某种程度内是允许产生的，也是不可避免的，但可以尽量减少。对刀的准确程度直接影响加工精度，因此，对刀方法一定要与工件加工精度要求相对应。当工件加工精度要求高时可采用千分表。对刀时一般以机床主轴轴线与断面的交点为刀位点，即假设基准刀的刀长为 0，其他刀具的长度就是其刀补值，故无论采用哪种刀具对刀，结果都是机床主轴轴线与端面的交点与对刀点重合，利用机床的坐标显示确定对刀点在机床坐标系中的位置，从而确定工件坐标系在机床坐标系内的位置。再利用对刀仪确定其他刀具的长度，就解决了工件坐标系原点确定的问题和多刀加工时的刀补确定问题。

2. 对刀方法

对刀操作分为 X、Y 向对刀和 Z 向对刀。对刀的准确程度将直接影响加工精度。对刀方法一定要同工件的加工精度要求相适应。

根据使用的对刀工具的不同常用的对刀方法可分为：试切对刀法，塞尺、标准心轴和量块对刀法，采用寻边器、偏心棒和 Z 轴设定器等工具对刀法，顶尖对刀法，杠杆百分表（或千分表）对刀法，以及专用对刀器对刀法。

另外，根据选择对刀点位置和数据计算方法的不同，对刀方法又可分为单边对刀、双边对刀、转移（间接）对刀法和"分中对零"对刀法（要求机床必须有相对坐标及清零功能）等。

（1）试切对刀法 这种方法简单方便，但会在工件表面留下切削痕迹，且对刀精度较低。如图 1-20 所示，以对刀点（此处与工件坐标系原点重合）在工件表面中心位置为例（采用双边对刀方式）。

1）X、Y 向对刀。

① 将工件通过夹具装夹在工作台上，装夹时，

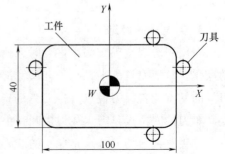

图 1-20 X、Y 向对刀

在工件的四个侧面都应留出对刀的位置。

② 起动主轴（中速旋转），快速移动工作台和主轴，让刀具快速移动到靠近工件左侧且有一定安全距离的位置，然后降低速度移动至接近工件左侧。

③ 靠近工件时改用微调操作（一般用 0.01mm 来靠近），让刀具慢慢接近工件左侧，使刀具恰好接触到工件左侧表面（听切削声音、看切痕、看切屑，只要出现其中一种情况即表示刀具接触到工件），再回退 0.01mm。记下此时机床坐标系中显示的 X 坐标值，如 -240.500，或者把 X 方向值在机床坐标值清零等。

④ 沿 Z 正方向退刀至工件表面以上，用同样方法接近工件右侧，记下此时机床坐标系中显示的 X 坐标值，如 -340.500 等。

⑤ 据此可得，工件坐标系原点在机床坐标系中 X 坐标值为 [-240.500+(-340.500)]/2=-290.500，或者记录 X 方向值在机床坐标值增量坐标值，再除以 2。

⑥ 同理可得，工件坐标系原点 W 在机床坐标系中的 Y 坐标值。

2）Z 向对刀。

① 将刀具快速移至工件上方。

② 起动主轴（中速旋转），快速移动工作台和主轴，让刀具快速移动到靠近工件上表面有一定安全距离的位置，然后降低移动速度，让刀具端面接近工件上表面。

③ 靠近工件时改用微调操作（一般用 0.01mm 来靠近），让刀具端面慢慢接近工件表面。

> **注意**：使用刀具（特别是立铣刀）时最好在工件边缘下刀，刀的端面接触工件表面的面积小于半圆，尽量不要使立铣刀的中心孔在工件表面下刀。

使刀具端面恰好碰到工件上表面，再将 Z 轴再抬高 0.01mm，记下此时机床坐标系中的 Z 值，如 -140.400 等，则工件坐标系原点 W 在机床坐标系中的 Z 坐标值为 -140.400，如图 1-21 所示。

④ 数据存储。将测得的 X、Y、Z 值输入到机床工件坐标系存储地址 G54~G59 指令存储对刀参数。

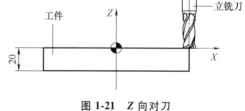

图 1-21 Z 向对刀

⑤ 起动生效。进入面板输入模式（MDI），输入到"G54~G59"，按起动键（在"自动"模式下），运行 G54~G59 指令并使其生效。

⑥ 检验。检验对刀是否正确，这一步是非常关键的。

（2）塞尺、量块和标准心轴对刀法　此法与试切对刀法相似，只是对刀时主轴不转动，在刀具和工件之间加入塞尺（或标准心轴、量块），以塞尺恰好不能自由抽动为准（注意计算坐标时应将塞尺的厚度减去）。因为主轴不需要转动切削，所以这种方法不会在工件表面留下痕迹，但对刀精度也不够高，如图 1-22 所示。

（3）采用寻边器、偏心棒和 Z 轴设定器等工具对刀法　该方法的操作步骤与采用试切

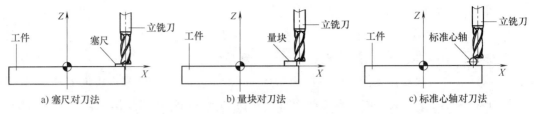

图 1-22　塞尺、量块、标准心轴对刀法

对刀法相似，只是将刀具换成寻边器（图 1-23）或偏心棒（图 1-24）。这是最常用的方法，效率高，能保证对刀精度。使用寻边器时必须小心，让其钢球部位与工件轻微接触，同时被加工工件必须是良导体，定位基准面有较好的表面粗糙度。Z 轴设定器（图 1-25）一般用于转移（间接）对刀法。

图 1-23　寻边器　　　　　图 1-24　偏心棒　　　　　图 1-25　Z 轴设定器

加工一个工件常常需要用到不止一把刀。第二把刀的长度与第一把刀的装刀长度不同，需要重新对刀，但有时对刀零点被加工掉，无法直接找回零点，或不容许破坏已加工好的表面，还有某些刀具或场合不好直接对刀。这时候可采用间接找零的方法。

1）对第一把刀。

① 对第一把刀的 Z 向时仍然先用试切对刀法、塞尺对刀法等。记下此时编程零点的机床坐标 $Z1$。第一把刀加工完后，停转主轴。

② 把对刀器放在机床工作台的平整台面上（如虎钳大表面）。

③ 在手轮模式下，手摇移动工作台至适合位置，向下移动主轴，用刀的底端压对刀器的顶部，表盘指针转动，最好在一圈以内，记下此时 Z 轴设定器的示数 A 并将相对坐标 Z 轴清零。

④ 抬高主轴，取下第一把刀。

2）对第二把刀。

① 装上第二把刀。

② 在手轮模式下，向下移动主轴，用刀的底端压对刀器的顶部，表盘指针转动，指针指向与第一把刀相同的示数 A 位置。

③ 记录此时 Z 轴相对坐标对应的数值 $Z0$（带正负号）。

④ 抬高主轴，移走对刀器。

⑤ 将原来第一把刀的 G5＊指令里的 $Z1$ 坐标数据加上 $Z0$（带正负号），得到一个新的 Z 坐标值。

⑥ 这个新的 Z 坐标就是要找的第二把刀对应工件原点的机床实际坐标,将它输入到第二把刀的 G5 * 指令工作坐标中,这样就设定好了第二把刀的零点。其余刀与第二把刀的对刀方法相同。

> 注意:如果几把刀使用同一 G5 * 指令,则步骤改为把 Z0 存进第二把刀的长度参数里,使用第二把刀加工时,调用刀长补正 G43 H02 即可。

(4) 顶尖对刀法

1) X、Y 向对刀。

① 将工件通过夹具装在机床工作台上,换上顶尖。

② 快速移动工作台和主轴,让顶尖移动到近工件的上方,寻找工件划线的中心点,降低速度移动,让顶尖接近中心点。

③ 改用微调操作,让顶尖慢慢接近工件划线的中心点,直到顶尖尖点对准工件划线的中心点,记下此时机床坐标系中的 X、Y 坐标值。

2) Z 向对刀。卸下顶尖,装上铣刀,用其他对刀方法(如试切对刀法、塞尺对刀法等)得到 Z 轴坐标值。

(5) 杠杆百分表(或千分表)对刀法 该方法一般用于圆形工件的对刀。

1) X、Y 向对刀。如图 1-26 所示,将百分表的安装杆装在刀柄上,或将百分表的磁性表座吸在主轴套筒上,移动工作台使主轴轴线(即刀具中心)大约移到工件中心,调节磁性表座上伸缩杆的长度和角度,使百分表的触头接触工件的圆周面,用手慢慢转动主轴(指针转动约 0.1mm),使百分表的触头沿着工件的圆周面转动,观察百分表指针的偏移情况。慢慢移动工作台的 X 轴和 Y 轴,多次反复后,待转动主轴时百分表的指针基本在同一位置(表头转动一周时,其指针的跳动量在允许的对刀误差内,如 0.02mm),这时可认为主轴的中心就是 X 轴和 Y 轴的原点。

2) Z 向对刀。卸下百分表,装上铣刀,用其他对刀方法(如试切对刀法、塞尺对刀法等)得到 Z 轴坐标值。

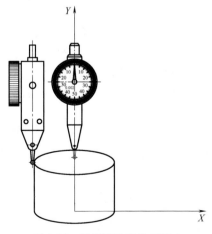

图 1-26 杠杠百分表校正圆心

第 2 章
数控铣床及加工中心工艺及刀具系统

☺ 学习目标：
1. 掌握数控铣床及加工中心加工工艺的分析方法。
2. 掌握数控铣床及加工中心工件的定位、装夹原理。
3. 掌握数控铣床及加工中心加工刀具及切削参数的选择。
4. 掌握数控铣床及加工中心加工工艺规程的制订。

2.1 数控铣床及加工中心的加工对象

数控铣床和加工中心都能够进行铣削、钻削、镗削及攻螺纹等加工。数控铣床除了缺少自动换刀功能和刀库，其他方面均与加工中心（三轴）相似，也可以对工件进行钻、扩、铰、锪和镗孔加工与攻螺纹等，但主要还是用来进行铣削加工。这里所说的主要加工对象及分类也是从铣削加工的角度来考虑的。

2.1.1 平面类零件

加工面平行、垂直于水平面或其加工面与水平面的夹角为定角的零件，称为平面类零件。根据定义，目前在数控铣床上加工的绝大多数零件均属于平面类零件。平面类零件的特点是，各个加工单元面是平面，或可以展开成为平面。图 2-1 所示的三个零件都属于平面类

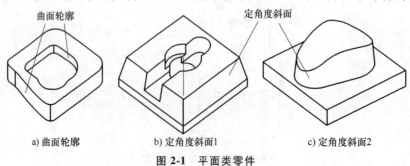

a) 曲面轮廓　　　　　b) 定角度斜面1　　　　　c) 定角度斜面2

图 2-1　平面类零件

零件。图 2-1a 中的曲线轮廓面展开后为平面。图 2-1b 中的槽、孔沉台均属于平面类零件，数控铣床可铣孔或是镗孔，如图 2-1b、c 中的斜面为定角度斜面，可以用成形铣刀加工，也可以用分层拟合加工。图 2-1c 中的顶面为圆弧面，其展开为平面，可以采用球头立铣刀进行切拟合加工。平面类零件是数控铣削对象中最简单的一类，一般只需用数控铣床的两坐标联动就可以加工出来。

2.1.2 空间曲面类零件

加工面为空间曲面的零件称为空间曲面类零件。这类零件的特点：一是加工面不能展开为平面，二是加工面与铣刀始终为点接触。一般用球头立铣刀采用两轴半或三轴联动的数控铣床即可加工，如图 2-2 所示半球面，需要采用两轴半加工。当曲面较复杂、通道较狭窄、会伤及毗邻表面及需要刀具摆动时，需采用四轴或五轴数控铣床加工，如模具类零件、叶片类零件、螺旋桨类零件等。如图 2-2 所示，零件中间部分的螺旋槽一般采用四轴、五轴联动数控铣床加工，才能满足加工需求。

2.1.3 箱体类零件

箱体类零件一般是指具有孔系和平面，内部有型腔，在长、宽、高方向有一定比例的零件，如图 2-3 所示。

1）当即有面又有孔时，要遵循"先面后孔"的原则，应先铣面，后加工孔。

2）在同一工位上所有孔系都先完成全部孔的粗加工，再进行精加工。

3）一般情况下，直径大于 30mm 的孔都应铸造出毛坯孔，直径小于 30mm 的孔可以不铸出毛坯孔，直接加工，孔和孔的端面全部加工都在加工中心上完成。

4）在孔系加工中，应先加工大孔，再加工小孔；对跨距较大的箱体同轴孔，尽量采用调头加工的方法。

5）螺纹加工，M6~M20 的螺纹可在加工中心上完成。

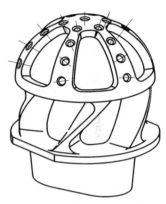

图 2-2 空间曲面类零件

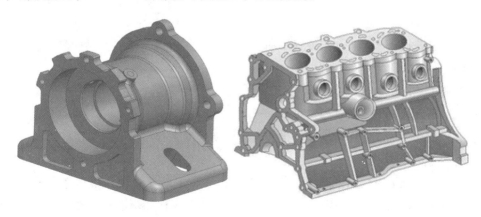

图 2-3 箱体类零件

2.1.4 异形及普通机床上难以加工的零件

1) 外形不规则的零件,装夹定位复杂,大多要进行点、线、面多工位混合加工。
2) 形状复杂,尺寸繁多,划线与检测均较困难,在普通铣床上加工又难以加工和控制产品质量的零件。
3) 高精度零件,易变形、振刀的零件。
4) 一致性要求好的零件。

图 2-4 所示为异形零件。

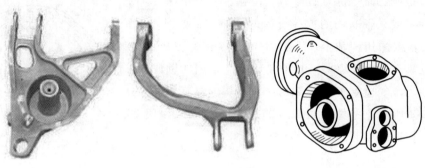

图 2-4　异形零件

2.2　加工工艺的分析方法

2.2.1　数控铣床及加工中心的加工特点

数控铣床及加工中心均具有普通铣床的功能,一个零件并非全部的铣削表面都要采用数控铣床加工,应根据零件的加工要求和企业的生产条件来确定适合数控铣床加工的表面和工序。数控铣床及加工中心的特点如下:

1) 零件加工的适应性强、灵活性好,能加工轮廓形状特别复杂或难以控制尺寸的零件,如模具类零件、壳体类零件等。
2) 能加工普通机床无法加工或很难加工的零件,如用数学模型描述的复杂曲线零件及空间曲面类零件。
3) 能加工一次装夹定位后,需进行多道工序加工的零件。
4) 加工精度高、加工质量稳定可靠。
5) 生产自动化程序高,可以减轻操作者的劳动强度,有利于生产管理自动化。
6) 生产率高。
7) 从切削原理上讲,无论是端铣还是周铣,都属于断续切削,不像车削属于连续切削,因此对刀具的要求较高,应具有良好的抗冲击性、韧性和耐磨性。在干式切削的状况下,还要求刀具有良好的热硬性。

2.2.2 数控铣床及加工中心加工内容的选择

在数控工艺分析时,首先要对零件图样进行工艺分析,分析零件各加工部位的结构工艺性是否符合数控加工的特点,其主要内容包括:

1. 零件图样尺寸标注是否便于编程

在数控加工图样上,宜采用以同一基准引注尺寸或直接给出坐标尺寸。这种标注方法,既便于编程,也便于协调设计基准、工艺基准、检测基准与编程零点的设置和计算。

2. 零件轮廓结构的几何元素条件是否充分

在编程时要对构成零件轮廓的所有几何元素进行定义。在分析零件图时,要分析各种几何元素的条件是否充分,如果不充分,则无法对被加工的零件进行编程或造型。

3. 零件所要求的加工精度、尺寸公差能否得到保证

虽然数控机床加工精度很高,但对一些特殊情况下加工精度也不好保证。例如薄壁零件的加工,由于薄壁件的刚性较差,加工时产生的切削力及薄壁的弹性退让极易使切削面产生振动,使得薄壁厚度尺寸公差难以保证,其表面粗糙度也随之增大。根据实践经验,对于面积较大的薄壁零件,当其厚度小于3mm时,应在工艺上充分重视这一问题。

4. 零件内轮廓和外形轮廓的几何类型和尺寸是否统一

在数控编程,如果零件的内轮廓与外轮廓几何类型相同或相似,则考虑内外轮廓加工是否可以编在同一个程序中,尽可能减少刀具规格和换刀次数,以减少辅助时间,提高加工效率。需要注意的是,刀具的直径常常受内轮廓圆角半径 r 的限制。

5. 零件的工艺结构设计能否采用较大直径的刀具进行加工

采用较大直径铣刀加工,可以减少刀具的走刀次数,提高刀具的刚性系统,不但加工效率得到提高,而且工件表面和底面的加工质量也相应得到提高。

6. 零件铣削面的槽底圆角半径或底板与缘板相交处的圆角半径 r 不宜太大

如图2-5所示,铣刀与铣削平面接触的最大直径中,D 为铣刀直径。当 D 一定时,圆角半径 r 越大,铣刀端刃铣削平面的能力越差,效率也就越低,工艺性也越差。应当避免当 r 大到一定程度时,必须用球头立铣刀进行加工的情况。当 D 越大时,r 越小,铣刀端刃铣削平面的面积就越大,加工平面的能力越强,铣削工艺性也越好。当铣削的底面面积较大,底部圆角半径 r 也较大时,可以用两把圆角半径 r 不同的铣刀分两次进行切削。

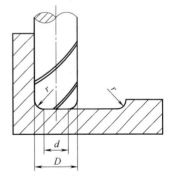

图 2-5 圆角半径对加工工艺的影响

7. 零件上有无统一基准以保证两次装夹加工后其相对位置的正确性

有些工件需要在铣完一面后再重新安装铣削另一面,如图2-6所示。由于数控铣削时不能使用通用铣床加工时常用的试削方法来接刀,往往会因为工件的重新安装而不好接刀,即与上道工序加工的面接不齐或要求一致的两对应面上的轮廓错位。为了避免上述问题的产生，减小两次装夹误差，最好采用统一的基准定位，因此零件上最好有合适的孔作为定位基准孔。如果零件上没有基准孔，也可以专门设置工艺孔作为定位基准，如在毛坯上增加工艺凸耳或在后续工序要铣去的余量上设基准孔。如果实在无法制出基准孔，至少也要用经过精加工的面作为

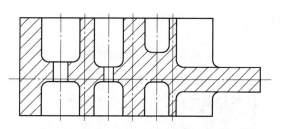

图 2-6　两次装夹加工保持相对位置的正确性

统一基准。如果连这也无法达到，则最好只加工其中一个最复杂的加工面，另一面放弃数控铣床而改由普通铣床加工。

2.3 定位与装夹

2.3.1 定位基准及定位原理

1. 工艺基准

工艺基准是在工艺过程中所使用的基准。工艺过程是一个复杂的过程，按用途不同，工艺基准可分为定位基准、测量基准和装配基准。

工艺基准在加工、测量和装配时使用，必须是实际存在的，然而作为基准的点、线、面有时并不一定具体存在（如孔和外圆的中心线、两平面的对称中心面等）。用以体现基准的表面称为基面，例如图 2-7b 所示钻套的中心线是通过内孔表面来体现的，内孔表面就是基面。

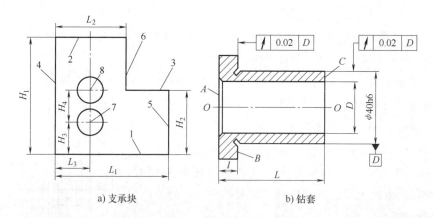

图 2-7　工艺基准分析

在加工中用作定位的基准，称为定位基准。它是工件上与夹具定位元件直接接触的点、线或面。如图 2-7a 所示的支承块，加工平面 3 和 6 时是通过平面 1 和 4 放在夹具上定位的，所以，平面 1 和 4 是加工平面 3 和 6 的定位基准；如图 2-7b 所示的钻套，用内孔装在心轴上磨削 $\phi40h6$ 外圆表面时，内孔表面是定位基面，孔的中心线就是定位基准。

定位基准又分为粗基准和精基准。用作定位的表面，若是没有经过加工的毛坯表面，称为粗基准（粗基准只能使用一次）；若是已加工过的表面，则称为精基准。

2. 六点定位原理

一个尚未定位的工件，其空间位置是不确定的，均有 6 个自由度，如图 2-8 所示，即沿空间坐标轴 X、Y、Z 三个方向的移动和绕这三个坐标轴的转动，分别以 $\vec{X}$、$\vec{Y}$、$\vec{Z}$ 和 $\hat{X}$、$\hat{Y}$、$\hat{Z}$ 表示。

定位就是限制自由度。图 2-9 所示的长方体工件，要使其完全定位，可以设置六个固定点，工件的三个面分别与这些点保持接触，在其底面设置三个不共线的点 1、2、3（构成一个面），限制工件的三个自由度：$\vec{Z}$、$\hat{X}$、$\hat{Y}$；侧面设置两个点 4、5（成一条线），限制了 $\vec{X}$、$\hat{Z}$ 两个自由度；端面设置一个点 6，限制 $\vec{Y}$ 自由度。于是工件的 6 个自由度便都被限制了。这些用来限制工件自由度的固定点，称为定位支承点，简称支承点。

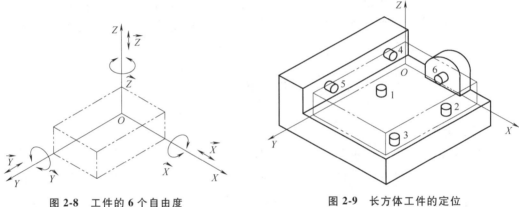

图 2-8 工件的 6 个自由度　　　　图 2-9 长方体工件的定位

> 说明：用合理分布的 6 个支承点限制工件 6 个自由度的法则，称为六点定位原理。在应用六点定位原理分析工件的定位时，应注意以下几点：
>
> 1）定位支承点限制工件自由度的作用，应理解为定位支承点与工件定位基准面始终保持紧贴接触。若两者脱离，则意味着失去定位作用。
>
> 2）一个定位支承点仅限制一个自由度，一个工件仅有 6 个自由度所设置的定位支承点数目，原则上不应超过 6 个。
>
> 3）分析定位支承点的定位作用时，不考虑力的影响。工件的某一自由度被限制，并非指工件在受到使其脱离定位支承点的外力时，不能运动。在外力作用下工件不能运动，是夹紧的任务；反之，工件在外力作用下不能运动，即被夹紧，但并不是说工件的所有自由度都被限制了。所以，定位和夹紧是两个概念，绝不能混淆。

2.3.2 工件的安装定位方式

1. 完全定位

工件的 6 个自由度全部被限制的定位，称为完全定位。例如，在图 2-10 所示的工件上铣槽，槽宽（20±0.05）mm 取决于铣刀的尺寸；为了保证槽底面与 A 面的平行度和尺寸 $60_{-0.2}^{0}$ mm 两项加工要求，必须限制 $\vec{Z}$、$\hat{X}$、$\hat{Y}$ 三个自由度；为了保证槽侧面与 B 面的平行度和尺寸（30±0.1）mm 两项加工要求，必须限制 $\vec{X}$、$\hat{Z}$ 两个自由度；由于所铣的槽不是通槽，在长度方向上，槽的端部距离工件右端面的尺寸是 50mm，所以必须限制 $\vec{Y}$ 自由度。为此，应对工件采用完全定位的方式，选 A 面、B 面和右端面作定位基准。

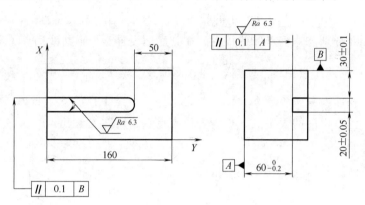

图 2-10 完全定位

2. 不完全定位

根据工件的加工要求，并不需要限制工件的全部自由度，这样的定位，称为不完全定位。例如：车削细长轴（图 2-11a）时，采用卡盘和顶尖装夹工件，使之出现了过定位。

车削细长轴时，若用自定心卡盘和前后顶尖定位时，$\vec{Y}$、$\vec{Z}$ 方向的自由度同时被自定心卡盘和前后顶尖约束了，此时已经出现了过定位。但是自定心卡盘是用来传递运动的，生产中可用卡箍来代替自定心卡盘，卡箍既可传递运动又不约束工件的自由度，因此可将过定位变为不完全定位。

图 2-11b 所示为平板工件磨平面，工件只有厚度和平行度要求，故只需限制 $\vec{Z}$、$\hat{X}$、$\hat{Y}$ 三个自由度，在磨床上采用电磁工作台即可实现三点定位。

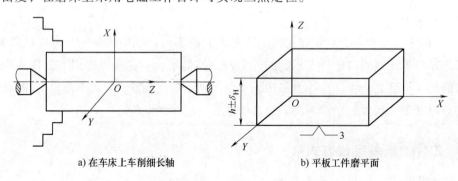

a) 在车床上车削细长轴　　b) 平板工件磨平面

图 2-11 不完全定位

3. 欠定位

根据工件的加工要求，应该限制的自由度没有完全被限制的定位，称为欠定位。欠定位无法保证加工要求，是绝不允许的。

如图 2-12 所示，工件在支承板 1 和两个圆柱销 2 上定位，按此定位方式，$\vec{X}$ 自由度没被限制，属欠定位。工件在 X 方向上的位置不确定，如图中的双点画线位置和虚线位置，因此钻出孔的位置也不确定，无法保证尺寸 A 的精度。只有在 X 方向设置一个止推销后，工件在 x 方向才能有确定的位置。

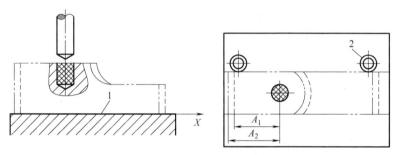

图 2-12 欠定位

4. 过定位

夹具上两个或两个以上的定位元件，重复限制工件的同一个或几个自由度的现象，称为过定位，如图 2-13 所示。

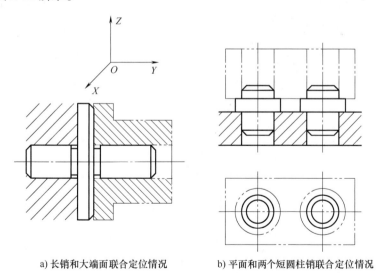

a) 长销和大端面联合定位情况　　b) 平面和两个短圆柱销联合定位情况

图 2-13 过定位

图 2-13a 为长销与大端面联合定位情况，由于大端面限制 $\vec{Y}$、$\widehat{X}$、$\widehat{Z}$ 三个自由度，长销限制 $\vec{X}$、$\vec{Z}$、$\widehat{X}$ 和 $\widehat{Z}$ 四个自由度，可见 $\widehat{X}$、$\widehat{Z}$ 被重复限制，出现过定位。图 2-13b 为平面与两个短圆柱销联合定位情况，平面限制 $\vec{Z}$、$\widehat{X}$、$\widehat{Y}$ 三个自由度，两个短圆柱销分别限制 $\vec{X}$、$\vec{Y}$、$\widehat{Y}$ 和 $\widehat{Z}$ 四个自由度，可见 $\widehat{Y}$ 被重复限制，出现过定位。

过定位可能导致的后果有：工件无法安装，造成工件或定位元件变形。

由于过定位往往会带来不良后果，一般确定定位方案时，应尽量避免。消除或减小过定位所引起的干涉，一般有两种方法。

1）改变定位元件的结构，使定位元件重复限制自由度的部分不起定位作用。

例如对图 2-14a 的改进措施如图 2-14b 所示，其中图 2-14a 是在工件与大端面之间加球面垫圈，图 2-14b 是将大端面改为小端面，从而避免过定位。

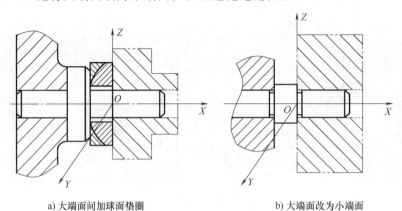

a) 大端面间加球面垫圈　　　　b) 大端面改为小端面

图 2-14　消除过定位的措施

2）合理应用过定位，提高工件定位基准之间及定位元件的工作表面之间的位置精度。

如图 2-15 所示，滚齿夹具是可以使用过定位这种定位方式的典型实例，其前提是齿坯加工时，在工艺上已保证了作为定位基准用的内孔和端面具有很高的垂直度，而且夹具上的定位心轴和支承凸台之间也保证了垂直度。此时，不必刻意消除被重复限制的 $\vec{X}$、$\vec{Y}$ 自由度，利用过定位装夹工件，还提高了齿坯在加工中的刚性和稳定性，有利于保证加工精度，获得良好的加工效果。

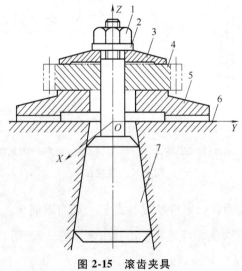

图 2-15　滚齿夹具

1—压紧螺母　2—垫圈　3—压板　4—工件　5—支承凸台　6—工作台　7—心轴

> 大师经验谈
>
> 六点定位原则应注意的问题：
>
> 1) 定位就是限制自由度，通常用合理布置定位支承点的方法来限制工件的自由度。
>
> 2) 定位支承点限制工件自由度的作用，应理解为定位支承点与工件定位基准面始终保持接触。若两者脱离，则意味着失去定位作用。
>
> 3) 一个定位支承点仅限制一个自由度，一个工件有 6 个自由度，所设置的定位支承点数目原则上不应超过 6 个。
>
> 4) 分析定位支承点的定位作用时，不考虑力的影响，定位和夹紧是两个概念，不能混淆。工件的某一自由度被限制，是指工件在这一方向上有确定的位置，并非指工件在受到使其脱离定位支承点的外力时，不能运动，即夹紧。
>
> 5) 定位支承点是由定位元件抽象而来的，在夹具中，定位支承点总是通过具体的定位元件体现。

2.3.3 对夹具的基本要求

数控铣床的工件装夹方法与普通铣床一样，所使用的夹具只要求有简单的定位、夹紧机构即可，但要将加工部位露出。选择夹具时，应注意减少装夹次数，尽量做到在一次安装中能把工件上所有要加工的表面都加工出来。对夹具有以下几点要求：

1) 为保持工件在本工序中所有需要完成的待加工面充分暴露在外，避免与刀具发生干涉，夹具要做得尽可能敞开，因此夹紧机构元件与加工面之间应保持一定的安全距离，同时要求夹紧机构元件尽可能低，以防止夹具与铣床主轴套筒或刀套、刃具在加工过程中发生碰撞。

2) 为保持工件安装方位与机床坐标系及编程坐标系方向的一致性，夹具应能保证在机床上实现定向安装，还要求能使工件定位面与机床之间保持一定的坐标联系。

3) 夹具的刚性与稳定性要好。尽量不采用在加工过程中更换夹紧点的设计，当必须要在加工过程中更换夹紧点时，要特别注意不能因更换夹紧点而破坏夹具或工件定位精度。

2.3.4 夹紧力三要素的确定

夹紧机构必须合理确定夹紧力的三要素：方向、作用点和大小。

1. 夹紧力方向的确定

确定夹紧力方向时，应与工件定位基准的配置及所受外力的方向等结合起来考虑，其确定原则是：

(1) 夹紧力的方向应垂直于主要定位基准面　图 2-16a 所示直角支座以 A、B 面定位镗孔，要求保证孔中心线垂直于 A 面。为此应选择 A 面为主要定位基准，夹紧力 Q 的方向垂直于 A 面。这样，无论 A 面与 B 面有多大的垂直度误差，都能保证孔中心线与 A 面垂直。如图 2-16b 所示夹紧力方向垂直于 B 面，则因 A、B 面间有夹角误差，夹紧时将破坏工件的定位，影响孔与 A 面的垂直度要求。

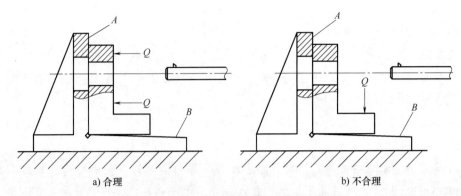

| a) 合理 | b) 不合理 |

图 2-16　夹紧力方向对镗孔垂直度的影响

（2）夹紧力方向应使所需夹紧力最小　这样可使机构轻便、紧凑，工件变形小，手动夹紧时可减轻工人劳动强度，提高生产率。为此，应使夹紧力 Q 的方向与切削力 F、工件的重力 G 的方向重合，这时所需要的夹紧力为最小。图 2-17 夹紧力方向与夹紧力大小的关系。显然，图 2-17a 最合理，图 2-17f 情况为最差。

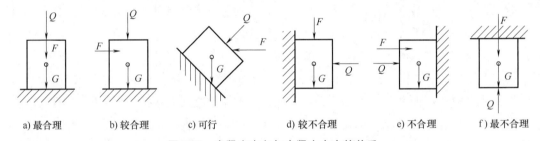

a) 最合理　　b) 较合理　　c) 可行　　d) 较不合理　　e) 不合理　　f) 最不合理

图 2-17　夹紧力方向与夹紧力大小的关系

由于工件不同方向上的刚度是不一致的，不同的受力表面也因其接触面积不同而产生不同程度的变形，尤其在夹紧薄壁工件时，更需注意。如图 2-18 所示，套筒用自定心卡盘夹紧外圆，显然要比用特制螺母从轴向夹紧工件的变形大得多。

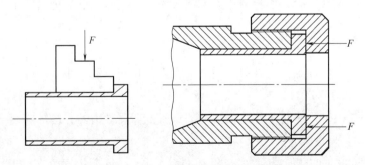

图 2-18　夹紧力方向与工件刚性的关系

2. 夹紧力作用点的确定

选择作用点的问题是指在夹紧方向已定的情况下，确定夹紧力作用点的位置和数目，应依据以下原则：

1）夹紧力作用点应落在支承元件上或几个支承元件所形成的支承面内。图 2-19a 夹紧力作用在支承范围之内，是合理的；图 2-19b 所示的夹紧力作用在支承面范围之外，会使工件倾斜或移动。

2）夹紧力作用点应落在工件刚性好的部位上。如图 2-20 所示，将作用在壳体中部的单点改成在工件外缘处的两点夹紧，可大大减小工件的变形，且夹紧更可靠。该原则对刚度差的工件尤其重要。

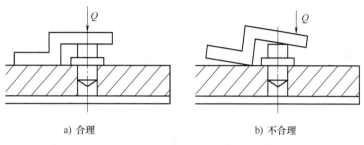

a) 合理　　　　　　　　　　b) 不合理

图 2-19　夹紧力作用点应在支承面内

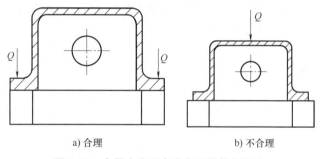

a) 合理　　　　　　　　　　b) 不合理

图 2-20　夹紧力作用点应在刚性较好部位

3）夹紧力作用点应尽可能靠近被加工表面，以减小切削力对工件造成的翻转力矩。必要时应在工件刚性差的部位增加辅助支承并施加夹紧力，以免振动和变形。如图 2-21 所示，支承尽量靠近被加工表面，同时给予夹紧力。这样翻转力矩小且增加了工件的刚性，既保证了定位夹紧的可靠性，又减小了振动和变形。

3. 夹紧力大小的确定

夹紧力大小要适当。夹紧力过大会使工件变形，过小则工件在加工时会松动，造成报废，甚至发生安全事故。

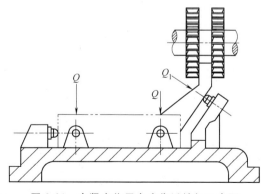

图 2-21　夹紧力作用点应靠近被加工表面

1）采用手动夹紧时，可凭人力来控制夹紧力的大小，一般不需要算出所需夹紧力的确切数值，只在必要时进行概略的估算。

2）设计机动（如气动、液压、电动等）夹紧装置时，需要计算夹紧力的大小，以便决定动力部件（如气缸、液压缸等）的尺寸。

进行夹紧力计算时，通常将夹具和工件看作一个刚性系统，以简化计算。根据工件在切削力、夹紧力（重型工件要考虑重力，高速时要考虑惯性力）作用下处于静力平衡状态，列出静力平衡方程式，即可算出理论夹紧力，再乘以安全系数，作为所需的实际夹紧力。实际夹紧力一般比理论计算值大2~3倍。

夹紧力三要素的确定是一个综合性问题，必须全面考虑工件的结构特点、工艺方法、定位元件的结构和布置等多种因素，才能设计出较为理想的夹紧机构。

2.4 加工方法的选择及加工路线的确定

2.4.1 加工方法的选择

数控铣削加工的主要加工表面一般可采用表2-1所列的加工方案。

表2-1 加工表面的加工方案

加工表面	加工方案	所使用的刀具
平面内、外轮廓	X、Y、Z方向粗铣→内、外轮廓方向分层半精铣→轮廓高度方向分层半精铣→内、外轮廓精铣	整体高速钢或硬质合金立铣刀，机夹可转位硬质合金立铣刀
曲面轮廓	X、Y、Z方向粗铣→曲面Z方向分层粗铣→曲面半精铣→曲面精铣	整体高速钢或硬质合金立铣刀，球头立铣刀，机夹可转位硬质合金立铣刀，球头立铣刀
孔	定尺寸刀具加工	麻花钻、扩孔钻、铰刀、镗刀
孔	铣削	整体高速钢或硬质合金立铣刀，机夹可转位硬质合金立铣刀
外螺纹	螺纹铣刀铣削	螺纹铣刀
内螺纹	攻螺纹	丝锥
内螺纹	螺纹铣刀铣削	螺纹铣刀

1. 平面加工方法的选择

在数控铣床上加工平面主要采用面铣刀和立铣刀。经粗铣的平面，尺寸标准公差等级可达IT10~IT12，表面粗糙度值可达$Ra6.3$~$25\mu m$；经粗铣→精铣或粗铣→半精铣→精铣的平面，尺寸标准公差等级可达IT7~IT9，表面粗糙度值可达$Ra1.6$~$6.3\mu m$。需要注意的是，当工件表面粗糙度要求较高时，应采用顺铣方式。

2. 平面轮廓加工方法的选择

平面轮廓多由直线和圆弧或各种曲线构成，通常采用三坐标数控铣床进行两轴半坐标加工。如图2-22a所示，为由直线和圆弧构成的零件平面轮廓$ABCDEA$，采用半径为R的立铣刀沿周向加工，虚线$A_1B_1C_1D_1E_1A_1$为刀具中心的运动轨迹。为保证加工面光滑，刀具沿PA_1切入，沿A_1K切出。如图2-22b所示，2、3为圆弧切入运动轨迹，3、5为圆弧切出运动轨迹。

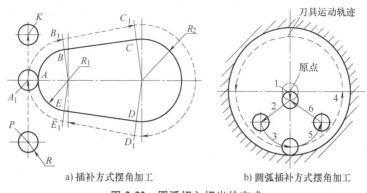

a) 插补方式摆角加工　　b) 圆弧插补方式摆角加工

图 2-22　圆弧切入切出的方式

3. 固定斜角平面的加工方法的选择

固定斜角平面是指与水平面成一固定夹角的斜面。当工件尺寸不大时,可用斜垫板垫平后加工;如果机床主轴可以摆角,则可以摆成适当的定角,用不同的刀具来加工,如图 2-23 所示。

4. 变斜角面的加工的选择

1) 加工曲率变化较小的变斜角面,用四轴联动的数控铣床,采用立铣刀。但当工件斜角过大,超过机床主轴摆角范围时,可用角度铣刀加以弥补,以插补方式摆角加工。

2) 加工曲率变化较大的变斜角面,用四轴联动的数控铣床难以满足加工要求,最好用五轴联动数控铣床,以圆弧插补方式摆角加工。

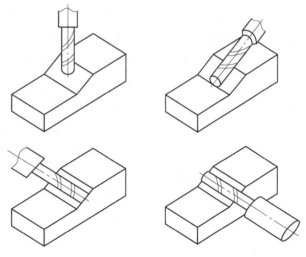

图 2-23　主轴摆角固定加工平面

3) 采用三轴数控铣床两坐标联动,利用球头立铣刀和鼓形铣刀,以直线或圆弧插补方式进行分层铣削加工,加工后的残留面积用钳工方法清除。

5. 曲面轮廓的加工方法的选择

1) 对于曲率变化不大和精度要求不高的曲面粗加工,常采用两轴半坐标行切法加工。

2) 对于曲率变化较大和精度要求较高的曲面精加工,常用 X、Y、Z 三轴联动插补的行切法加工。

3) 对于叶轮、螺旋桨类的零件,因其叶片形状复杂,刀具容易与相邻表面发生干涉,常用五轴联动加工。

2.4.2　加工路线的确定

1. 铣削方式的确定

铣削过程是断续切削,会引起冲击振动,切削层总面积是变化的,铣削均匀性差,铣削力的波动较大。采用合适的铣削方式对提高铣刀寿命、工件表面结构、加工生产率关系很大。

铣削方式有逆铣和顺铣两种方式，当铣刀的旋转方向和工件的进给方向相同时称为顺铣，相反时称为逆铣。

（1）顺铣（图2-24） 刀具从待加工表面切入，切削厚度从最大逐渐减小为零，切入时冲击力较大，刀齿无滑行、挤压现象，对保持刀具寿命有利；其垂直方向的切削分力向下压向工作台，减小了工件的振动，对提高铣刀加工表面质量和工件的夹紧有利。但顺铣的水平切削分力与工件进给方向一致，当水平切削分力大于工作台摩擦力（如遇到加工表面有硬皮或硬质点）时，使工作台带动丝杠向左窜动，丝杠与螺母传动副右侧面出现间隙，硬点过后丝杠螺母副的间隙恢复正常，这种现象对加工极为不利，会引起"啃刀"或"打刀"，甚至损坏夹具或机床。

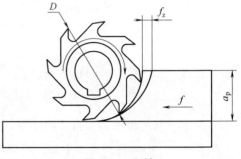

图2-24 顺铣

（2）逆铣（图2-25） 刀具从已加工表面切入，切削厚度从零逐渐增大，不会因从毛坯面切入而打刀；其水平切削分力与工件进给方向相反，使铣床工作台进给的丝杠与螺母传动面始终是压紧的，不会受丝杠螺母副间隙的影响，铣削较平稳。但刀齿在刚切入已加工表面时，会有一小段滑行、挤压，使这段表面产生严重的冷硬层，下一个刀齿切入时，又在冷硬层表面滑行、挤压，不仅使刀齿容易磨损，而且使工件的表面粗糙度值增大；同时，刀齿垂直方向的切削分力向上，不仅会使工作台与导轨间形成间隙，引起振动，而且有把工件从工作台上挑起的倾向，因此需较大的夹紧力。

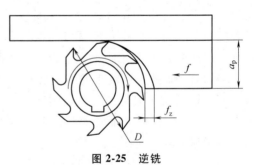

图2-25 逆铣

（3）顺铣与逆铣的选择 当工件表面有硬皮、机床的进给机构有间隙时，应选用逆铣。因逆铣时，刀齿是从已加工表面切入的，不会崩刃，机床进给机构的间隙不会引起振动和爬行，因此粗铣时尽量采用逆铣。当工件表面无硬皮、机床进给机构无间隙时，应选用顺铣。因为顺铣加工后，工件表面质量好，刀齿磨损小，刀具寿命高（试验表明，顺铣时刀具的寿命比逆铣时提高2~3倍），因此精铣时，应尽量采用顺铣。另外，加工铝镁合金、钛合金和耐热合金等材料时，为了降低表面结构，提高刀具寿命，应尽量采用顺铣加工。

2. 走刀路线的确定

（1）平面铣削路线

1）单次平面铣削的刀具路线。在单次平面铣削的刀具路线中，可通过面铣刀切入材料时的铣刀切入角来确定。面铣刀的切入角由刀心位置相对于工件边缘的位置决定。如图2-26a所示，刀心位置在工件内（但不跟工件中心重合），切入角为负；如图2-26b所示，

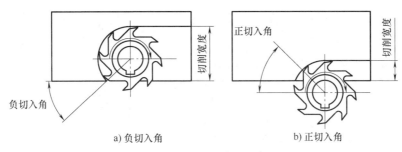

图 2-26 切削切入角

刀心位置在工件外,切入角为正;刀心位置与工件边缘重合时,切入角为零。

① 如果工件只需一次切削,应该避免刀心轨迹与工件中心线重合。刀心处于工件中间位置时将容易引起振动,从而导致加工质量较差,因此刀心轨迹应偏离工件中心线。

② 当刀心轨迹与工件边缘线重合时,切削刀片进入工件材料时的冲击力最大,是最不利刀具加工的情况。因此应该避免刀心轨迹与工件边缘线重合。

③ 如果切入角为正,刚刚切入工件时,刀片相对于工件材料的冲击速度大,引起碰撞力也较大。因此正切入角容易使刀具破损或产生缺口,因此,拟订刀具轨迹时,应避免正切入角。

④ 使用负切入角时,已切入工件材料的刀片承受的切削力最大,而刚切入(撞入)工件的刀片受力较小,引起碰撞力也较小,从而可延长刀片的寿命,且引起的振动也较小。

因此使用负切入角是首选。通常应尽量让面铣刀中心在工件区域内,这样就可确保切入角为负,且工件只需一次切削时,可避免刀具中心线与工件中心线重合。比较图 2-27 所示的两种切削刀具路线,虽然都使用负切入角,但图 2-27a 所示的面铣刀整个宽度全部参与铣削,刀具容易磨损,应调整为图 2-27b 所示的刀具路线。

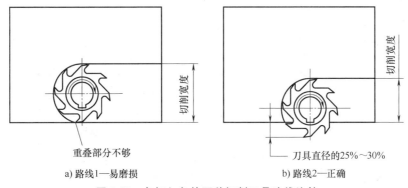

图 2-27 负切入角的两种切削刀具路线比较

2)多次平面铣削的刀具路线。铣削大面积平面时,铣刀不能一次切除所有材料,因此在同一深度需要多次走刀。分多次铣削的路线有多种,每一种方法在特定环境下具有各自的优点。最为常见的方法为同一深度上的单向多次切削和双向多次切削。

① 单向多次切削时,切削起点 S 在工件的同一侧,另一侧为终点 E 的位置,每完成一次切削后,刀具从工件上方回到切削起点的一侧,如图 2-28 所示,这是平面铣削中常见的方法,频繁的快速返回运动导致效率很低,但能保证面铣刀的切削总是顺铣。

② 双向多次切削也称为 Z 形切削，如图 2-29a 所示，它的应用也很多，效率比单向多次切削要高，常用于平面铣削的粗加工。但由于铣削中顺铣、逆铣交替，在精铣平面时会影响加工质量，因此平面质量要求高的平面精铣通常并不使用这种切削路线。为了安全起见，设计切削路线起点和终点时应确保刀具与工件间有足够的安全距离。

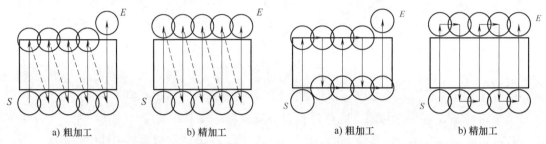

图 2-28　单向铣削平面的多次切削路线　　　　图 2-29　双向铣削平面的多次切削路线

不管使用哪种切削方法，起点 S 和终点 E 与工件都有安全间隙，以确保刀具安全和加工质量。

（2）平面环切路线　　刀具以环状走刀的方式切削工件，可选择从里到外或从外到里的方式，切削路径有圆形环切路线、三角形环切路线、矩形环切路线或长方形环切路线等，如图 2-30 所示。

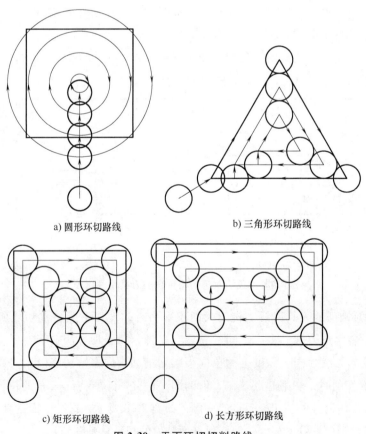

图 2-30　平面环切切削路线

3. 轮廓铣削路线

（1）外轮廓的铣削路线　对于外轮廓铣削，一般按工件轮廓走刀。若不能去除全部余量，则可以先安排去除轮廓边角料的走刀路线。在使用去除轮廓边角料的走刀路线时，以保证轮廓的精加工余量为准。

在确定轮廓走刀路线时，应使刀具切向切入和切向切出，如图 2-31 所示。同时，切入点的选择应尽量选在几何元素相交的位置。

（2）内轮廓的铣削路线　铣削内轮廓表面时，切入和切出轨迹无法外延，这时轨迹应尽量由圆弧过渡到圆弧。如图 2-32a 所示，在无法实现时，铣刀可沿工件轮廓的法线方向切入和切出，并将其切入、切出点选在零件轮廓两几何元素的交点处。图 2-32 所示为加工凹槽的三种加工路线。

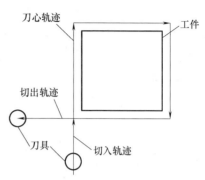

图 2-31　外轮廓走刀路线

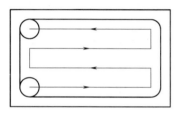 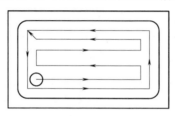 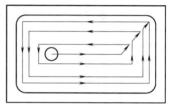

a）行切法方案差　　　　b）先行切，后环切方案好　　　　c）环切法

图 2-32　加工凹槽的三种加工路线

2.5　加工工艺参数的确定

2.5.1　铣削用量

用来衡量铣削运动大小的参数称为铣削用量。铣削用量三要素同切削用量一样，包括背吃刀量 a_p（侧吃刀量 a_e）、切削速度 v_c（用于横线速切削）和进给量$^{\ominus}f$。只有合理地确定切削用量才能顺利地进行切削，也是保证产品质量，提高劳动生产率的有效办法。

粗加工时，应尽量保证较高的金属切除率和必要的刀具寿命，一般优先选择大的背吃刀量 a_p，其次根据机床动力和刚度的限制条件，尽可能选取较大的进给量 f，最后根据刀具寿命，确定合适的切削速度 v_c。增大背吃刀量 a_p 可使进给次数减少，增大进给量 f 有利于断屑。

精加工时，对于精度和表面结构要求较高，加工余量不大且较均匀，故一般选用较小的进给量 f 和背吃刀量 a_p，尽可能选用较高的切削速度 v_c。

（1）背吃刀量 a_p 的确定　背吃刀量是指在垂直于主运动方向和进给运动方向的工作平

$\ominus$　数控系统里为进给率。

面内测量的刀具切削刃与工件切削表面的接触长度。

粗加工的背吃刀量应根据工件的加工余量确定,应尽量用一次走刀切除全部加工余量。当加工余量过大、机床功率不足、工艺系统刚度较低、刀具强度不够,以及断续切削或冲击振动较大时,可采用分几次走刀。对切削表面层有硬皮的铸、锻件,应尽量使背吃刀量大于硬皮层的厚度,以保护刀尖。一般,半精加工余量为 1~3mm,精加工的余量为 0.1~0.5mm,可一次切除。半精加工和精加工时的背吃刀量可根据加工精度和表面粗糙度的要求,由粗加工后留下的余量确定。

(2) 进给量 f 的确定 刀具在进给运动方向上相对于工件的位移量称为进给量,用刀具或工件每转或每行程的位移量来表述和度量,不同的加工方法,由于所用刀具和切削运动形式不同,进给量的表述和度量方法也不同。进给量的单位是 mm/r(用于车削、镗削等)或 mm/min(用于刨削、磨削等)。进给量表示进给运动的速度。进给运动的速度还可以用进给速度 v_f 或每齿进给量 f_z(用于铣刀、铰刀等多刃刀具)表示,进给量的单位是 mm/z。

1)当工件的精度要求能够得到保证时,为提高生产率,可选择较高的进给速度。一般在 100~200mm/min 范围内选取。

2)当切断、加工深孔或用高速钢刀具加工时,宜选择较低的进给速度,一般在 20~50mm/min 范围内选取。

3)当加工精度表面粗糙度要求高时,进给速度应选小些,一般在 20~50mm/min 范围内选取。

4)刀具空行程时,特别是远距离"回零"时,可以选择该机床数控系统给定的最高进给速度。

对于铣床,每分钟进给量=每齿进给量×铣刀齿数×主轴转速,即

$$F = f_z z n$$

式中 F——每分钟进给量(mm/min);

f_z——每齿进给量(mm/z);

z——铣刀齿数;

n——主轴转速(r/mm)。

5)粗加工时,进给量的选择主要受切削力的限制。在工艺系统刚度和强度良好的情况下,可选用较大的进给量值。半精加工和精加工时,由于进给量对工件的已加工表面粗糙度影响很大,进给量一般取得较小。通常按照工件加工表面粗糙度的要求,根据工件材料、刀尖圆弧半径、切削速度等条件来选择合理的进给量。

(3) 切削速度 v_c 的确定 切削速度是指刀具切削刃上选定点相对于工件主运动的瞬间速度,单位为 m/min 或 m/s。

在背吃刀量和进给量选定以后,可在保证刀具合理寿命的条件下,确定合适的切削速度。在确定切削速度时,一般应遵循以下原则:

1)粗加工时,背吃刀量和进给量都较大,切削速度受刀具寿命和机床功率的限制,一般取得较低;精加工时,背吃刀量和进给量都取得较小,切削速度主要受工件加工精度和刀

具寿命的限制，一般取得较高。

2）选择切削速度时，还应考虑工件材料的切削加工性等因素。例如，加工合金钢、高锰钢、不锈钢、铸铁等工件的切削速度应比加工普通中碳钢工件的切削速度低 20%～30%；加工有色金属时，切削速度则应提高 1～3 倍。

3）刀具材料的切削性能越好，切削速度也可选择得越高。因此，硬质合金刀具采用较高的切削速度（80～100m/min）。高速钢刀具宜采用较低的切削速度。

（4）主轴转速 n 的确定　主轴转速应根据允许的切削速度和工件（或刀具）直径来选择，其计算公式为

$$n = 1000 \frac{v_c}{\pi D}$$

式中　v_c——切削速度（m/min）；

　　　n——主轴转速（r/min）；

　　　D——铣刀直径（mm）。

计算出的主轴转速 n 最后要根据机床说明书选取机床有的或较接近的转速。硬质合金刀具切削用量推荐表见表 2-2，常用的切削用量推荐表见表 2-3。

表 2-2　硬质合金刀具切削用量推荐表

工件材料	粗加工			精加工		
	切削速度 v_c /(m/min)	进给量 f /(mm/r)	背吃刀量 a_p /mm	切削速度 v_c /(m/min)	进给量 f /(mm/r)	背吃刀量 a_p /mm
碳钢	200	0.2	3	260	0.1	0.4
低合金钢	180	0.2	3	220	0.1	0.4
高合金钢	120	0.2	3	160	0.1	0.4
铸铁	80	0.2	3	120	0.1	0.4
不锈钢	80	0.2	2	60	0.1	0.4
钛合金	40	0.2	1.5	150	0.1	0.4
灰铸铁	120	0.2	2	120	0.15	0.4
球墨铸铁	100	0.3	2	120	0.15	0.5
铝合金	1600	0.2	1.5	1600	0.1	0.5

表 2-3　常用切削用量推荐表

工件材料	加工内容	切削速度 v_c /(m/min)	进给量 f /(mm/r)	背吃刀量 a_p /mm	刀具材料
碳素钢 （抗拉强度 >600MPa）	粗加工	5～7	60～80	0.2～0.4	P 类（YT）硬质合金
	粗加工	2～3	80～120	0.2～0.4	P 类（YT）硬质合金
	精加工	2～6	120～150	0.1～0.2	P 类（YT）硬质合金
	钻中心孔	—	500～800	钻中心孔	高速钢
	钻孔	—	20～30	钻孔	W18Cr4V
	切断（宽度<5mm）	70～110	0.1～0.2	切断（宽度<5mm）	P 类（YT）硬质合金
铸铁 （硬度<200HBW）	粗加工	—	50～70	0.2～0.4	K 类（YG）硬质合金
	精加工	—	70～100	0.1～0.2	K 类（YG）硬质合金

2.5.2 工件表面结构

1. 影响工件表面结构的因素

机械加工中,影响表面结构的主要原因可归纳为三个方面:一是切削刃和工件相对运动轨迹所形成的残留面积——几何因素;二是加工过程中在工件表面产生的塑性变形、积屑瘤、鳞刺和振动等物理因素;三是与加工工艺相关的工艺因素,见表2-4。

表2-4 影响工件表面结构的因素

名 称	说 明
几何因素	在理想切削条件下,由于切削刃的形状和进给量的影响,在加工表面上遗留下来的切削层残留面积就形成了理论表面结构
物理因素	切削过程中,由于刀具的刃口圆角及后刀面的挤压与摩擦使金属材料发生塑性变形,从而使理论残留面积挤歪或沟纹加深,使表面结构恶化。在加工塑性材料而形成带状切屑时,在前刀面上容易形成硬度很高的积屑瘤。刀具、工件或机床部件产生周期性的振动会使已加工表面出现周期性的波纹,使工件表面波纹度值增大
工艺因素	与表面粗糙度有关的工艺因素有:切削用量、工件材质及与切削刀具有关的因素

2. 优化工件表面结构的方法

(1) 选择合理的切削用量

1) 切削速度 v_c。切削速度对表面结构的影响比较复杂,一般在低速或高速切削时,不会产生积屑瘤,故加工后表面粗糙度值较小。在切削速度为 20~50m/min 时,加工塑性材料(如低碳钢、铝合金等)常容易出现积屑瘤和鳞刺,再加上切屑分离时的挤压变形和撕裂作用,使表面结构更加恶化。切削速度 v_c 越高,切削过程中切屑和加工表面层的塑性变形的程度越小,加工后的表面粗糙度值也就越小。

2) 进给量 f。在粗加工和半精加工中,当 $f>0.15$mm/r 时,进给量 f 大小决定了加工表面残留面积的大小,适当地减少进给量 f 可使表面粗糙度值减小。

3) 背吃刀量 a_p。一般背吃刀量 a_p 对加工表面结构的影响不明显。但当 $a_p<0.02$mm 时,由于切削刃不可能刃磨成绝对尖锐,因此会具有一定的刃口半径,正常切削就不能维持,常出现挤压、打滑和周期性地切入加工表面,从而使表面粗糙度值增大。为减小加工表面粗糙度值,应根据刀具刃口刃磨的锋利情况选取相应的背吃刀量。

(2) 选择合理的刀具几何参数

1) 增大刃倾角 λ_s 对减小表面粗糙度值有利。因为 λ_s 增大,实际工作前角也随之增大,切削过程中的金属塑性变形程度随之下降,于是切削力 F 也明显下降,这会显著地减小工艺系统的振动,进而使加工表面粗糙度值减小。

2) 减少刀具的主偏角 κ_r 和副偏角 κ_r' 和增大刀尖圆弧半径 r_ε,可减少切削残留面积,使其表面粗糙度值减小。

3) 增大刀具的前角 γ_o 使刀具易于切入工件,塑性变形小有利于减小表面粗糙度值。但当前角 γ_o 太大时,切削刃有嵌入工件的倾向,反而使表面粗糙度值增大。

4) 当前角 γ_o 一定时，后角 α_o 越大，切削刃钝圆半径越小，切削刃越锋利；同时，还能减小后刀面与加工表面间的摩擦和挤压，有利于减小表面粗糙度值。但后角 α_o 太大，削弱了刀具的强度，容易产生切削振动，使表面粗糙度值增大。

（3）改善工件材料的性能　采用热处理工艺改善工件材料的性能是优化表面结构的有效措施。例如，工件材料金属组织的晶粒越均匀，粒度越细，加工时越能获得较小的表面粗糙度值。因此，对工件进行正火或回火处理后再加工，能使加工表面粗糙度值明显减小。

（4）选择合适的切削液　切削液的冷却和润滑作用均对减小加工表面粗糙度值有利，其中更直接的是润滑作用，当切削液中含有表面活性物质（如硫、氯等化合物）时，润滑性能增强，能使切削区金属材料的塑性变形程度下降，从而减小加工表面粗糙度值。

（5）选择合适的刀具材料　不同的刀具材料，由于化学成分的不同，在加工时刀面硬度及刀面结构的保持性、刀具材料与被加工材料金属分子的亲和程度，以及刀具前、后刀面与切屑和加工表面间的摩擦系数等均有所不同。

（6）防止或减小工艺系统振动　工艺系统的低频振动，一般在工件的加工表面上产生表面波纹度，而工艺系统的高频振动将对加工表面结构产生影响。为提高表面质量，则必须采取相应措施，防止在加工过程中产生振动。

2.6 数控铣削加工刀具系统和刀具的类型

2.6.1 数控铣削加工刀具系统

加工中心和数控铣床上使用的刀具由刃具和刀柄两部分组成。刃具包括铣刀、钻头、扩孔钻、镗刀、铰刀和丝锥等。刀柄是机床主轴与刀具之间的连接工具，应满足机床主轴的自动松开和夹紧定位、准确安装各种切削刀具、适应机械手的夹持和搬运、储存和识别刀库中各种刀具等要求。

1. 刀柄的结构

刀柄的结构现已系列化、标准化，其标准有很多种，见表2-5。

表2-5　刀柄型式代号

代号	刀柄型式	标准
JT	自动换刀机床用7∶24圆锥刀柄	DIN 69871
BT	自动换刀机床用7∶24圆锥BT型刀柄	JIS B 6339
IT	自动换刀机床用7∶24圆锥刀柄	ISO 7388
HSK	自动换刀机床用1∶10短圆锥高速刀柄	ISO 12164

2. 刀具的选择

（1）数控铣削刀具的基本要求

1) 铣刀刚性要好。一是为提高生产率而采用大切削用量，二是为适应数控铣床加工过程中难以调整切削用量。如工件各处的加工余量相差悬殊，普通铣床遇到这种情况常采取分层铣削方法加以解决，而数控铣削就必须按程序规定的走刀路线前进，遇到加工余量大的情况便无法像通用铣床那样"随机应变"，除非在编程时能够预先考虑到，否则铣刀必须返回原点，用改变切削面高度或加大刀具半径补偿值的方法从头开始加工，多走几刀。但这样会造成加工余量少的地方经常走空刀，降低了生产率，若刀具刚性较好则不必如此。

2）铣刀的寿命要高。尤其是当一把铣刀加工的工序内容很多时，如果刀具磨损较快，就会影响工件的表面质量与加工精度，而且会增加换刀引起的调刀与对刀次数，也会使工作表面留下因对刀误差而形成的接刀台阶，降低工件的表面质量。

除上述两点之外，铣刀切削刃几何角度参数的选择及排屑性能等也非常重要，切屑粘刀形成积屑瘤在数控铣削中是十分忌讳的。总之，根据被加工工件材料的热处理状态、切削性能及加工余量，选择刚性好、寿命高的铣刀，是充分发挥数控铣床的生产率和获得满意的加工质量的前提。

（2）铣刀的特点　铣削是以铣刀的旋转和工件的移动相配合进行的切削加工。铣削时，铣刀的旋转运动是主运动，工件的移动是进给运动。铣刀属于多齿刀具，铣刀的每一个刀齿相当于一把车刀，其切削部分几何参数及切削基本规律与车刀类似。但铣削属于断续切削和多刃切削，同时参加切削的刀齿数较多，切削厚度和切削层面积随时在变化。因此铣刀有其自身的特殊规律，其特点是：

1）铣削过程中，切削厚度和切削宽度随时间变化，即切削层面积是随时间变化的，因而引起切削力周期性变化，产生周期性振动，导致铣削过程的不平稳。

2）铣削时，每个刀齿是短时间周期性切削的。这虽有利于刀齿的散热和冷却，但周期性的热变形会引起刀齿的热疲劳裂纹，造成切削刃剥离或崩刃。

3）铣刀在切削过程中，切削厚度是变化的，当切削刃钝圆半径小于切削厚度时，切削刃才能切入工件；当切削刃钝圆半径大于切削厚度时，刀齿在圆弧 KM 段滑动，如图 2-33 所示，使铣刀刀齿与工件产生很大的挤压和摩擦，加剧铣刀刀齿后刀面的磨损和工件表面加工硬化，影响工件表面结构。

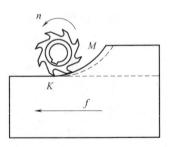

图 2-33　铣刀切削过程

4）铣刀每个刀齿的切削是断续的，切屑比较小，且刀齿与刀齿之间有足够的容屑空间，故排屑较顺畅。

2.6.2　常用铣刀的种类及用途

1. 面铣刀

面铣刀是数控铣加工中最常用的一种铣刀，广泛用于加工平面类零件，其规格主要有45°、75°和90°面铣刀，如图 2-34 所示。面铣刀除用其端刃铣削外，还常用其侧刃铣削，有时也用端刃、侧刃同时进行铣削。

a) 45°面铣刀　　　　　b) 75°面铣刀　　　　　c) 90°面铣刀

图 2-34　面铣刀

2. 盘形铣刀

盘形铣刀一般采用在盘状刀体上机夹刀片或刀头，常用于端铣较大的平面、凸台或铣槽，如图 2-35 所示。

a) 可调试三面刃铣刀　　　b) 可调试半三面刃盘铣刀　　　c) 三面刃锯片盘铣刀

图 2-35　盘形铣刀

3. 成形铣刀

成形铣刀一般都是为特定的工件或加工内容专门设计制造的，适用于加工平面类零件的特定形状（如角度面、凹槽面等），也适用于加工特殊形状的孔或台，如图 2-36 所示。

a) 凸半圆铣刀　　　　　b) 凹半圆铣刀　　　　　c) 角度铣刀

图 2-36　成形铣刀

4. 球头主铣刀

球头主铣刀一般适用于加工空间曲面零件，有时也用于平面类零件较大转接凹圆弧的补加工，如图 2-37 所示。

图 2-37　球头立铣刀

5. 鼓形铣刀

如图 2-38 所示鼓形铣刀主要用于变斜角类零件变斜角面的近似加工。

6. 圆柱形铣刀

圆柱形铣刀（图 2-39）有以下优势：

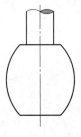

图 2-38　鼓形铣刀

图 2-39　圆柱形铣刀

1）生产率高。铣削时铣刀连续转动，并且允许较高的铣削速度，因此具有较高的生产率。

2）可连续切削。铣削时，每个刀齿都在连续切削，尤其是端铣，铣削力波动大，故振动是不可避免的。当振动的频率与机床的固有频率相同或成倍数时，振动最为严重。另外，当高速铣削时，刀齿还要经过周期性的冷热冲击，容易出现裂纹和崩刃，使刀具寿命下降。

3）可多刀多刃切削铣刀的刀齿多、切削刃总长度大，有利于提高刀具的寿命和生产率，优点不少。但也存在两方面问题：一是刀齿容易出现径向圆跳动，这将造成刀齿负荷不等，磨损不均匀，影响已加工表面质量；二是刀齿的容屑空间必须足够，否则会损害刀齿。

4）铣削方式多样。根据不同的加工条件，为提高刀具的寿命和生产率，可选用不同的铣削方式，如逆铣、顺铣、对称铣、不对称铣。

2.7　工艺规程的制订

理想的加工程序不仅应保证加工出符合图样的合格工件，同时应能使数控机床的功能得到合理的应用和充分的发挥。数控机床是一种高效率的自动化设备，它的效率高于普通机床 2~3 倍，所以，要充分发挥数控机床的这一特点，必须熟练掌握其性能、特点、使用操作方法，同时还必须在编程之前合理地确定加工方案。

在数控机床加工过程中，由于加工对象复杂多样，特别是轮廓曲线的形状，加上材料不同、批量不同等多方面因素的影响，在对具体零件制订加工方案时，应该进行具体分析，灵活处理。只有这样才能使制订的加工方案合理，从而达到质量优、效率高和成本低的目的。

在对加工工艺进行认真和仔细的分析后，制订加工方案的一般原则为：先粗后精，先近后远，先内后外，程序段最少，走刀路线最短。由于生产规模的差异，同一工件的加工方案有多种，应根据具体条件，选择经济、合理的工艺方案。

2.7.1　加工工序的划分

在数控机床上加工工件，工序可以比较集中，一次装夹应尽可能完成全部工序。与普通机床加工相比，数控机床加工工序划分有其自己的特点，常用的工序划分原则有以下两种：

1. 保证精度原则

数控加工要求工序尽可能集中。通常粗、精加工在一次装夹下完成，为减少热变形和切削力变形对工件形状、位置精度、尺寸精度和表面粗糙度的影响，应将粗、精加工分开进行。对于轴类或盘类工件，应先粗加工，并留少量加工余量，再进行精加工，以保证表面质量要求。同时，对于一些箱体工件，为保证孔的加工精度，应先加工表面，而后加工孔。

2. 提高生产率原则

数控加工中，为减少换刀次数，节省换刀时间，应将需用同一把刀加工的部位全部加工完成后，再换另一把刀来加工其他部位。同时应尽量减少空行程，用同一把刀加工工件的多个部位时，应以最短的路线到达各加工部位。

实际中，数控加工工序要根据具体工件的结构特点、技术要求等综合考虑。

2.7.2 加工路线的确定

在数控加工中，刀具（严格说是刀位点）相对于工件的运动轨迹和方向称为加工路线，即刀具从对刀点开始运动起，直至结束加工程序所经过的路径，包括切削加工的路径及刀具引入、返回等非切削空行程。影响走刀路线的因素很多，有工艺方法、工件的材料及其状态、加工精度及表面结构、刚度、加工余量，刀具的刚度、寿命及状态，机床类型与性能等。

加工路线的确定首先必须保证被加工工件的尺寸精度和表面质量，其次考虑数值计算简单，走刀路线尽量短，效率高等。

2.7.3 轮廓铣削加工路线的分析

对于连续铣削轮廓，特别是加工圆弧时，要注意安排好刀具的切入、切出，要尽量避免交接处重复加工，否则会出现明显的界限痕迹。用圆弧插补方式铣削外圆时，要安排刀具从切向进入圆周铣削加工，当整圆加工完毕后，不要在切点处直接退刀，让刀具多运动一段距离，最好沿切线方向，以免取消刀具补偿时，刀具与工件表面碰撞，造成工件报废。铣削内圆弧时，也要遵守从切向切入的原则，安排切入、切出过渡圆弧，来提高内孔表面的加工精度和质量。

2.7.4 多孔加工路线的分析

对于位置精度要求精度较高的孔系，特别要注意孔的加工顺序的安排，安排不当时，就有可能将沿坐标轴的反向间隙带入，直接影响位置精度。

数控铣削加工程序不仅包括工件的工艺规程，还包括铣削用量、走刀路线、刀具尺寸和铣床的运动过程等，所以必须对数控铣削加工工艺方案进行详细的制订。

1. 数控铣削加工的内容

1) 零件上的曲线轮廓，特别是由数学表达式描绘的非圆曲线和列表曲线等曲线轮廓。

2）已有数学模型的空间曲面。

3）形状复杂、尺寸繁多、划线与检测困难的部位。

4）用普通铣床加工时难以观察、测量和控制进给的内外凹槽。

5）以尺寸协调的高精度孔或面。

6）能在一次安装中铣出的简单表面。

7）采用数控铣削后能成倍提高生产率，大大减轻体力劳动强度的一般加工内容。

2. 工件的工艺性分析

（1）工件图样分析　工件图样分析包括：工件图样尺寸的正确标注、工件技术要求分析、尺寸标注是否符合数控加工的特点。

（2）工件结构工艺性分析　工件结构工艺性分析包括：保证获得要求的加工精度，尽量统一工件外轮廓、内腔的几何类型和有关尺寸，选择较大的轮廓内圆弧半径，工件槽底部圆角半径不宜过大，保证基准统一原则。

（3）工件毛坯工艺性分析　工件毛坯工艺性分析包括：毛坯应有充分、稳定的加工余量，分析毛坯的装夹适应性，分析毛坯的余量大小及均匀性。

3. 工艺路线的确定

（1）加工方法的选择　可供选择的加工方法：内孔表面加工方法、平面加工方法、平面轮廓加工方法、曲面轮廓加工方法。

（2）加工阶段的划分要求　加工阶段划分的要求：有利于保证加工质量，有利于及早发现毛坯的缺陷，有利于设备的合理使用。

（3）工序的划分原则　工序的划分原则：按所用刀具划分工序；按粗、精加工分开，先粗后精的原则划分工序；按先面后孔的原则划分工序。

（4）加工顺序的安排　安排加工顺序时应考虑以下内容：

1）切削加工工序的安排，应遵循基面先行原则、先粗后精原则、先主后次原则、先面后孔原则。

2）热处理工序的安排：预备热处理→消除残余应力→最终热处理。

3）辅助工序的安排。

4）数控加工工序与普通工序的衔接。

（5）装夹方案的确定　应注意组合夹具的应用。

（6）加工路线的确定

1）加工路线的确定原则：应保证被加工工件的精度和表面质量，且效率要高；应使数值计算简单，以减少编程运算量；应使加工路线最短，这样既可简化程序段，又可减少空走刀时间。

2）加工路线包括：铣削外轮廓的进给路线（切入、切出），铣削内槽的进给路线（行切法、环切法），铣削曲面的进给路线。

4. 刀具的选择

1）数控刀具材料：高速钢、硬质合金、陶瓷、金属陶瓷、金刚石、立方氮化硼等。

2）数控铣削对刀具的要求：刚性好、寿命高。

3）铣刀的种类：面铣刀、立铣刀、键槽铣刀、鼓形铣刀、成形铣刀等。

4）铣刀的选择原则：减少刀具数量；用一把刀具完成其所能进行的所有加工部位；粗精加工的刀具应分开使用；先铣削，后钻削；先进行曲面精加工，后进行二维轮廓精加工。

5. 切削用量的选择

粗加工时，首先选取尽可能大的背吃刀量，其次根据机床动力和刚性的限制条件等，选取尽可能大的进给量，最后根据刀具寿命确定最佳的切削速度。

精加工时，首先根据粗加工后的余量确定背吃刀量，其次根据已加工表面的粗糙度要求，选择尽较小的进给量，最后在保证刀具寿命的前提下，选择较高的切削速度。

（1）背吃刀量 a_p（端铣）或侧吃刀量 a_e（圆周铣） 背吃刀量为平行于铣刀轴线测量的切削层尺寸；侧吃刀量为垂直于铣刀轴线测量的切削层尺寸。

（2）进给量 f 与进给速度 v_f 进给量及进给速度与铣刀转速 n、铣刀齿数 z 及每齿进给量 f_z（单位为 mm/z）有关。

（3）切削速度 v_c 铣削的切削速度与刀具寿命 T、每齿进给量 f_z、背吃刀量 a_p、侧吃刀量 a_e 及铣刀齿数 z 成反比，与铣刀直径 d 成正比。

第 3 章
精密量具和量仪的使用

☺ 学习目标：
1. 熟悉精密测量环境的基本要求。
2. 掌握精密测量量具的种类。
3. 掌握精密测量量具的基本原理及正确使用方法。

3.1 杠杆卡规和杠杆千分尺

3.1.1 杠杆卡规

杠杆卡规是利用杠杆齿轮传动放大原理制成的量具，其分度值有 0.002mm 和 0.005mm 两种。它与量块配合可对工件进行相对测量，也可测量工件的形状误差。

杠杆卡规的外形及其构造原理如图 3-1 所示。当活动测砧 1 移动时，通过杠杆 2、扇形齿轮 3 带动小齿轮 5 和装在同轴上的指针 7 转动，在刻度盘 8 上指示出活动测砧 1 的移动

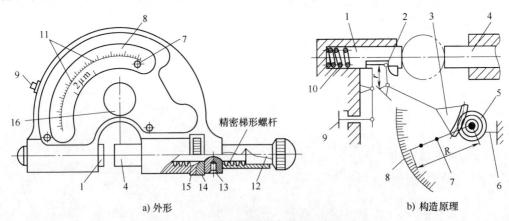

图 3-1 杠杆卡规的外形及其构造原理

1—活动测砧　2—杠杆　3—扇形齿轮　4—可调测砧　5—小齿轮　6—游丝　7—指针　8—刻度盘　9—按钮
10—弹簧　11—公差指示器　12—套管　13—螺钉　14—滚花螺母　15—碟形弹簧　16—盖子

量。游丝6消除传动链中的间隙,测量力由弹簧10产生。退让按钮9的作用为减少测量面磨损和测量方便。

测量前,先旋松套管12,把量块放入活动测砧1和可调测砧4之间,然后转动滚花螺母14,使指针7对准刻度盘零位,最后旋紧套管12,固定可调测砧4。碟形弹簧15消除螺母与可调测砧上梯形螺纹的间隙,螺钉13防止可调测砧转动。取下盖子16,可用专用扳手调整公差指示器。

若杠杆2的长度为r,指针7的长度为R,扇形齿轮3的齿数为z_1,小齿轮5的齿数为z_2,当活动测砧1移动距离a时,指针7转过的距离b为

$$b \approx \frac{a}{2\pi r} \frac{z_1}{z_2} 2\pi R = a \frac{R}{r} \frac{z_1}{z_2}$$

因此

$$\frac{b}{a} \approx \frac{R}{r} \frac{z_1}{z_2}$$

式中,b/a为放大比,并令其等于K,则

$$K \approx \frac{R}{r} \frac{z_1}{z_2}$$

当指针7的半径R越长,扇形齿轮3的齿数z_1越多,杠杆2的长度r越短,小齿轮5的齿数z_2越少时,放大比K越大。

3.1.2 杠杆千分尺

杠杆千分尺是由千分尺的微分筒部分和杠杆齿轮传动放大部分组成的精密量具,它的精度高,主要用于精密测量,其分度值有0.001mm和0.002mm两种。它既可作比较测量,也可作绝对测量。

杠杆千分尺的外形及其构造原理如图3-2所示。当活动测砧1移动时,通过杠杆2、扇形齿轮3带动小齿轮5和装在同轴上的指针转动,在刻度盘上指示出活动测砧1的移动量。由游丝消除传动链中的间隙,测量力由弹簧6产生。

若杠杆短臂$r_1 = 2.54$mm,杠杆长臂$r_2 = 12.195$mm,小齿轮节圆半径$r_3 = 3.195$mm,指针长度$R =$

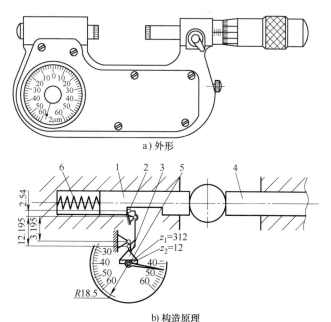

图3-2 杠杆千分尺的外形及其构造原理
1—活动测砧 2—杠杆 3—扇形齿轮
4—活动测杆 5—小齿轮 6—弹簧

18.5mm，小齿轮齿数 $z_2 = 12$，扇形齿轮齿数 $z_1 = 312$，其传动放大比 k 为

$$k \approx \frac{r_2 R}{r_1 r_3} \frac{z_1}{z_2} = \frac{12.195 \times 18.5}{2.54 \times 3.195} \times \frac{312}{12} = 723$$

即活动测砧 1 移动距离 $a = 0.002\text{mm}$ 时，指针转过一格刻度值 b 为

$$b \approx ak = 0.002 \times 732 \text{mm} = 1.446 \text{mm}$$

3.2 千分表

千分表是一种指针式计量仪器，车削加工中使用较广泛，可用于测量工件的形状误差和位置误差，同时也可用比较法测量工件的尺寸。千分表有钟面式和杠杆式两种。

3.2.1 钟面式千分表

钟面式千分表的外形及构造原理如图 3-3 所示，它利用齿轮和齿条之间的传动，将测量杆的为微量直线位移转变为指针的角位移，其分度值有 0.001mm 和 0.002mm 两种。

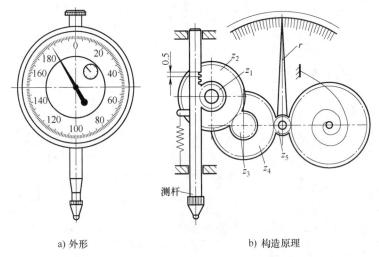

a) 外形　　　　　　b) 构造原理

图 3-3　钟面式千分表的外形及构造原理

钟面式千分表传动系统由齿条、齿轮传动及两对齿轮组成，测杆上的齿条齿距 $P = 0.5\text{mm}$，$z_1 = 40$，$z_2 = 120$，$z_3 = 16$，$z_4 = 160$，$z_5 = 12$，当测杆直线移动距离 $a = 0.2\text{mm}$ 时，长指针的转数 n（转）为

$$n = \frac{\dfrac{a}{p}}{\dfrac{z_1}{z_2} \dfrac{z_4}{z_5}} = \frac{\dfrac{0.2}{0.5}}{\dfrac{120}{40} \times \dfrac{160}{16} \times \dfrac{120}{12}} = 1$$

刻度盘一周分成 200 格，每一格所表示的量值 b 为

$$b = \frac{0.2}{200} \text{mm} = 0.001 \text{mm}$$

游丝的作用是消除由齿轮传动啮合间隙所引起的误差，测量力由拉簧产生。

3.2.2 杠杆千分表

杠杆千分表（分度值为0.002mm）的外形及其构造原理如图3-4所示。当球面测杆7向左摆动时，拨杆6推动扇形齿轮5上的圆柱销C使扇形齿轮5绕轴B逆时针转动，此时圆柱销D与拨杆6脱开。当球面测杆7向右摆动时，拨杆6推动扇形齿轮5上的圆柱销D也使扇形齿轮5绕轴B逆时针转动，此时圆柱销C与拨杆6脱开。这样，无论球面测杆7向左或向右摆动，扇形齿轮5总是绕轴B逆时针转动。扇形齿轮5再带动小齿轮1和同轴的端面齿轮2，经小齿轮4由指针3在刻度盘上指示出数值。

如图3-4b所示，已知 $r_1 = 16.39$mm，$r_2 = 12$mm，$r_3 = 3$mm，$r_4 = 5$mm，$z_1 = 19$，$z_2 = 120$，$z_4 = 21$，$z_5 = 428$。当球面测杆7向左移动0.2mm时，指针3转数 n（转）为

$$n = \frac{0.2}{16.39} \frac{12}{2\pi \times 3} \frac{428}{19} \frac{120}{21} \approx 1$$

当球面测杆7向右移动0.2mm时，指针3的转数 n（转）为

$$n = \frac{0.2}{16.39} \times \frac{20}{2\pi \times 5} \times \frac{428}{19} \times \frac{120}{21} \approx 1$$

将刻度盘一周分成100格，每一格所表示的测量值 b 为

$$b = \frac{0.2}{100}\text{mm} = 0.002\text{mm}$$

3.2.3 数显千分表

数显千分表作为长度测量工具中的一种精度较高的测量仪器，电子数显千分表（图3-5）的使用日益广泛，其特点是读数直观、准确。

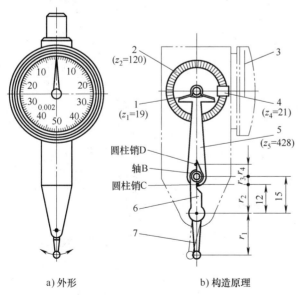

a) 外形　　b) 构造原理

图3-4 杠杆千分表外形及其构造原理

图3-5 电子数显千分表

1、4—小齿轮　2—端面齿轮　3—指针　5—扇形齿轮　6—拨杆　7—球面测杆

大师经验谈

使用千分表测量时应注意以下事项:

1) 将千分表固定在表座或表架上,稳定可靠。装夹指示表时,夹紧力不能过大,以免套筒变形,卡住测杆。

2) 测头不要突然接触被测件,将表调整好,被测量值不能超出千分表的测量范围,不得测量表面较粗糙的工件。

3) 防止水或油等液体浸入表内和测杆上,否则易引起测量误差。

4) 使用钟面式千分表测量时,千分表测量杆的轴线应垂直于被测工件表面,否则会产生测量误差。

5) 千分表不宜在磁场附近放置或使用,防止因机件磁化而失去应有的精度。

6) 测量前调零位。绝对测量用平板作零位基准,比较测量用对比物(量块)作零位基准。调零位时,先使测头与基准面接触,压测头使大指针旋转大于一圈,转动刻度盘使零线与大指针对齐,然后把测杆上端提起1~2mm,再放手使其落下,反复2~3次后检查指针是否仍与零线对齐,若不齐则应重调。

7) 使用杠杆千分表除遵循千分表的使用方法外,还应尽可能使测杆轴线垂直于工件尺寸变化方向(即测杆轴线平行于被测量平面),否则会产生测量误差,如图3-6所示。

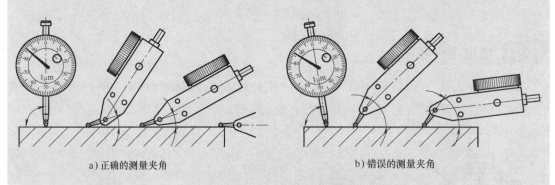

a) 正确的测量夹角　　　　b) 错误的测量夹角

图3-6　测杆轴线与工件被测表面夹角

使用杠杆千分表的测杆轴线与被测工件表面的夹角 α 越小,误差就越小。如果由于测量需要,α 角无法调小时(当 $\alpha > 15°$),其测量结果应进行修正。如图3-7所示,当平面上升距离为 a 时,杠杆千分表摆动的距离为 b,也就是杠杆千分表的读数为 b,因为 $b > a$,所以指示读数增大。平面上升距离的计算公式为:

$$a = b\cos\alpha$$

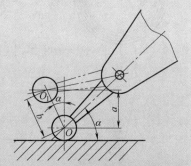

图3-7　杠杆千分表测杆轴线位置引起的测量误差

3.3 扭簧测微仪

扭簧测微仪是用扭簧作为尺寸转换和放大的传动机构,其突出特点是结构简单,放大倍数大、放大机构中没有摩擦和间隙,因此提高了测量精度和灵敏度,其外形和构造原理如图3-8所示。扭簧片3是截面为矩形(0.005mm×0.1mm×40mm)的铍青铜金属带,一端固定在弓架1上,另一端固定在弹簧桥4上,在扭簧中央装有指针2,金属带由中间起一半向右扭曲,另一半向左扭曲,当测杆5向上有微小位移时,弹簧桥4的上端向右移,使扭簧片3拉长。指针2用玻璃丝制成,位于扭簧带中央处,其偏转角度对应测杆5的位移量。

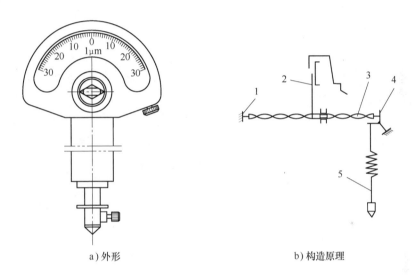

a) 外形 b) 构造原理

图3-8 扭簧测微仪的外形及构造原理
1—弓架 2—指针 3—扭簧片 4—弹簧桥 5—测杆

大师经验谈

使用杠杆齿轮比较仪和扭簧测微仪时应注意以下事项:

1)杠杆齿轮比较仪和扭簧测微仪应先安装在固定测量座上。测量前,应先调整好测量座的测量工作台,使之垂直于杠杆齿轮比较仪和扭簧测微仪测杆轴线;再调整测量座立柱,使测量头与量块或工件轻轻接触。

2)在测量过程中,应尽可能使用表刻度的中央部分。

3)扭簧测微仪的结构脆弱、测量范围小,应仔细调整测量头与工件间接触的距离;根据工件形状需要,及时更换测量头。

4)被测工件表面粗糙度应小于$Ra1.6\mu m$;工件表面不允许有毛刺、污物。测量工件前,应先将其放在铸铁平板上与室温等温后再测量;测量时,操作应熟练、迅速,防止因温度变化而影响测量精度。

3.4 正弦规

正弦规（又名正弦尺）是以正弦函数原理进行间接测量的量具。

正弦规主要由一个高精度的工作平面和两个直径相同的精密圆柱组成，两圆柱轴线相互平行且中心连线平行于工作面。根据用途不同，正弦规分为宽型、窄型和带顶尖型等，如图3-9所示。

正弦规的工作原理是按正弦函数原理进行测量。使用时，在正弦规的一圆柱下垫上尺寸为 h 的量块或量块组，使正弦规的工作平面与平板组成一定角度 α，用该角度与被检工件的角度进行比较。

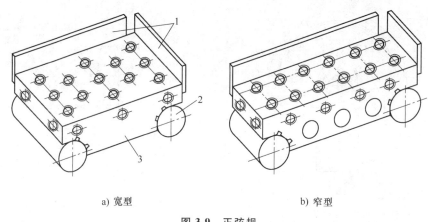

a) 宽型　　　　　　　　　b) 窄型

图3-9 正弦规

1—挡板　2—圆柱　3—主体

> 大师经验谈
>
> 使用正弦规测量应注意以下事项：
>
> 1）正弦规为精密量具，使用前一定要清洗干净。
>
> 2）被测工件表面粗糙度应小于 $Ra1.6\mu m$；工件表面不允许有毛刺、污物，不得带有磁性。
>
> 3）正弦规应轻拿轻放，严禁敲打、拖动，以免磨损圆柱，影响精度。
>
> 4）使用完毕后应将其清洗干净，涂好防锈油并存放在专用盒内。
>
> 5）在正弦规上安放被测工件时，应利用正弦规的前挡板或侧挡板定位，以保证被测工件角截面在正弦规圆柱轴线的垂直平面内，否则将出现测量误差。

3.5 量块

量块是由两个相互平行的测量面之间的距离来确定其工作长度的一种高精度量具，主要用于长度基准尺寸的传递，如图3-10所示。量块可用来检定计量器具，在相对测量中调整仪器的零位，还可用于调整精密机床。

量块是用铬锰钢、镍铬钢或轴承钢制成的矩形截面的长方体，它具有一对相互平行、精度高、表面粗糙度值小的测量工作面，每块量块上均标有公称尺寸，如图3-11所示。

量块的制造精度分00、0、1、2、3和K级共六级。其中，00级精度最高，3级精度最低，K级为校准级。量块分"级"主要是依据量块的制造精度来区分的，它取决于量块中心长度的极限偏差、长度变动量允许值和研合性。按"级"使用时，可直接用量块所标注的公称尺寸，使用方便，但存在制造误差，测量结果准确性较差。

量块按检定精度分为1~6共六等。其中，1等精度最高，6等精度最低。量块分"等"主要是依据量块的检定精度来区分的，它取决于量块中心长度的测量极限偏差、平面平行性允许误差和研合性。按"等"使用时，使用被检定后量块的实际尺寸，测量精度高。

图3-10 量块

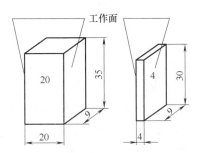

图3-11 量块的工作面

量块是成套使用的，可组成各种尺寸。当一量块的工作表面沿另一量块的工作表面滑动时，只要用手稍加压力，两块量块便能黏合在一起，因此，可用多个量块按需要组成量块组。用量块组合成一定的尺寸时，应用数量最少的量块组合成所需尺寸的量块组，一般不超过四块。选用量块时，应根据所需组合的尺寸，从最后一位数字开始选取，每选一块应使尺寸的位数减少一位，依次类推。例如：要组成38.935mm尺寸的量块组，采用规格为83块一套的量块，选取方法如下：

$$
\begin{array}{rl}
38.935\text{mm} & \\
-1.005\text{mm} & \text{第一块} \\
\hline
37.93\text{mm} & \\
-1.43\text{mm} & \text{第二块} \\
\hline
36.5\text{mm} & \\
-6.5\text{mm} & \text{第三块} \\
\hline
30\text{mm} & \text{第四块}
\end{array}
$$

大师经验谈

使用量块时应注意以下事项：

1) 量块只允许用于检定计量器具，进行精密测量和精密机床的调整。

2) 使用量块之前，应仔细对量块和工件被测面外观进行检查。凡有磁性的工件，必须进行退磁理后方可使用量块。

3）组合量块组前，使用不带酸性的航空汽油、无水乙醇或纯苯清洗量块，先用细软的麂皮、脱脂棉、亚麻布或丝绸擦净量块，然后用平行研合法或交叉研合法进行组合。

4）量块使用后，应及时拆开量块组，清洗、擦净并涂好防锈油，放入专用盒内固定位置。

5）要定期对量块进行检定，并将检定合格证附在盒内。

3.6 三坐标测量机

三坐标测量机是有三个运动导轨、按笛卡儿坐标系组成的具有测量功能的测量仪器，并且由计算机来分析处理数据（也可由计算机控制，实现全自动测量），是一种复杂程度很高的计量设备，如图3-12所示。

三坐标测量机 首先将各种几何元素的测量转化为这些几何元素上一些点集坐标位置的测量，在测得这些点的坐标位置后，再由软件按一定的评定准则算出这些几何元素的尺寸、形状、相对位置等。在计算机控制下，测量机可以按所要求的采样策略自动对这些点的坐标进行测量，并算出这些几何元素的参数值。这一建立在坐标测量基础上的工作原理，使三坐标测量机具有很大的通用性与柔性。从原理上说，它可以测量任何工件的任何几何元素的任何参数，因为测量机一律将它们转化为点集的坐标测量。只要适当改变控制软件，就可以采集不同点的坐标；只要适当变换数据处理软件，就可以按不同评定准则算出不同几何元素的各种参数值。

图 3-12 三坐标测量机

1. 三坐标测量机的特点及主要用途

（1）三坐标测量机的特点　三坐标测量机除测量空间大、精度高和通用性强以外，测量效率高。测量效率高来源于两个方面：一是三坐标测量机通常都具有数据自动处理程序；二是待测工件便于安装定位，不需要像传统仪器那样调整找正，而是通过测量软件系统对任意放置的待测工件建立工件坐标系，测量时，由软件系统进行坐标变换，实现自动找正。

（2）三坐标测量机的主要用途　它广泛应用于机械制造、电子、汽车和航空航天等工业领域中，可以进行零件和部件的尺寸、形状及相互位置的检测。如箱体、导轨、蜗轮、叶片、缸体、凸轮、形体等空间型面的测量。此外，三坐标测量机可以对工件的尺寸，形状和几何公差进行精密检测，还可以用于划线、定中心孔、光刻集成电路等，并可对连续曲面进行扫描及制备数控机床的加工程序等。由于它的通用性强、测量范围大、精度高、效率好，能与柔性制造系统连接等优势，已成为一类大型精密仪器，故有"测量中心"之称。

2. 三坐标测量机的结构组成

三坐标测量机主要是比较被测量与标准量,并将比较结果用数值表示出来。三坐标测量机需要三个方向的标准器(标尺),利用导轨实现沿相应方向的运动,还需要三维测头对被测量进行探测和瞄准。此外,三坐标测量机还具有数据处理和自动检测等功能,可由相应的电气控制系统与计算机软硬件实现。

三坐标测量机可分为主机、测头和电气系统三部分,如图 3-13 所示。

(1) 主机　主机包括以下部分:

1) 框架是指测量机的主体机械结构架子。它是工作台、立柱、桥框、壳体等机械结构的集合体。

2) 标尺系统是测量机的重要组成部分,是决定仪器精度的一个重要环节。三坐标测量机所用的标尺有线纹尺、精密丝杆、感应同步器、光栅尺、磁尺及光波波长等。该系统还应包括数显电气装置。

3) 导轨是测量机实现三维运动的重要部件。测量机多采用滑动导轨、滚动轴承导轨和气浮导轨,而以气浮静压导轨为主要形式。气浮导轨由导轨体和气垫组成,有的导轨体和工作台合二为一。气浮导轨还应包括气源、稳压器、过滤器、气管、分流器等一套气体装置。

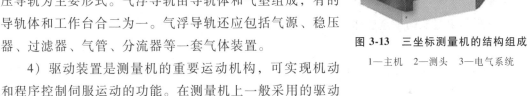

图 3-13　三坐标测量机的结构组成

1—主机　2—测头　3—电气系统

4) 驱动装置是测量机的重要运动机构,可实现机动和程序控制伺服运动的功能。在测量机上一般采用的驱动装置有丝杠、滚动轮、钢丝、齿形带、齿轮齿条、光轴滚动轮等传动,并配以伺服马达驱动,如今直线马达驱动的使用正在增多。

5) 平衡部件主要用于 Z 轴框架结构中。它的功能是平衡 Z 轴的重量,以使 Z 轴上下运动时无偏重干扰,使检测时 Z 向测力稳定。如果更换 Z 轴上所装的测头时,应重新调节平衡力的大小,以达到新的平衡。Z 轴平衡装置有重锤、发条或弹簧、气缸活塞杆等类型。

6) 转台与附件转台是测量机的重要元件,它使测量机增加一个转动运动的自由度,便于某些种类零件的测量。转台包括分度台、单轴回转台、可倾工作台(二轴或三轴)和数控转台等。用于坐标测量机的附件有很多,视需要而定,一般有基准平尺、角尺、步距规、标准球体(或立方体)、测微仪及用于自检的精度检测样板等。

(2) 测头　测头即用于三维测量的传感器,如图 3-14 所示。它可在三个方向上感受瞄准信号和微小位移,以实现瞄准与测微两种功能。测量使用的测头主要有硬测头、电气测头、光学测头等,此外还有测头回转体等附件。测头有接触式和非接触式之分。按输出的信号分,有用于发信号的触发式测头和用于

图 3-14　测头

扫描的瞄准式测头、测微式测头。

(3) 电气系统　电气系统包括以下部分：

1) 电气控制系统是测量机的电气控制部分，它具有单轴与多轴联动控制、外围设备控制、通信控制和保护与逻辑控制等功能。

2) 计算机硬件部分，三坐标测量机可以采用各种计算机，一般有计算机和工作站等。

3) 测量机软件，包括控制软件与数据处理软件。这些软件可进行坐标交换与测头校正，生成探测模式与测量路径，可用于基本几何元素及其相互关系的测量，形状与位置误差测量，齿轮、螺纹与凸轮的测量，曲线、曲面的测量等。测量机软件具有统计分析、误差补偿和网络通信等功能。

4) 打印与绘图装置，此装置可根据测量要求，打印出数据、表格，也可绘制图形，可作为测量结果的输出设备。

3. 三坐标测量机的作用

三坐标测量机主要是对点、线、面、圆、椭圆、圆柱、圆锥、球等基本几何元素及其形状、位置、相互关系等进行测量。同时还可对齿轮、螺纹、凸轮、凸轮轴、曲线、曲面等常见零件的进行专用测量。有的三坐标测量机，还有螺旋压缩器、汽车车身、翼片等专用测量功能。

4. 三坐标测量机的安全操作

(1) 开工前准备

1) 三坐标测量机是最重要的几何量测量工具之一。与其他检测工具一样，只有正确使用，充分发挥其优点，才能经济、快速、准确地得到测量结果。

2) 开机前检查气源、电源是否正常，若有条件，应配备稳压电源，定期检查接地，接地电阻应小于 4Ω。

(2) 工作过程

1) 被测零件在放到工作台上检测之前，应先清洗、去毛刺，防止在加工完成后零件表面残留的冷却液及加工残留物影响三坐标测量机的测量精度及测头的使用寿命。

2) 被测零件在测量之前应在室内恒温，如果温度相差过大，就会影响测量精度。

3) 将大型及重型零件在放到工作台上的过程应尽量轻放，以避免造成剧烈碰撞，致使工作台或零件损伤。必要时可以在工作台上放一块厚橡胶，以防止碰撞。

4) 将小型及轻型零件放到工作台后，应紧固后再进行测量，否则会影响测量精度。

5) 在工作过程中，测座在转动时（特别是带有加长杆的情况下）一定要远离零件，以避免碰撞。

6) 在工作过程中，如果发生异常响声或突然应急，切勿擅自拆卸及维修。

(3) 操作结束后的工作

1) 请将 Z 轴移动到下方，但应避免测头碰到工作台。

2) 工作完成后要清洁工作台面。

3) 检查导轨，若有水印请及时检查过滤器，若有划伤或碰伤应和技术人员联系，避免造成更大损失。

4)工作结束后将机器总气源关闭。

5. 三坐标测量机的日常维护

由于压缩空气对三坐标测量机的正常工作起着非常重要的作用,所以对气源的维修和保养非常重要。三坐标测量机的维护有以下主要项目:

1)每天使用三坐标测量机前检查管道和过滤器,放出过滤器内及空压机或储气罐中的水和油。

2)一般三个月要清洗随机过滤器和前置过滤器的滤芯,空气质量较差时周期应缩短。因为过滤器的滤芯在过滤油和水的同时本身也会被油污染堵塞,所以时间稍长就会使三坐标测量机实际工作气压降低,影响三坐标测量机正常工作。一定要定期清洗过滤器滤芯。

3)每天都要擦拭导轨油污和灰尘,保持气浮导轨的正常工作状态。

4)对三坐标测量机导轨的保护。三坐标测量机的导轨是测量机的基准,只有保养好气浮块和导轨才能保证其正常工作。三坐标测量机导轨的保养除要经常用酒精和脱脂棉擦拭外,还要注意不要直接在导轨上放置零件和工具。尤其是花岗石导轨,因其质地比较脆,任何小的磕碰会造成碰伤,如果未及时发现,碎渣就会伤害气浮块和导轨。要养成良好的工作习惯,用布或胶皮垫在下面,保证导轨安全。工作结束后或上零件结束后要擦拭导轨。

5)三坐标测量仪的数据管理。

① 数据转换任务和要求:将测量数据格式转化为 CAD 软件可识别的 IGES 格式,合并后以产品名称或用户指定的名称分类保存;不同产品、不同属性、不同定位、易于混淆的数据应存放在不同的文件中,并在 IGES 文件中分层分色。

② 重定位整合。

a. 应用背景。在产品的测绘过程中,往往不能在同一坐标系中将产品的几何数据一次测出,其原因:一是产品尺寸超出测量机的行程,二是测量探头不能触及产品的反面,三是在工件拆下后发现数据缺失,需要补测。这时就需要在不同的定位状态(即不同的坐标系)下测量产品的各个部分,称为产品的重定位测量。而在造型时则应将这些不同坐标系下的重定位数据变换到同一坐标系中,这个过程称为重定位整合。对于复杂或较大的模型,测量过程中常需要多次定位测量,最终的测量数据就必须依据一定的转换路径进行多次重定位整合,把各次定位中测得的数据转换成一个公共定位基准下的测量数据。

b. 重定位整合原理。工件移动(重定位)后的测量数据与移动前的测量数据存在着移动错位,如果在工件上确定一个在重定位前后都能测到的形体(称为重定位基准),那么只要在测量结束后,通过一系列变换使重定位后对该形体的测量结果与重定位前的测量结果重合,即可将重定位后的测量数据整合到重合前的数据中。重定位基准在重定位整合中起到了纽带的作用。

c. PID 控制是比例、积分、微分控制的缩写。

P 参数:决定系统对位置误差的整个响应过程。数值越低,系统越稳定,不产生振荡,但刚性差,到位误差大;数值越高,刚性越好,到位误差小,但系统可能产生振荡。

I 参数：控制由于摩擦力和负载引起的静态到位误差。数值越低，到位时间越长；数值越高，可能在理论位置处上下振荡。

D 参数：此参数通过阻止误差变化过冲给系统提供阻尼和稳定性。数值越低，系统对位置误差的响应越快；数值越高，系统对位置误差的响应越慢。

6. 三坐标测量机的基本保养

三坐标测量机的组成比较复杂，主要有机械部件、电气控制部件、计算机系统组成。平时在使用三坐标测量机测量工件的同时，也应注意机器的保养，以延长机器的使用寿命。以下从三个方面说明三坐标测量机的基本保养。

（1）机械部件的保养　三坐标测量机的机械部件有多种，需要经常保养的是传动系统和气路系统的部件，保养的频率应该根据测量机所处的环境决定。在环境比较好的精测间中的三坐标测量机，应每三个月进行一次常规保养，如果使用环境中灰尘比较多，测量间的温度湿度不能完全满足三坐标测量机使用环境要求，则应每月进行一次常规保养。对三坐标测量机的常规保养，应了解影响三坐标测量机的因素。

1）压缩空气对三坐标测量机的影响。

① 要选择合适的空压机，最好另有储气罐，使空压机工作寿命长，压力稳定。

② 空压机的启动压力一定要大于工作压力。

③ 开机时，要先打开空压机，然后接通电源。

2）油和水对三坐标测量机的影响。由于压缩空气对测量机的正常工作起着非常重要的作用，所以对气路的维修和保养非常重要。其中有以下主要项目：

① 每天使用测量机前检查管道和过滤器，放出过滤器内及空压机或储气罐的水和油。

② 一般三个月要清洗随机过滤器和前置过滤器的滤芯。空气质量较差的周期要缩短。因为过滤器的滤芯在过滤油和水的同时本身也被油污染堵塞，时间稍长就会使三坐标测量机的实际工作气压降低，影响三坐标测量机正常工作。一定要定期清洗过滤器滤芯，每天都要擦拭导轨油污和灰尘，保持气浮导轨的正常工作状态。

③ 对三坐标测量机导轨的保护要养成良好的工作习惯。用布或胶皮垫在导轨下面，以保证安全。工作结束后或上零件结束后要擦拭导轨。使用三坐标测量机时要尽量保持机房的环境温度与检定时一致。另外应注意，电气设备、计算机、人员也都是热源。在设备安装时要做好规划，使电气设备、计算机等与测量机有一定的距离。机房加强管理不要有多余人员停留。高精度的三坐标测量机使用环境的管理更应该严格。

3）温度对三坐标测量机的影响。

① 空调风向对三坐标测量机温度的影响。机房的空调应尽量选择变频空调。变频空调节能性能好，最主要的是控温能力强。在正常容量的情况下，控温可在±1℃范围内。由于空调器吹出风的温度不是20℃，因此决不能让风直接吹到三坐标测量机上。有时，为防止风吹到三坐标测量机上而把风向转向墙壁或一侧，结果出现机房内一边热一边凉，温差非常大的情况。空调器的安装应有规划，应让风吹到机房的主要位置，风向向上形成大循环（不能吹到三坐标测量机），尽量使室内温度均衡。有条件的，应安装风道将风送到机房顶

部，通过双层孔板送风，回风口在机房下部。这样使气流无规则的流动，可以使机房温度的控制更加合理。

② 空调开关时间对机房温度的影响。每天早晨上班时打开空调，晚上下班再关闭空调。待机房温度稳定大约4h后，三坐标测量机精度才能稳定。这种工作方式严重影响三坐标测量机的使用效率，在冬夏季节测量精度会很难保证。对三坐标测量机正常稳定也会有很大影响。

③ 机房结构对机房温度的影响。由于测量机房要求恒温，所以机房要有保温措施。如果有窗户要采用双层窗，并避免有阳光照射。门口要尽量采用过渡间，减少温度散失。机房的空调选择要与机房空间相当，机房过大或过小都会对温度控制造成困难。在南方湿度较大的地区或北方的夏天或雨季，当正在制冷的空调突然被关闭后，空气中的水汽会很快凝结在温度相对比较低的三坐标测量机导轨和部件上，会使测量机的气浮块和某些部件严重锈蚀，影响三坐标测量机寿命。而计算机和控制系统的电路板会因湿度过大出现腐蚀或短路。如果湿度过小，会严重影响花岗石的吸水性，可能造成花岗石变形。灰尘和静电会对控制系统造成危害。所以机房的湿度并不是无关紧要的，要尽量控制在60%±5%的范围内。空气湿度大、机房密封性不好是造成机房湿度大的主要原因。在湿度比较大地区机房的密封性要求好一些，必要时增加除湿机。

改变管理方式将放假前打扫卫生改为上班时打扫卫生，而且要打开空调和除湿机清除水分。要定期清洁计算机和控制系统中的灰尘，减少或避免因此而造成的故障隐患。用标准件检查机器相对来说比较麻烦，只能隔一段时间做一次。比较方便的办法是用一个典型零件，编好自动测量程序后，在机器精度校验好的情况下进行多次测量，将结果按照统计规律计算后得出一个合理的值及公差范围记录下来。操作员可以经常检查这个零件，以确定机器的精度情况。

（2）Z轴平衡的调整　三坐标测量机的Z轴平衡分为重锤和气动平衡，主要用来平衡Z轴的重量，使Z轴的驱动平稳。如果误动气压平衡开关，会使Z轴失去平衡。处理方法如下：

① 将测座的角度转到90°，避免操作过程中碰测头。

② 按下"紧急停"开关。

③ 一个人用双手托住Z轴，向上推、向下拉，感觉平衡的效果。

④ 一人调整气压平衡阀，每次调整量小一点，两人配合将Z轴平衡调整到向上和向下的感觉一致即可。

（3）行程开关的保护及调整　行程开关用于机器行程终保护，一般使用接触式开关或光电式开关。接触式开关最容易在用手推动轴运动时改变位置，造成接触不良，可以适当调整开关位置，保证接触良好。光电式开关要注意检查插片位置正常，经常清除灰尘，保证其工作正常。

第 4 章
宏程序编程基础理论
（FANUC 0i系统）

☺ 学习目标：
1. 熟悉宏程序的编程基础与应用。
2. 掌握宏程序的编程方法。
3. 掌握宏程序的设计逻辑。

本章主要介绍宏程序编程中变量、语句及算法的基础知识。其中，变量是基础，离开变量，宏程序编程将无从谈起；而语句是编程者和机床进行沟通的桥梁；算法则是宏程序编程的灵魂，变量和语句只是实现算法的表现形式。显然，初学者编制宏程序时需要进行大量的上机调试练习，才能理解和掌握宏程序应用的思路、方法和技巧。

本章引入计算机编程算法及其概念，介绍编制流程框图的一些基础知识，宏程序编程思路通过流程框图来表达，其目的是让读者能更好地理解程序设计的逻辑关系。

如何针对加工和编程的需要去定义变量，是宏程序的一个难点，本章对变量设置和选择的方法归纳出4种常见方式，读者可以在编程练习中加以领会和掌握。

变量是基础，控制流向的语句（语法）是工具，算法才是灵魂。因而在学习过程中，不能一味地记忆代码，而忽视算法的训练和积累。另外，每一种数控系统宏编程的语句和变量都不尽相同，因此实际编程中，编程人员应当以数控机床厂家提供的操作手册和参数说明书为准。

4.1 宏程序编程的基础

4.1.1 宏程序的定义

宏程序是普通数控指令、采用变量的数控指令、计算指令和转移指令的组合，通过各种算术和逻辑运算、转移和循环等命令，而编制的一种可以灵活运用的程序。只要改变变量的值，宏程序即可完成不同的加工或操作，可以显著地增强机床的加工能力，同时可精简程序量。

宏程序编程基础理论（FANUC 0i系统） 第4章

用户宏功能是提高数控机床性能的一种特殊功能。通常把能完成某一功能的一系列指令像子程序一样存入存储器，然后用一个总指令代表它们。使用时，只需给出这个总指令就能执行其功能。

用户宏功能主体是一系列的指令，相当于子程序体。它既可以由机床生产厂提供，也可以由机床用户自己编制。

宏指令是代表一系列指令的总指令，相当于子程序调用指令。

普通数控加工程序与用户宏程序的区别在于：在一般的数控程序编制中，普通的程序字仅为一常量，一个程序只能描述一个几何形状，缺乏灵活性和实用性，所以在普通程序中，仅能指定常量，且常量之间不能实现运算，程序只能按设定好的顺序执行，无法实现跳转，因此功能是固定的，不能变化。而在用户宏程序的本体中，可以使用变量进行程序的编辑，还可以用宏指令对这些变量进行赋值、运算等处理。通过使用宏程序能执行一些有规律变化（如非圆二次曲线轮廓）的动作，同时宏程序还能够实现跳转功能。

4.1.2 用户宏功能的分类

目前，用户宏功能分为A、B两类。

1) A类宏用G65 H×× P#×× Q#×× R#××或G65 H×× P#×× Q×× R××格式输入。××表示数值，单位为μm。如输入100即为0.1mm。#××是变量号，变量号就是把数值代入到一个固定的地址中，固定的地址就是变量，一般0-TD系统中变量有#0、#1～#33、#100～#149、#500～#531，关闭电源时变量#100～#149被初始化清空，而变量#500～#531的值仍保留。

2) B类宏程序和C语言相类似，是直接以公式和语言输入的。目前对于大多数数控系统而言，均采用B类宏程序来编程，其本体的编写格式与子程序的格式相同。在宏程序本体中，可以使用普通的NC指令、采用变量的NC指令、运算指令和控制指令。格式如下：

O××××；
#28=#4+#18×Cos[#1]；
G90；
G00 X#28；
……；
IF[#22GE#9]GOTO9；
……；
……；
N9 M99；

4.1.3 变量的概述

在常规的主程序和子程序内，总是将一个具体的数值赋给一个地址，为了使程序更加具有通用性、灵活性，所以在宏程序中设置了变量。变量可用于宏程序本体，也可指定运算和控制指令。用宏程序调用命令赋予变量实际值。

变量的表示：在宏程序中，一个变量由"#"号后面紧跟1~4位数字表示，此外，变量还可以用表达式进行表示，但其表达式必须全部写入到方括号"[ ]"中。如#1、#50、#101、#［#10+#20+#30］……

变量的作用：可以用来代替程序中的数据，如尺寸、刀补号、G指令编号……同时，变量的使用也给程序的编制带来极大的灵活性。

在使用变量前，变量必须带有正确的值。如：

#1 = 55；

G01 X[#1]；　　　　　实际内容表示：G01 X55

#1 = -2；　　　　　　运行过程中可以随时改变#1的值

G01 X[#1]；　　　　　实际内容表示：G01 X-2

用变量不仅可以表示坐标，还可以表示G、M、F、D、H、X、Z等代码后的数字，如：

#2 = 1；

G[#2] X40；　　　　　实际内容表示：G01 X40

例 4-1：使用变量的宏子程序。

O1000；

#50 = 25；　　　　　　先给变量赋值

M98 P1001；　　　　　然后调用子程序

#50 = 35；　　　　　　重新赋值

M98 P1001；　　　　　再调用子程序

M30；

O1001；

G91 G01 X[#50]；　　　同样一段程序，由于#50的值不同，X轴的终点坐标就不同

M99；

在普通数控加工程序中，当指定G代码和移动距离时，可以直接使用数值，如：G00和X100。而在宏程序中，数值可以直接指定或使用变量号（即宏变量）。当使用变量号时，变量值可在数控加工程序中修改，或者利用MDI面板操作进行修改，如：

#1 = #2+111；

G01 X#1 F300；

变量的引用：将跟随着地址符后的数值用变量来代替的过程。同样，变量的引用也可以用表达式。如：

N22　G01 X#100 Z#105 F[#105+#110]；

在N22程序段中，当#100 = 200.0、#105 = 50.0、#110 = 70.0时，该程序段可表示为

G01 X200.0 Z50.0 F120；

4.1.4 变量的引用

1）地址字后面指定变量号、指令号和公式。

格式：<地址字>#I

<地址字>-#I

<地址字>[<公式>]

如：对于F#103，若#103＝50，则为F50；对于Z-#110，若#110＝100，则为Z-100；对于G#130，若#130＝3，则为G03；对于X[#110+#111×cos[#112]]，若#110＝5、#111＝4、#112＝60，则为×7。

2）变量号可用变量代替。

如：#[#100]，设#100＝110 则为#110。

当用变量替换变量号时，不能表示为"# #100"，而应写成"#9100"，即用"9"替换后面的"#"表示替换的变量号，而且低级号被取代。

如：若#100＝105，#105＝-500，则X#9100表示X-500，而X-#9100表示X500。

3）除以下方法外，变量不能使用地址O、I、N。

① O#1；

② I#2 6.00×100.0；

③ N#3 Z200.0；

4）变量号所对应的变量，对每个地址来说，都有具体数值范围。

如：#30＝1100时，则M#30是不允许的。

5）#0为空变量，没有定义变量值的变量也是空变量。

6）变量值在程序中定义时可省略小数点。如：#123＝149。

4.1.5 变量的类型

根据变量号，宏变量可分成四种类型，见表4-1。

表4-1 宏变量可分成四种类型

变量号	变量类型	功　能
#0	空变量	该变量总是空的,任何值都不能赋给该变量
#1～#33	局部变量	局部变量只能在宏程序内部使用,用于保存数据,如运算结果等。当电源关闭时,局部变量将被清空,而当宏程序被调用时,(调用)参数将被赋值给局部变量
#100～#149/#199 #500～#531/#999	全局变量	全局变量可在不同宏程序之间共享,当电源关闭时,#100～#149将被清空,但#500～#531的值仍保留。在某一运算中,#150～#199、#532～#999的变量可被使用,但存储器磁带长度不得小于8.5m
#1000～#9999	系统变量	系统变量可读、可写,用于保存NC的各种数据项,如当前工件坐标系中的位置和刀具偏置数据等

注：全局变量#150～#199、#532～#999是选用变量，应根据实际系统使用。

1. 局部变量

编号#1～#33的变量是在宏程序中局部使用的变量。当宏程序C在调用宏程序D时，如果两者都有变量#1 时,由于变量#1 服务于不同的局部,所以 C 中的#1 与 D 中的#1 不是同一个变量,因此可以赋予不同的补偿数值,且相互不受影响。当关闭电源时,局部变量被初始化清空。宏调用时,自变量分配给局部变量。局部变量的作用范围仅限于当前程序(在同一个程序号内)。如:

O1000;

N1 #3 = 35;　　　　主程序中#3 为 35

M98 P1001;　　　　进入子程序后#3 不受影响

#4 = #3;　　　　　#3 仍为 35,所以#4 = 35

M30;

O1001;

#4 = #3;　　　　　这里的#3 不是主程序中的#3,所以#3 = 0(没定义),则:#4 = 0

#3 = 18;　　　　　这里使#3 的值为 18,不会影响主程序中的#3

2. 全局变量

全局变量贯穿于整个程序过程,它可以在不同的宏程序之间共享。当宏程序 C 在调用宏程序 D 时,假如两者都有变量#100 时,由于#100 是全局变量,所以 C 中的#100 与 D 中的#100 是同一个变量。关闭电源时,变量#100~#149 被初始化清空,而变量#500~#531 的值仍保留。

由于全局变量的作用范围是整个零件程序,所以不管是主程序还是子程序,只要名称(编号)相同就是同一个变量,带有相同的值,在某个地方修改它的值,其他地方都受影响。如:

O2000;

N10 #100 = 30;　　先使#100 为 30

M98 P1001;　　　　进入子程序

#4 = #100;　　　　#100 变为 18,所以#4 = 18

M30;

O1001;

#4 = #100;　　　　#100 的值在子程序里也有效,所以#4 = 30

#100 = 18;　　　　这里使#100 = 18,然后返回

M99;

刀补变量(#100~#199)。这些变量里存放的数据可以作为刀具半径或长度补偿值来使用。如:

#100 = 8;

G41 D100;　　　　D100 是指加载#100 的补偿值 8 作为刀补半径

> **注意**:如果把 D100 写成 D [#100],则相当于 D8,即调用 8 号刀补,而不是补偿量为 8。

大师经验谈

（1）局部变量和全局变量的意义　如果系统里面仅有全局变量，由于变量名不能够重复，就可能造成有限的变量名不够用。由于全局变量在任何地方都可以改变它的赋值，这既是它的优点，同时也是它的缺点。优点是因为它便于参数的传递，缺点是因为当一个数控程序非常复杂时，稍有不慎就可能在某个地方用了相同的变量名，从而改变了它的赋值，造成程序混乱。局部变量可有效解决由于相同变量名产生的冲突问题，在编制子程序的时候，就不需要再去考虑其他地方是否已经用过某个变量名的问题。

（2）局部变量与全局变量的灵活使用　在通常情况下，应该优先考虑用局部变量。这是因为局部变量在不同的子程序里可以重复使用，不会互相干扰。如果一个数据在主程序和子程序里都要用到，就要考虑用全局变量。用全局变量来保存数据，可以在不同子程序间传递、共享，以及反复利用。

3. 系统变量

系统变量对编写自动化程序和通用程序十分重要。有些系统变量可读和写，有些系统变量只能读，具体为：关于当前位置信息的系统变量不可以写，但可以读；关于工件坐标系偏置值的系统变量既可以读，又可以写。

关于刀具偏置值的变量：用系统变量可以读和写刀具补偿值，可用的变量数目取决于偏置对数目，是在几何偏置和磨损偏置之间做区分，以及是否在刀具长度补偿值和半径补偿值之间作区分，当偏置对数目不大于200时，变量#2001~#2400也可以使用。

系统变量是自动控制和通用加工程序开发的基础，这里简单介绍部分系统变量，见表4-2。

表4-2　FANUC 0i 系统变量

变量号	含义
#1000~#1015, #1032	接口输入信号
#1100~#1115, #1132, #1133	接口输出信号
#2001~#2400	刀具长度和刀具半径补偿值（偏置对数目≤200时）
#3000	设备报警变量信号
#3003, #3004	循环运行控制变量
#3006	停止和信息显示信号变量
#3007	镜像
#3011, #3012	日期和时间
#3901, #3902	零件数
#4001~#4120, #4130	模态信息
#5001~#5104	位置信息
#5201~#5324	工件坐标系补偿值（工件零点偏移值）
#7001~#7944	扩展工件坐标系补偿值（工件零点偏移值）

（1）接口（输入/输出）信号　可编程机床控制器（PMC）与定制宏指令之间可以交换信号，用于接口信号的系统变量见表4-3。

（2）刀具补偿值　可以用系统变量来阅读及编写刀具补偿值，见表4-4。可使用的变量号由补偿偏置对数目的编号来确定。当补偿偏置对数目不大于200时，可以使用变量#2001~#2400。

表 4-3 用于接口信号的系统变量

变量号	功能
#1000~#1015,#1032	一个 16 位信号可以从 PMC 发送到一个定制宏指令,变量#1000~#1015 用来逐位阅读一个信号,变量#1032 用来一次阅读一个信号的全部 16 位
#1100~#1115,#1132	一个 16 位信号可从一个定制宏指令发送到 PMC,变量#1100~#1115 用来逐位编写一个信号,变量#1132 用来一次编写一个信号的全部 16 位
#1133	变量#1133 用来一次编写一个信号的全部 32 位,从一个定制宏指令到 PMC。注意,−99999999~+99999999 的值可用于#1133

表 4-4 用于刀具补偿存储器 C 的系统变量

补偿号	刀具长度补偿(H)		刀具半径补偿(D)	
	几何补偿	磨损补偿	几何补偿	磨损补偿
1	#11001(#2201)	#10001(#2001)	#13001	#12001
⋮	⋮	⋮	⋮	⋮
200	#11201(#2400)	#10201(#2200)	#13200	#12200
⋮	⋮	⋮	⋮	⋮
999	#11999	#10999	#13999	#12999

(3) 模态信息 正在处理当前程序段之前的模态信息可以从系统变量中读出。FANUC 0i 中模态信息的系统变量见表 4-5。

表 4-5 FANUC 0i 中模态信息的系统变量

变量号	含义	变量号	含义
#4001	G00,G01,G02,G03,G33(组 01)	#4015	G61~G64(组 15)
#4002	G17,G18,G19(组 02)	#4016	G68~G69(组 16)
#4003	G90,G91(组 03)	⋮	⋮
#4004	(组 04)	#4102	B 代码
#4005	G94,G95(组 05)	#4107	D 代码
#4006	G20,G21(组 06)	#4109	F 代码
#4007	G40,G41,G42(组 07)	#4111	H 代码
#4008	G43,G44,G49(组 08)	#4113	M 代码
#4009	G73,G74,G76,G80~G89(组 09)	#4114	顺序号
#4010	G98,G99(组 10)	#4115	程序号
#4011	G50,G51(组 11)	#4119	S 代码
#4012	G65,G66,G67(组 12)	#4120	T 代码
#4013	G96,G97(组 13)	#4130	P 代码
#4014	G54~G59(组 14)		

注:执行#1=#4001;时,#1 内的结果值为 0,1,2,3 或 33。

若用于读取模态信息的系统变量对应于一个不能使用的 G 码组,则会发出 P/S 报警。

(4) 位置信息 位置信息不可写,但可读。FANUC 0i 中位置信息的系统变量见表 4-6。

(5) 工件坐标系补偿值(工件零点偏移值) 系统可以读写工件零点偏置补偿值。工件零点偏移值见表 4-7。

表 4-6　FANUC 0i 中位置信息的系统变量

变量号	位置信息	坐标系	刀具补偿值	在运动期间阅读
#5001~#5008	程序块结束点	工件坐标系	未包括	允许
#5021~#5028	现在位置	机床坐标系	包括	禁止
#5041~#5048	现在位置	工件坐标系	包括	禁止
#5061~#5068	跳跃信号位置	工件坐标系	包括	允许
#5081~#5088	刀具长度偏置补偿值	—	—	禁止
#5101~#5108	偏置离的伺服位置	—	—	禁止

注：1. 第一个数字（从 1~8）表示轴号。
2. 现在用于执行的刀具长度偏置补偿值（不是前面介绍的刀具偏置补偿值）放在变量#5081~#5088 内。
3. 跳跃信号启用时的刀具位置放在变量#5061~#5068 内。
4. 在 G31 程序块内未启用跳跃功能时，所选程序块的终点放在这些变量内。
5. 在运动期间禁止读取时，这意味着不能读取希望的值。

表 4-7　FANUC 0i 工件零点偏移值的系统变量

变量号	功　能	变量号	功　能
#5201	第一轴的外部工件零点偏置值	#5261	第一轴的 G56 工件零点偏置值
#5202	第二轴的外部工件零点偏置值	#5262	第二轴的 G56 工件零点偏置值
#5203	第三轴的外部工件零点偏置值	#5263	第三轴的 G56 工件零点偏置值
#5204	第四轴的外部工件零点偏置值	#5264	第四轴的 G56 工件零点偏置值
#5205	第五轴的外部工件零点偏置值	#5265	第五轴的 G56 工件零点偏置值
#5206	第六轴的外部工件零点偏置值	#5266	第六轴的 G56 工件零点偏置值
#5207	第七轴的外部工件零点偏置值	#5267	第七轴的 G56 工件零点偏置值
#5208	第八轴的外部工件零点偏置值	#5268	第八轴的 G56 工件零点偏置值
#5221	第一轴的 G54 工件零点偏置值	#5281	第一轴的 G57 工件零点偏置值
#5222	第二轴的 G54 工件零点偏置值	#5282	第二轴的 G57 工件零点偏置值
#5223	第三轴的 G54 工件零点偏置值	#5283	第三轴的 G57 工件零点偏置值
#5224	第四轴的 G54 工件零点偏置值	#5284	第四轴的 G57 工件零点偏置值
#5225	第五轴的 G54 工件零点偏置值	#5285	第五轴的 G57 工件零点偏置值
#5226	第六轴的 G54 工件零点偏置值	#5286	第六轴的 G57 工件零点偏置值
#5227	第七轴的 G54 工件零点偏置值	#5287	第七轴的 G57 工件零点偏置值
#5228	第八轴的 G54 工件零点偏置值	#5288	第八轴的 G57 工件零点偏置值
#5241	第一轴的 G55 工件零点偏置值	#5301	第一轴的 G58 工件零点偏置值
#5242	第二轴的 G55 工件零点偏置值	#5302	第二轴的 G58 工件零点偏置值
#5243	第三轴的 G55 工件零点偏置值	#5303	第三轴的 G58 工件零点偏置值
#5244	第四轴的 G55 工件零点偏置值	#5304	第四轴的 G58 工件零点偏置值
#5245	第五轴的 G55 工件零点偏置值	#5305	第五轴的 G58 工件零点偏置值
#5246	第六轴的 G55 工件零点偏置值	#5306	第六轴的 G58 工件零点偏置值
#5247	第七轴的 G55 工件零点偏置值	#5307	第七轴的 G58 工件零点偏置值
#5248	第八轴的 G55 工件零点偏置值	#5308	第八轴的 G58 工件零点偏置值
#5321	第一轴的 G59 工件零点偏置值	#5325	第五轴的 G59 工件零点偏置值
#5322	第二轴的 G59 工件零点偏置值	#5326	第六轴的 G59 工件零点偏置值
#5323	第三轴的 G59 工件零点偏置值	#5327	第七轴的 G59 工件零点偏置值
#5324	第四轴的 G59 工件零点偏置值	#5328	第八轴的 G59 工件零点偏置值

4.2 宏程序编程的工具——控制流向的语句

FANUC系统提供的跳转语句和循环语句,在程序设计者和数控系统之间搭建了沟通的桥梁,使宏程序得以实现。其中,跳转语句可以改变程序的流向,使用得当可以让程序变得简洁易读,反之则会使程序变得杂乱无章。

4.2.1 语句的分类

程序流程的控制形式有很多种,具体都是通过判断某个条件是否成立来决定程序的走向。所谓条件,通常是对变量或变量表达式的值进行大小判断的式子,称为条件表达式。在程序中,使用GOTO语句和IF语句可以改变控制的流向。共有三种转移和循环操作可供使用:

1. 无条件转移(GOTO语句)

GOTO语句为无条件转移。当执行该程序段时,将无条件转移到标有顺序号N××××的程序段。指定程序段号范围为1~9999之内,超出范围时,系统会出现P/S报警。

格式为:GOTO n;(n为程序中的顺序号,数值范围为1~9999,需与程序中的N相对应)

例如:GOTO 1000即转移到第1000行。

2. 条件转移(IF语句)

需要选择性地执行程序,就要用IF命令,IF之后指定条件表达式。

(1)条件成立则执行

1)格式:

IF 条件表达式;

条件成立执行的语句组;

ENDIF;

2)功能:若条件成立将执行IF与ENDIF之间的程序,若条件不成立则跳过。其中,IF、ENDIF称为关键词,不区分大小写。IF为开始标识,ENDIF为结束标识。IF……ENDIF执行流程如图4-1所示。

例4-2:

IF[#1 EQ 10];	如果#1 = 10
M99;	成立则执行此句(子程返回)
ENDIF;	条件不成立,跳到此句后面

例4-3:

IF[#1 LT 10]AND #1 GT0;	如果#1<10 且 #1>0
G01X20;	成立则执行
Y15;	
ENDIF;	条件不成立,跳到此句后面

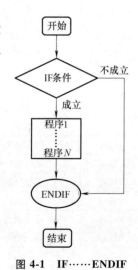

图4-1 IF……ENDIF 执行流程

(2) 条件二选一，选择执行

1) 格式：

IF 条件表达式；

条件成立执行的语句组；

ELSE；

条件不成立执行的语句组；

ENDIF；

2) 功能：条件成立执行 IF 与 ELSE 之间的程序，不成立就执行 ELSE 与 ENDIF 之间的程序。IF……ELSE……ENDIF 执行流程如图 4-2 所示。

例 4-4：

IF［#51 LT 20］；

G91 G01 X10 F250；

ELSE；

G91 G01 X35 F200；

ENDIF；

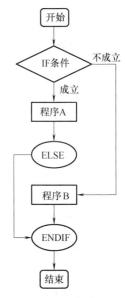

图 4-2　IF……ELSE……ENDIF 执行流程

3. 条件循环（WHILE 语句）

在 WHILE 后指定一个条件表达式。当指定条件满足时，执行从 DO 到 END 之间的程序，否则转到 END 后的程序段。

1) 格式：

WHILE［条件表达式］DOn；（n=1，2，3）

条件成立循环执行的语句；

ENDn；

2) 功能：当指定的条件满足时，执行 WHILE 后，从 DO 到 ENDn 之间的程序，然后返回到 WHILE 再次判断条件，直到条件不成立才跳到 ENDn 后面。与 IF 语句的指令格式相同。DO 后的数和 END 后的数位指定程序执行范围的标号。标号值为 1、2、3。若用 1、2、3 以外的值则会产生 P/S 报警。WHILE……ENDn 执行流程如图 4-3 所示。

例 4-5：

#2=30；	
WHILE［#2 GT 0］DOn；	如果#2>0
G01 U10；	成立就执行
#2=#2-3；	修改变量
ENDn；	返回
G00 Z50；	不成立跳到这里执行

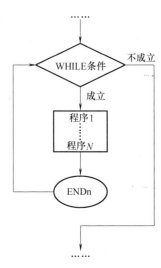

图 4-3　WHILE……ENDn 执行流程

> 说明：WHILE 中必须有"修改条件变量"的语句，使得其循环若干次后，条件变为"不成立"而退出循环，不然就会成为死循环。

4. 语句的嵌套

在 DOn-ENDn 循环中的标号 n（1~3）可根据需要多次使用。但是，当程序有交叉重复循环（DO 范围重叠）时，将出现 P/S 报警。

在程序嵌套的应用形式上需要注意：

1）标号 n（1~3）可根据要求多次使用。如：

WHILE［……］DO1；

……；

END1；

……；

WHILE［……］DO1；

……；

END1；

2）DO 的范围不能交叉。如：

WHILE［……］DO1；

……；

WHILE［……］DO2；

……；

END1；

……；

END2

3）DO 循环可以嵌套 3 级。如：

WHILE［……］DO1；

WHILE［……］DO2；

WHILE［……］DO3；

……；

END3；

END2；

END1；

4）控制可以转到循环以外。如：

WHILE［……］DO1；

IF［……］GOTOn；

END1；

Nn；

5）转移不能进入循环区内。如：

IF［……］GOTOn；

WHILE［……］DO1；

Nn；

END1；

> **说明**：当指定 DO 而没有指定 WHILE 语句时，将产生从 DO 到 END 的无限循环。

4.2.2 运算符的描述

1. 算术运算符（见表 4-8）

表 4-8 算术运算符

算术运算符	含义	算术运算法	含义
#i = #j	定义	#i = #j * #k	乘法
#i = #j+#k	加法	#i = #j/#k	除法
#i = #j-#k	减法		

2. 条件运算符（见表 4-9）

表 4-9 条件运算符

条件运算符	含义	条件运算符	含义
EQ	等于(=)	GE	大于或等于(≥)
NE	不等于(≠)	LT	小于(<)
GT	大于(>)	LE	小于或等于(≤)

运算符和表达式组合成条件判断语句，从而实现程序流向的控制。在任何一个条件判断语句 IF［条件表达式1］GOTO n 和循环语句 WHILE［条件表达式2］DOm…ENDm 中，运算符都发挥着重要的作用。

例 4-6：

#100 = 100；

N20 #100 = 100-10；

程序段 1；

IF［#100 GT 20］GOTO 20；

程序段 2；

该程序段中 GT 的作用就是让#100 变量和 20 进行比较，从而决定程序执行的流向。运算符进行逻辑运算，其值只有 0 和 1（即 False 和 True）两种情况。例 4-6 中，如果比较的结果为 1（True），即条件表达式成立，则跳转到程序号为 20 的程序段，然后执行顺序下面的程序段；如果表达式的值出现 0（False）的情况，不跳转按程序段执行程序。

> **注意**：GE 和 GT、LE 和 LT 是不同类型的运算符，在实际编程中要注意它们的区别，以 GE 和 GT 为例说明它们的不同点：

程序 1：#100 = 100；　　　　程序 2：#100 = 100；

N20 #100 = 100 - 10；　　　N20 #100 = 100 - 10；

程序段 1；　　　　　　　　程序段 1；

IF［#100 GT 10］GOTO 20； IF［#100 GE 10］GOTO 20；

程序段 2；　　　　　　　　程序段 2；

……；　　　　　　　　　　……；

显然，程序 1 执行了 1 次，而程序 2 则执行了 2 次。通过这两个简单程序的比较，不难发现它们的不同点，在实际使用时要加以区分。

3. 逻辑运算符

在 IF 或 WHILE 语句中，如果有多个条件，则应使用逻辑运算符来连接多个条件。逻辑运算符包括：

（1）AND（且）　AND 用于多个条件同时成立才成立的情况。如：［#1 LT 50］AND［#1GT 20］；表示［#1<50］且［#1>20］。

（2）OR（或）　OR 用于多个条件只要有一个成立即可的情况。如：［#3 EQ 8 OR #4 LE 10］；表示［#3 = 8］或者［#4≤10］。

（3）NOT（非）　NOT 用于取反（如果不是）的情况。如：NOT［#1 LT 50 AND #1GT 20］；表示如果不是"#1<50 且#1>20"。

说明：有多个逻辑运算符时，可以用方括号来表示结合顺序。如：［#1 LT 50］AND［#2GT 20 OR #3 EQ 8］AND［#4 LE 10］；

4.3　宏程序编程的灵魂——程序设计的逻辑

算法的概念是在计算机高级编程语言（如 C 语言）中提出来的。本章不讨论计算机编程语言的算法，只简单讨论宏程序编程的逻辑设计。宏程序编程和普通的 G 代码编程在本质上的区别是：宏程序引进了变量，变量之间可以进行运算，它是用控制流向的语句去改变程序的流向，而普通的 G 代码只是顺序执行，灵活性比宏程序要差。

编制一个高质量的宏程序代码，先要有合理的逻辑设计，然后依据逻辑设计的要求，表达出该程序的流程框图，再根据流程框图，采用宏变量和控制流向的语句编制出数控系统能识别的代码（即数控程序）。

4.3.1　算法的概述

数控编程中宏程序的算法是指编制数控宏程序代码而采取的方法和步骤。在数控编程中，变量是操作的对象，操作的目的使变量执行数学运算、逻辑运算并结合控制程序执行流向的语句，实现编程人员的预期目标，最终生成能被机床识别和加工出的合格零件的宏程序代码。

编制简单的加工零件或采用普通 G 代码、固定循环编程也是先设计好算法，然后根据算法编制加工程序的代码。由于普通 G 代码编程、固定循环编程比较简单、也更容易让人接受，编程人员通常会忽略算法这一步骤，但算法步骤依然存在和应用于具体编制的程序中。

宏程序编程的特殊性在于要预先设计好算法，根据算法绘制程序的流程框图；根据算法合理设置变量，再选择程序执行流向的语句，最后结合机床系统提供的编程代码指令，编制出能被数控系统识别的宏程序代码（即数控加工 CNC 程序）。

不同的算法会产生不同的刀具轨迹，不同刀具轨迹切削工件，会产生不同的切削效果（包括零件的加工时间、加工精度、加工表面质量等）。因此，算法有优劣之分，在编制数控加工程序中，有的逻辑算法需要设置较少的变量和控制流向的语句，程序跳转简洁且有规律，这样执行的逻辑关系不会复杂；有的算法则需要设置较多的变量，变量之间的数学、逻辑运算更加复杂，且需要选择较多控制流向的语句，程序跳转会变得杂乱无章。

编制宏程序代码及设计算法，不仅要保证算法的正确性，还要考虑算法的质量，选择合适、高质量的算法。

4.3.2 算法设计的三大原则

1. 算法设计的有限性

编制宏程序加工代码，设计的算法包括变量的设置、变量之间的运算、选择控制程序执行流向的语句等，不能使程序无限执行下去（即死循环）。即使有限循环，但是加工时间过长，这样的算法也是不合理的。

例如：铣削一个简单的 L 四方，径向（Z 轴）铣削的余量只有 5mm，轴向（X 轴）铣削余量为 5mm，设计出来的算法，机床需要执行 24h，这样的算法难以被人接受。

又如：

#100 = 1；

N10 T0202；

G04 X10；

T1 0101；

G04 X10；

IF [#100 GT 0] GOTO 10；

执行上述语句时，机床会无限执行换 2 号刀→暂停 10s→换 1 号刀→10s 的循环程序。

2. 算法设计的唯一性

编制宏程序加工的代码和设计的算法，必须使编制的程序有明确的加工效果，且唯一执行该加工过程；使用控制程序执行流向的语句，也必须使程序的跳转有明确的目标，避免有歧义的跳转。

例如：GOTO 10；该跳转语句，10 就是程序跳转的目标程序段，机床执行到该语句，程序会跳转到标号为 10 的程序段处执行，该语句有明确的跳转目标，数控系统不会产生歧义。

又如：GOTO #100；该跳转语句，#100 就是程序跳转的目标程序段，机床执行到该语句，即使#100有明确的值，机床也会触发报警的，究其原因是：#100号变量是可以重新赋值的，该变量不是唯一的，导致程序执行存在歧义。

3. 算法设计的有效性

编制宏程序加工的代码和设计的算法，必须是可有效执行的，且能够得到预期的加工效果，避免数学运算或逻辑运算认为不合理或不存在运算。

例如：

#100 = 1；

#101 = SQRT［#100］；

机床执行上述语句，#101有明确的值。

又如：

#100 = −1；

#101 = SQRT［#100］；

机床执行上述语句，机床会触发报警。究其原因是：执行SQRT运算的数值必须是大于等于0的。因此在编制宏程序设计算法时，应保证算法的有效性。

4.3.3 宏程序的设计——流程框图

算法有三种描述方法：自然语言、程序框图（流程框图、N-S框图）、程序语言（伪代码），本节将详细介绍流程框图的基本知识，为后续宏程序的编程实践夯实基础。

1. 流程框图概述

在实际编程中，编程人员使用规定的图形、指向线（带箭头的流程线）及文字说明，来直观表达算法及其过程，称为流程框图，如图4-4所示。

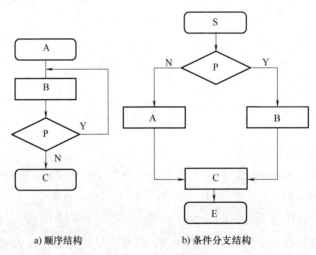

a) 顺序结构　　　　b) 条件分支结构

图 4-4　流程框图

2. 构成标准流程框图的图形符号

流程框图是能够实现不同算法功能并与程序相对应的示意图；程序框内标注必要的文字说明，构成流程框图的图形符号、直线、箭头等都有特定的意义，见表4-10。

表 4-10　构成流程框图的图形符号、直线、箭头的意义

图形符号、直线、箭头	名称	意　义
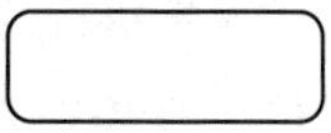	起始框	表示一个算法起始,是任何算法流程框图必不可少的
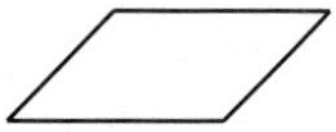	输入、输出框	表示一个算法输入、输出的信息
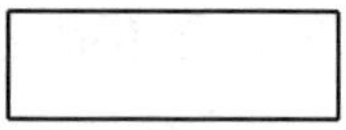	处理框	表示算法执行数据(变量)的赋值、数据之间的运算(数学、逻辑),以及算法的其他处理操作步骤等
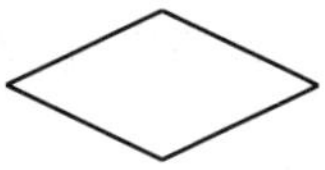	判断框	判断某一条件是否成立。当条件成立时,在出口处用 Y 标明;当条件不成立时,在出口处用 N 标明。算法执行是逻辑运算,Y 对应的逻辑值"1",N 对应的逻辑值"0"
	流程线	表示算法执行先后顺序及流向
	连接点	连接另一页或另一部分的流程框图,连接点需标明对应标号
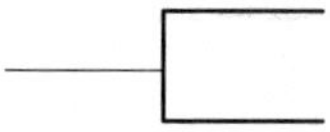	注释框	对流程框图表示的内容进行说明,目的是使阅读流程框图的人能容易理解流程框图所表达的信息
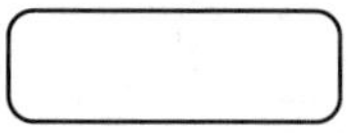	终止框	表示一个算法终止,是任何算法流程框图必不可少的

3. 绘制流程框图的规则

绘制流程图框图要使用标准的流程框图符号,遵守一定的绘制规则,这样绘制的流程框图才能准确表达算法并执行操作步骤,也更容易让用户理解和接受。绘制流程框图的基本规则如下:

1)一个完整的流程框图必须有起始框和结束框,用来表示算法的开始和该算法输出的结果。

2)必须使用标准的流程框图符号表示算法的操作步骤,流程框中的语言描述要精练、简洁且能准确表示算法的操作步骤和相应内容。

3)带箭头的流程线表示算法执行的先后顺序。流程框图一般按从上到下或从左到右顺序画出,执行先后顺序由具体的流程线标明。

4)算法对数据(变量)的赋值、数据之间执行的运算(数学、逻辑),可以写在同一个处理框中(需要分行),也可以写在不同的处理框中。

5)一个流程框应画在同一页纸中,最好不要分开,确实由于页面等原因需要分开的,则要在分开处用连接点标出,并标出连接的号码,以便查找和阅读。

6)注释框不是流程图的必需部分,只是对流程框相关信息加以说明,目的是使阅读该流程图的人更容易理解流程框图所表达的信息。

4. 流程框图的典型结构

流程框图的典型结构有顺序结构、条件分支结构、循环结构(当型循环结构、直到型

循环结构），三种典型的结构（直到型循环结构除外）在数控宏程序编程都有相应的应用。

（1）顺序结构　顺序结构式的语句与语句之间、框图与框图之间，是按照从上到下的顺序执行流程框图中的操作步骤的。顺序结构是由若干个依次执行的步骤组成，执行的步骤之间没有跳转，顺序结构是最基本的算法结构，如图 4-5 所示，处理框 A 和处理框 B 是顺序执行的，只有执行了 A 框的操作步骤后，才能执行 B 框所指定的操作步骤和操作内容。

（2）条件分支结构　条件分支结构如图 4-6 所示，此结构中包含了一个判断框 P，程序会执行判断框是否成立，如果 P 框成立，则执行 B 框中的操作步骤；如果 P 框不成立，则跳转执行 A 框中的操作步骤。条件分支结构是条件选择语句，即可以改变算法执行操作步骤的流向，无论 P 框条件是否成立，程序只能执行 A 框或 B 框，不可能既执行 A 框又执行 B 框，也不可能 A 框、B 框都不执行。

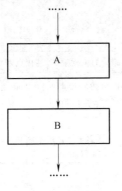

图 4-5　顺序结构

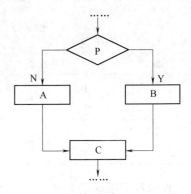

图 4-6　条件分支结构

该流程图结构和数控宏程序编程中控制程序执行流向的条件判断语句 IF［ ］GOTO n 语句，在应用效果上是一致的。

（3）循环结构　在一些算法中，需要重复执行同一操作步骤的结构称为循环结构。从算法某处开始，按照一定的条件重复执行某一步骤的过程，重复执行的步骤称为循环体。

循环结构有两种类型：当型循环结构和直到型循环结构。

当型循环结构如图 4-7 所示，它执行过程为先判断 P 框内的条件语句是否成立，如果 P 框的条件成立，则重复执行 B 框中的操作步骤，此时 P 框和 B 框构成一个当型循环结构；如果 P 框内的条件语句不成立，则跳转执行 A 框中操作步骤。

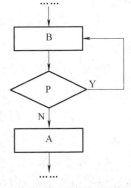

图 4-7　当型循环结构

该流程图结构和数控宏程序编程控制程序执行流向的条件判断语句，WHILE［ ］DOm……；ENDm 语句，在应用效果上是一致的。

4.3.4　宏程序编程基础——编程步骤和变量设置

宏程序编程与普通 G 代码、固定循环、自动编程（CAM）区别：宏程序编程不但引入了变量、表达式且变量、表达式之间可以进行逻辑、数学运算；宏程序编程还引入控制流向的语句，不仅实现程序之间的循环，还能实现语句与语句之间的跳转。

宏程序编程在椭圆、抛物线、有规律的三维立体等非圆形面的加工中具有强大优势，大大降低了手工编程的计算量。和自动编程（CAM）相比，宏程序编程的程序量要精简得多，几行语句就可以实现复杂型面的加工，且修改和调试也更加方便。

宏程序编程采用的变量、表达式、控制流向的语句、逻辑算法等，给初学者带来很大的困难，因此学习宏程序编程方式和正确编程步骤很有必要。

1. 宏程序编程步骤

1) 分析零件加工图及毛坯图。

2) 确定零件中哪些量是恒定不变的（常量），哪些量是变化的（变量）。

3) 根据步骤 2 的分析，设置"常量"控制零件的"恒定量"，设置"变量"控制零件的"变化量"。

4) 根据步骤 1 的分析，对步骤 3 设置的变量赋初始值。

5) 确定变量的运算方式及变量变化的最终值。

6) 根据步骤 5 选择合理控制流向的语句，避免程序出现无限（死）循环的现象。

7) 根据步骤 1~6 的分析，绘制程序执行流程框图。

8) 根据程序执行流程框图，编制宏程序代码。

9) 对编制的宏程序代码进行手工验证。验证的方法：一般取零件中 2~3 个特殊点的坐标值，带入程序中，把变量替换成特殊点的坐标值来计算相对应的变量及表达式的值，验证程序是否正确。

10) 采用专业的仿真软件进行仿真，查看刀具轨迹是否正确。

11) 加工实物，并总结。

2. 变量设置常见方法

方法 1：一般选择加工中"变化"的量作为变量，"恒定"的量作为常量。

例 4-7：加工如图 4-8 所示的零件，其毛坯如图 4-9 所示。

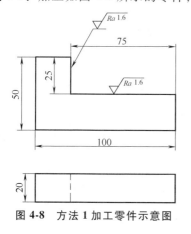

图 4-8　方法 1 加工零件示意图

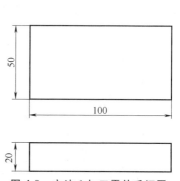

图 4-9　方法 1 加工零件毛坯图

该零件为 100mm×20mm×80mm 的板料。在铣削加工过程中，毛坯高度尺寸由 50mm 逐渐减小至 25mm，其余的尺寸不发生改变。显然，该零件编程时，定义的变量用来控制板料高度的变化。

方法 2：选择解析（参数）方程"自身变量"。

宏程序在方程型面的加工具有举足轻重的地位，根据方程型面自身的变化量来设置程序变量，也是宏程序编程设置变量的主要方法。

例 4-8：加工如图 4-10 所示零件的椭圆轮廓。

椭圆的参数方程为 $X=50\cos\theta$、$Y=30\sin\theta$，选择椭圆参数方程自身变量 θ 作为变量，可以解决轮廓"找点"问题。设置一个变量控制 θ 的变化，长、短半轴随着 θ 的变化而变化。

方法 3：选择"标志变量""计数器"等辅助性变量。

采用宏程序编程经常遇到采用加工中"变化量"、解析（参数）方程"自身变量"无法作为变量或作为变量不太方便的情况，这时可以考虑设置"标志变量""计数器"等和加工图样尺寸无关的变量（辅助性变量），作为控制该零件加工中的变量。

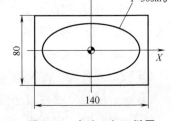

图 4-10　方法 2 加工椭圆零件示意图

例 4-9：加工如图 4-11 所示零件的直线排孔。

分析可知，相邻孔之间的间距为 20mm，孔的数量为 500 个，那么设置变量有以下两种方案：

方案 1：选择 X 的坐标值作为变量，需要计算和确定第 500 个孔循环结束的条件。

方案 2：选择孔的数量作为变量，设置定义一个变量并赋值 #100 = 500，控制孔的数量，加工完成一个孔，#100 号变量减去 1，那么语句［#100 LE 0］就可以控制整个加工循环的结束。

对比方案 1 和方案 2 相对比较方便，也更容易实现。

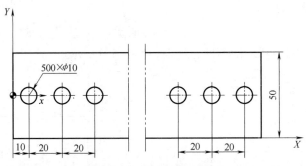

图 4-11　计数器零件示意图

第 5 章 高速切削加工应用技术及数控维修

Chapter 5

☺ 学习目标：
1. 熟悉高速铣削的应用范围。
2. 掌握高速铣削的工艺、方法及技巧。
3. 熟悉数控机床的故障诊断与维护方法。

5.1 高速铣削简介

5.1.1 高速铣削的定义与特点

在现代模具生产中，随着对塑件的美观度及功能要求越来越高，塑件内部结构设计越来越复杂，模具的外形设计也日趋复杂，自由曲面所占比例也不断增加，相应的模具结构也设计得越来越复杂。这些都对模具加工技术提出了更高要求，即不仅应保证高的制造精度和表面质量，而且要追求加工表面的美观。随着对高速加工技术研究的不断深入，尤其在加工机床、数控系统、刀具系统、CAD/CAM 软件等相关技术不断发展的推动下，高速加工技术已越来越多地应用于模具型腔的加工与制造中。

数控高速切削加工作为模具制造中最为重要的一项先进制造技术，是集高效、优质、低耗于一身的先进制造技术。相对于传统的切削加工，数控高速切削加工的切削速度、进给速度有很大的优势，而且它们的切削机理也不相同。高速切削使切削加工发生了本质性的飞跃，其单位功率的金属切除率比传统切削提高了 30%~40%，切削力降低了 30%，刀具的切削寿命提高了 70%，留于工件的切削热也大幅度降低，低阶切削振动几乎消失。随着切削速度的提高，单位时间内毛坯材料的去除率增加，切削时间减少，加工效率提高，从而缩短了产品的制造周期，提高了产品的市场竞争力。同时，高速加工的小量快进使切削力减少，切屑的高速排出减少了工件的切削力和热应力变形，提高了刚性差和薄壁零件切削加工的可能性。由于切削力的降低、转速的提高使切削系统的工作频率远离机床的低阶固有频率，而工件的表面粗糙度对低阶频率最为敏感，因此可提高表面质量。在模具的高淬硬钢件（45~65HRC）的加工过程中，采用高速切削可以取代电加工和磨削抛光的工序，从而避免了电极的制造和费时的电加工，大幅度减少了钳工的打磨与抛光量。对于一些市场上越来越需要的薄壁模具工件，高速铣削也可顺利完成，而且在高速铣削CNC加工中心上，模具一次装夹可完成多工步加工。

高速加工技术对模具加工工艺产生了巨大影响，改变了传统模具加工采用的"退火→铣削加工→热处理→磨削"或"电火花加工→手工打磨、抛光"等复杂冗长的工艺流程，甚至可用高速切削加工替代原来的全部工序。高速加工技术除可应用于淬硬模具型腔的直接加工（尤其是半精加工和精加工）外，还在电火花加工（EDM）、电极加工、快速样件制造等方面得到了广泛应用。大量生产实践表明，应用高速切削技术可节省模具后续加工中约80%的手工研磨时间，节约加工成本费用近30%，模具表面加工精度可达1μm，刀具切削效率可提高1倍。

1. 高速铣削的定义

利用高的主轴转速和高的进给速度，达到高金属切除率并获得良好加工精度和质量的铣削加工方法，称为高速铣削。

2. 高速铣削的特点

高速铣削的工艺特点可概括为：窄公差带，浅切削，高切削速度，用斜坡和螺旋式进刀，大量采用分层式切削，轮廓加工采用较小的表面粗糙度值，多用球头刀和圆角立铣刀，切削的切除率大多为常数，产生的切屑无二次切断。

高速切削是切削加工技术的主要发展方向之一，它随着CNC技术、微电子技术、新材料和新结构等基础技术的发展而迈上更高的台阶。由于模具加工的特殊性及高速加工技术的特点，对模具高速加工的相关技术及工艺系统（加工机床、数控系统、刀具等）提出了比传统模具加工更高的要求。

硬件条件指对机床和刀具方面的要求，主要包括以下几个方面：

（1）高稳定性的机床支撑部件　高速切削机床的床身等支撑部件应具有很好的动、静刚度，热刚度和最佳的阻尼特性。大部分机床都采用高质量、高刚性和高韧性的灰铸铁作为支撑部件材料，有的机床公司还在底座中添加高阻尼特性的聚合物混凝土，以增加其抗振性和热稳定性，这不但可保证机床精度稳定，也可防止切削时刀具振颤。采用封闭式床身设计、整体铸造床身、对称床身结构并配有密布的加强筋等也是提高机床稳定性的重要措施。一些机床公司的研发部门在设计过程中，还采用模态分析和有限元结构计算等，优化了结构，使机床支撑部件更加稳定可靠。

（2）高速主轴单元　高速机床的主轴性能是实现高速切削加工的重要条件。高速切削机床主轴的转速范围为10000~100000m/min，主轴功率大于15kW。通过主轴压缩空气或冷却系统控制刀柄和主轴间的轴向间隙不大于0.005mm，还要求主轴具有快速升速、在指定位置快速准停的性能（即具有极高的角加/减速度），因此高速主轴常采用液体静压轴承式、空气静压轴承式、热压氮化硅（Si_3N_4）陶瓷轴承磁悬浮式等结构形式。润滑多采用油气润滑、喷射润滑等技术。主轴冷却一般采用主轴内部水冷或气冷。

(3) 快速进给和高加(减)速的驱动系统 为满足模具高速加工的需要，高速加工机床的驱动系统应具有下列特性：

1) 高进给速度。研究表明，对于小直径刀具，提高主轴转速和每齿进给量可降低刀具磨损量。常用的进给速度范围为 20~30m/min，采用大导程滚珠丝杠传动，进给速度可达 60m/min；采用直线电动机则可使进给速度达到 120m/min。

2) 高加速度。对三维复杂曲面廓形的高速加工要求驱动系统具有良好的加速度特性，要求提供高速进给的驱动器（快进速度约 40m/min，3D 轮廓加工速度为 10m/min），能够提供 $0.4~10m/s^2$ 的加速度和减速度。

机床制造商大多采用全闭环位置伺服控制的小导程、大尺寸、高质量的滚珠丝杠或大导程的多头丝杠。随着电动机技术的发展，先进的直线电动机已成功应用于数控机床。先进的直线电动机驱动使数控机床不再有质量惯性、超前、滞后和振动等问题，加快了伺服响应速度，提高了伺服控制精度和机床加工精度。

(4) 高性能的高速数控系统 先进的数控系统是保证模具复杂曲面高速加工质量和效率的关键因素，模具高速切削加工对数控系统的基本要求如下：

1) 有高速的数字控制回路，包括 32 位或 64 位并行处理器及 1.5GB 以上的硬盘；有极短的直线电动机采样时间。

2) 有速度和加速度的前馈控制和数字驱动系统的爬行控制功能。

3) 有先进的插补方法（基于 NURBS 的样条插补），以获得良好的表面质量、精确的尺寸和高的几何精度。

4) 有预处理功能。要求具有大容量缓冲寄存器，可预先阅读和检查多个程序段（如 DMG 机床可多达 500 个程序段，西门子系统可达 1000~2000 个程序段），以便在被加工表面形状（曲率）发生变化时及时采取改变进给速度等措施，避免过切等情况的发生。

5) 有误差补偿功能，包括因直线电动机、主轴等发热导致的热误差补偿、象限误差补偿、测量系统误差补偿等功能。此外，模具高速切削加工对数据传输速度的要求也很高。

6) 传统的数据接口，如 RS232 串行口的传输速度为 19.2KB，而许多先进的加工中心均已采用以太局域网进行数据传输，速度可达 200KB。

(5) 高速切削加工的刀柄和刀具，以及冷却润滑

1) 高速切削加工的刀柄和刀具。由于高速切削加工时离心力和振动的影响，要求刀具应具有很高的几何精度和装夹重复定位精度，以及很高的刚度和高速动平衡的安全可靠性。由于高速切削加工时的离心力和振动较大等，传统的 7:24 锥度刀柄（图 5-1）系统在进行高速切削时表现出明显的刚性不足、重复定位精度不高、轴向尺寸不稳定等缺陷，主轴的膨胀引起刀具及夹紧机构质心的偏离，影响刀具的动平衡能力。可采用 HSK 类刀柄（图 5-2）和热胀冷缩紧固式刀柄。热胀冷缩紧固式刀柄有加热系统，刀柄一般都采用锥部与主轴端面同时接触，其刚性较好，但是刀具可换性较差，一个刀柄只能安装一种连接直径的刀具。由于此类刀柄的加热系统比较昂贵，因此可选择在初期时采用 HSK 类的刀柄系统。当企业的

图 5-1 传统的 7∶24 锥度刀柄

图 5-2 HSK 类刀柄

高速机床数量超过 3 台时，采用热胀冷缩紧固式刀柄比较合适。

刀具是高速切削加工中最重要的因素之一，它直接影响着加工效率、制造成本和产品的加工精度。刀具在高速切削加工过程中要承受高温、高压、摩擦、冲击和振动等载荷，因此高速切削刀具应具有良好的力学性能和热稳定性，即具有良好的抗冲击、耐磨损和抗热疲劳的特性。高速切削刀具技术的发展速度很快，应用较多的材料有金刚石（PCD）、立方氮化硼（CBN）、陶瓷、涂层硬质合金、碳氮化钛硬质合金（TiCN）等。

在加工铸铁和合金钢的切削刀具中，硬质合金是最常用的刀具材料。硬质合金刀具耐磨性好，但硬度比立方氮化硼和陶瓷低。为提高硬度和表面质量，可采用刀具涂层技术，涂层常用的材料为氮化钛（TiN）、氮化铝钛（TiAlN）等。涂层已由单一涂层发展为多层、多种涂层材料的涂层，涂层技术已成为提高高速切削能力的关键技术之一。直径在 10~40mm 范围内，且有碳氮化钛涂层的硬质合金刀片能够加工洛氏硬度小于 42 的材料，而氮化钛铝涂层的刀具能够加工洛氏硬度大于或等于 42 的材料。高速切削钢材时，刀具材料应选用热硬性和疲劳强度高的 P 类硬质合金、涂层硬质合金、立方氮化硼（CBN）与 CBN 复合刀具材料（WBN）等。高速切削铸铁时，刀具材料应选用细晶粒的 K 类硬质合金进行粗加工，选用复合氮化硅陶瓷或聚晶立方氮化硼（PCBN）复合刀具进行精加工。精密加工有色金属或非金属材料时，应选用聚晶金刚石（PCD）或化学气相沉积（CVD）金刚石涂层刀具。选择切削参数时，针对圆刀片和球头铣刀，应注意有效直径的概念；高速铣削刀具应按动平衡设计制造；刀具的前角比常规刀具的前角要小，后角略大；主、副切削刃连接处应修圆或导角，以增大刀尖角，防止刀尖处热磨损；应加大刀尖附近的切削刃长度和刀具材料体积，提高刀具刚性。在保证安全和满足加工要求的条件下，刀具悬伸应尽可能短，刀体中央韧性要好。刀柄要比刀具直径粗壮，连接柄呈倒锥状，以增加其刚性。尽量在刀具及刀具系统中央留有切削液孔。球头立铣刀要考虑有效切削长度，刃口要尽量短，两螺旋槽球头立铣刀通常用于粗铣复杂曲面，四螺旋槽球头立铣刀通常用于精铣复杂曲面。

2）冷却润滑。高速切削加工常采用带涂层的硬质合金刀具，在高速、高温的情况下不用切削液，切削效率更高。这是因为：铣削主轴高速旋转，切削液若要达到切削区，首先要克服极大的离心力；即使它克服了离心力进入切削区，也可能由于切削区的高温而立即蒸发，冷却效果很小，甚至没有；同时切削液会使刀具刃部的温度激烈变化，容易导致裂纹的产生。油/气冷却润滑的干式切削方式可以用高压气体迅速吹走切削区产生的切屑，从而将大量的切削热带走，同时经雾化的润滑油可以在刀具刃部和工件表面形成一层极薄的微观保护膜，有效地延长刀具寿命并提高零件的表面质量。

（6）软件条件指对编程技术的要求　必须具备适应高速加工的 CAM 系统。高速铣削加工对数控编程系统的要求越来越高，价格昂贵的高速加工设备对软件提出了更高的安全性和有效性要求。高速切削有着比传统切削特殊的工艺要求，除要有高速切削机床和高速切削刀具外，具有合适的 CAM 编程软件也是至关重要的。数控加工的数控指令包含了所有的工艺过程，一个优秀的高速加工 CAM 编程系统应具有很高的计算速度、较强的插补功能、全程自动防过切处理能力、自动刀柄与夹具干涉检查功能、进给率优化处理功能、待加工轨迹监控功能、刀具轨迹编辑与优化功能和加工残余分析功能等。高速切削编程首先要注意加工方法的安全性和有效性；其次要尽一切可能保证刀具轨迹光滑平稳，这会直接影响加工质量和机床主轴等零件的寿命；最后要尽量使刀具载荷均匀，这会直接影响刀具的寿命。

1）CAM 系统应具有很高的计算编程速度。高速加工中采用非常小的进给量与切削深度，其 NC 程序比对传统数控加工程序要大得多，因而要求软件计算速度要快，以节省刀具轨迹编辑与优化的时间。

2）CAM 系统应具有全程自动防过切处理能力及自动刀柄与夹具干涉检查能力。高速切削加工以近 10 倍传统切削加工的切削速度对工件进行加工，一旦发生过切，对机床、产品和刀具将产生灾难性的后果，所以要求其 CAM 系统必须具有全程自动防过切处理的能力及自动刀柄与夹具干涉检查、绕避功能。系统能够自动提示最短夹持刀具长度，并自动进行刀具干涉检查。

3）CAM 系统应具有丰富的高速切削刀具轨迹策略。高速切削加工对加工工艺走刀方式有特殊要求，为了能够确保最大的切削效率和高速切削时的加工安全性，CAM 系统应能根据加工瞬时余量的大小自动对进给率进行优化处理，能自动进行刀具轨迹编辑与优化和加工残余分析，并对待加工轨迹进行监控，以确保高速加工刀具受力状态的平稳性，提高刀具的使用寿命。

采用高速加工设备之后，对编程人员的需求量将会增加，因高速切削加工工艺要求严格，过切保护更加重要，故需花大量的时间对 NC 指令进行仿真检验。一般情况下，高速加工编程时间比一般加工编程时间要长得多。为了保证高速加工设备的使用率，需配置更多的 CAM 人员。现有的 CAM 软件（如 PowerMILL、Mastercam、UnigraphicsNX、Cimatron 等）都提供了相关功能的高速铣削刀具轨迹策略。

5.1.2　高速铣削的工艺分析

高速铣削是一种高效铣削的方法，它以高切削速度进行小切削量加工，但其金属去除率比深度铣削效率高，延长了刀具寿命，减少了非加工时间，适应了现代生产快速反应的应用特点。

高速切削加工包括以去除余量为目的的粗加工、残留粗加工，以及以获取高质量的加工表面及细微结构为目的的半精加工、精加工和镜面加工等。

1. 粗加工

模具粗加工的主要目标是追求单位时间内的材料去除率,并为半精加工准备工件的几何轮廓。高速加工中的粗加工所应采取的工艺方案是高切削速度、高进给率和小切削用量的组合。等高加工方式是众多CAM软件普遍采用的一种加工方式。应用较多的是螺旋等高和等Z轴等高两种方式,也就是在加工区域仅一次进刀,在不抬刀的情况下生成连续光滑的刀具路径,进、退刀方式采用圆弧切入、切出。螺旋等高方式的特点是,没有等高层之间的刀路移动,可避免频繁抬刀、进刀对零件表面质量的影响及机械设备不必要的耗损。对陡峭和平坦区域分别处理,计算适合等高及适合使用类似3D偏置的区域,并且可以使用螺旋方式,在很少抬刀的情况下生成优化的刀具路径,获得更好的表面质量。在高速加工中,一定要采取圆弧切入、切出连接方式,以及拐角处圆弧过渡,避免突然改变刀具进给方向,禁止使用直接下刀的连接方式,避免将刀具埋入工件。加工模具型腔时,应避免刀具垂直插入工件,而应采用倾斜下刀方式(常用倾斜角为20°~30°),最好采用螺旋式下刀以降低刀具载荷。加工模具型芯时,应尽量先从工件外部下刀然后水平切入工件。采用攀爬式切削可降低切削热,减小刀具受力和加工硬化程度,提高加工质量。

2. 半精加工

模具半精加工的主要目标是使工件轮廓形状平整,表面精加工余量均匀,这对于工具钢模具尤为重要,因为它将影响精加工时刀具切削层面积的变化及刀具载荷的变化,从而影响切削过程的稳定性及精加工表面质量。

粗加工是基于体积模型,精加工则是基于面模型。以前开发的CAD/CAM系统对零件的几何描述是不连续的,由于没有描述粗加工后、精加工前加工模型的中间信息,故粗加工表面的剩余加工余量分布及最大剩余加工余量均是未知的。因此应对半精加工策略进行优化,以保证半精加工后工件表面具有均匀的剩余加工余量。半精加工优化的过程包括:粗加工后轮廓的计算、最大剩余加工余量的计算、最大允许加工余量的确定、对剩余加工余量大于最大允许加工余量的型面分区(如凹槽、拐角等过渡半径小于粗加工刀具半径的区域),以及半精加工时刀具轨迹的计算等。

现有的模具高速加工CAD/CAM软件大都具备剩余加工余量分析功能,并能根据剩余加工余量的大小及分布情况采用合理的半精加工策略,如Mastercam软件提供了束状铣削和剩余铣削等方法来清除粗加工后剩余加工余量较大的角落,以保证后续工序能有均匀的加工余量。

3. 精加工

模具的高速精加工策略取决于刀具与工件的接触点,而刀具与工件的接触点随着加工表面的曲面斜率和刀具有效半径的变化而变化。对于由多个曲面组合而成的复杂曲面加工,应尽可能在一个工序中进行连续加工,而不是对各个曲面分别进行加工,以减少抬刀、下刀的次数。然而,由于加工中表面斜率的变化,如果只定义加工的侧吃刀量,就可能造成在斜率不同的表面上实际步距不均匀,从而影响加工质量。

一般情况下,精加工曲面的曲率半径应大于刀具半径的1.5倍,以避免进给方向的突然转变。在模具的高速精加工中，每次切入、切出工件时，进给方向的改变应尽量采用圆弧或曲线转接，避免采用直线转接，以保持切削过程的平稳性。

高速精加工策略包括三维偏置、等高精加工和最佳等高精加工、螺旋等高精加工等。这些策略可保证切削过程顺畅、稳定，确保能快速切除工件上的材料，得到高精度、光滑的切削表面。精加工的基本要求是要获得很高的精度、光滑的零件表面质量，轻松实现精细区域的加工，如小的圆角、沟槽等。对许多形状来说，精加工最有效的策略是使用三维螺旋策略。使用这种策略可避免使用平行策略和偏置精加工策略时会出现的频繁换向问题，从而提高加工速度，减少刀具磨损。这个策略可以在很少抬刀的情况下生成连续光滑的刀具路径。这种加工技术综合了螺旋加工和等高加工策略的优点，刀具负荷更稳定，提刀次数更少，可缩短加工时间，减小刀具损坏概率。它还可以改善加工表面质量，最大限度地减少精加工后手工打磨的需要。在许多场合需要将陡峭区域的等高精加工和平坦区域三维等距精加工方法结合起来使用。

数控编程也要考虑几何设计和工艺安排，在使用 CAM 系统进行高速加工数控编程时，除刀具和加工参数的选择外，加工方法的选择和采用的编程策略也是关键。一名出色的编程工程师同时也应该是一名合格的设计与工艺师，应对零件的几何结构有正确的理解，具备理想工序安排及合理刀具轨迹设计的知识。

5.1.3 高速铣削的方法

高速铣削是一种不同于传统加工的加工方式，它主轴转速高、切削进给速度高、切削用量小，但单位时间内的材料切除量却增加 3~6 倍。高速铣削在工件本身刚度不足复杂曲面、难加工材料及超精密切削等加工领域中，都得到了充分的应用。由于高速铣削要求切削载荷均匀，无剧烈变化，且加工过程中铣刀运动速度很快，因此要求具有光滑、平顺、稳定的刀具轨迹。虽然某些型号的数控机床已可实现加工中切削负荷的自适应调整，但如果刀具轨迹不合理，也会导致高速铣削对机床及刀具产生较大的惯性冲击，从而直接影响机床主轴等零部件及刀具的寿命。为了使铣刀在不同切削方式下均能与被切削工件保持相对恒定的接触状态，避免切削角度和速度的突然变化，以得到高质量和高精度的零件表面，加工时应采用优化的走刀方式。

1. 采用光滑的进刀、退刀方式

在传统切削轮廓的加工过程中，有法向进、退刀，切向进、退刀和相邻轮廓的角分线进、退刀等。而在高速切削加工轮廓的过程中，应尽量采取轮廓的切向进、退刀方式，以保证刀具轨迹的平滑。在对曲面进行加工时，传统的数控加工方法一般采用 Z 向垂直进、退刀，曲面正向与反向的进、退刀等方式，而在采用高速切削的方法进行曲面加工时，可采用斜向进刀或螺旋切向进刀，如图 5-3、图 5-4 所示。当采用螺旋切向进刀时，系统会自动检查刀具信息，如果发现刀具有盲区时，螺旋加工半径就不会无限制减小，从而避免撞刀，这就对加工过程的安全性提供了周全的保障。在空间狭小位置加工时，受空间限制无法采用斜向进刀，可采用 Z 字形进刀或是步进式垂直进刀，如图 5-5、图 5-6 所示。

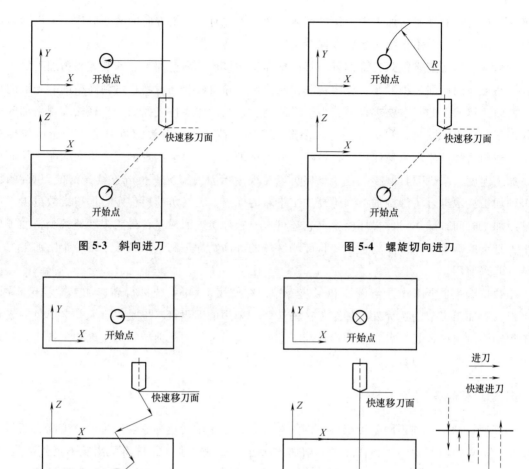

图 5-3 斜向进刀　　　　　　　图 5-4 螺旋切向进刀

图 5-5 Z 字形进刀　　　　　　图 5-6 步进式垂直进刀

2. 采用光滑的移刀方式

这里所说的移刀方式指的是行切中的行间移刀，环切中的环间移刀，等高加工中的层间移刀等。应用于传统切削加工方式的 CAM 软件中的移刀方式大多不适合高速加工的要求，如在行间移刀时，刀具大多是直接垂直于原来行切方向的法向移刀，导致刀具轨迹中存在尖角；在环间移刀时，也是从原来切削轨迹的法向直接移刀，也会导致刀具轨迹出现不平滑的情况；在层间移刀时，也存在移刀尖角。这些导致加工中心频繁地预览减速，影响了加工的效率，从而使高速加工不能真正达到高速加工的目的。

在行间切削用量（行间距）较大的情况下，可以采用切圆弧连接的方法进行移刀。但是当行间距较小时，会由于半径过小而使圆弧近似地成为一点，进而导致行间的移刀变为直线移刀，从而也使机床预览、减速，影响加工的效率。在这种情况下，应该采用高尔夫球棒式移刀方式，如图 5-7 所示。环切的移刀通常有两种方式：一种是圆弧切出与切入连接，这种方法的缺点是在加工 3D 复杂零件时，由于移刀轨迹直接在两个刀具轨迹之间生成圆弧，在间距较大的情况下，会产生过切，因此该方法一般多用于在加工中所有的刀具轨迹都在一个平面内的 2.5 轴加工；另一种是空间螺线式移刀，这种方法由于移刀在空间完成，所以避免了第一种方法的缺点。在进行等高加工时，切削层之间应采用多种螺旋式的移刀方向进刀，如图 5-8 所示。

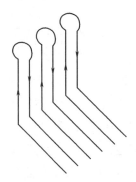

图 5-7　高尔夫球棒式移刀

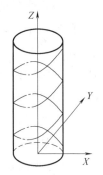

图 5-8　螺旋式的移刀

3. 加工残余分析功能

高速加工过程中，为了延长刀具的使用寿命和保证加工零件的表面质量，应尽可能保持稳定的切削参数，包括保持切削厚度、进给量和切削线速度的稳定性。当遇到某处切削深度有可能增加时，应该降低进给速度，因为负载的变化会引起刀具的偏斜，从而降低加工精度、表面质量和缩短刀具寿命。所以，在很多情况下有必要对工件轮廓的某些复杂部分进行预处理，以使高速运行的精加工小直径刀具不会因为前道工序使用的大直径刀具留下的"加工残余"而导致切削负载的突然加大。

因此，许多软件提供了适用于高速加工的"加工残余分析"的功能，这一功能使得 CAM 系统能够准确地知道每次切削后加工残余所在的位置。这既是保持刀具负载不变的关键，更是关系到高速加工成败的关键。

4. 具有全程自动防过切处理及自动刀柄与夹具干涉检查功能

在高速加工中，一个提高加工效率的重要手段是采用残余量加工或清根加工，也就是采用多次加工或采用系列刀具从大到小分次加工，直至达到所需尺寸，而避免用小刀一次加工完成。这就要求系统能够自动提示最小刀具直径及最短夹刀长度，并能自动进行刀具干涉检查。此外，在进行数控加工之前，为了能够让用户直观地判断加工过程是否发生过切或刀柄的干涉，CAM 系统应该提供加工过程的动态仿真验证，即把加工过程中的零件模型、刀具实体、切削加工过程及加工结果，采用不同的颜色一起动态地显示出来，以模拟零件的实际加工过程，这样不仅可以观察加工过程，而且可以检验刀具与约束面是否存在干涉或加工过切的情形；更为先进的方法是将机床模型与加工过程仿真结合在一起，这样还可以观察刀具是否与加工零件以外的其他部件（如夹具）发生干涉碰撞。

5. 采用新的加工方法

（1）基于毛坯残留知识的加工　许多软件为了适应高速加工的需要，引入了二次粗加工的思想，该思想正是毛坯残留知识算法的核心。基于毛坯残留知识的加工，简单地讲就是基于残留毛坯的加工，这种方法已经得到一致认可。它的工作过程是：先执行首次粗加工，然后将加工得到的形状作为生成下次粗加工刀具轨迹的新毛坯。然后根据新毛坯，使用各种走刀方式（如行切、环切等）进行粗加工。其整个过程的核心思想就是始终保持刀具切到材料，减少空走刀，以达到提高加工效率的目的。在具有这一加工方式的CAM软件中，一旦指定初始毛坯，并设定之后的加工为基于残余毛坯的方式，系统在计算下一步刀位时总是基于上一步加工后的残余毛坯。因为有了当前毛坯信息，所以随后产生的刀具轨迹就可以做到比较优化、合理。

（2）摆线加工　为了提高切削速度，提出一种被称为摆线加工的刀具轨迹计算方法。摆线加工是使用切削刀具的侧刃来切削被加工材料的。摆线是圆上一固定点随着圆沿直线滚动时生成的轨迹。一般来说，假设曲线 A 上有一固定点，当曲线 A 沿另一曲线 B 进行无滑动的滚动时，固定点的轨迹就是摆线。摆线加工非常适合高速铣削，因为切削的刀具总是沿着一条具有固定半径的曲线运动。在整个加工过程中，它使刀具运动总能保持一致的进给率。

6. 提供 NURBS 插补指令生成技术

传统的模具型面数控加工时经常采用直线插补和圆弧插补技术，在高速加工中则不太适用，一是因为数据量大，增加机床数据处理时间；二是不便于机床对进给速度的控制，影响高速加工的效率。许多软件和机床提供 NURBS 插补指令生成技术：一方面可大大降低数控程序的数据量，另一方面可使数控加工刀具轨迹光滑。

5.2　数控机床的故障诊断与维护

5.2.1　数控机床常见故障诊断与维修方法

1. 装置自诊断法

大型的数控、PLC 装置配有故障诊断系统，可由各种开关、传感器等把油位、湿度、油压、电流、速度等状态信息，设置成数百个报警提示，诊断故障的部位和地点，因此可利用自诊断提示进行故障处理。所谓诊断程序就是对数控机床各个部分包括 CNC 系统本身进行状态或故障监测的软件，当机床出现故障时，可利用该诊断程序，诊断出故障源范围及其具体位置。诊断程序一般分为三套，即启动诊断、在线诊断和离线诊断。

2. 常规诊断法

外观检查是指依靠人的五官并借助于一些简单的仪器来寻找机床故障的原因，这种方法是在维修中常用的，也是首先采用的，先外后内的维修原则要求维修人员在遇到故障时应先采取看、闻、嗅、摸等方法，由外向内逐一检查。有些故障采用这种方法可迅速找到原因。而采用其他方法要花费很多时间，甚至暂时解决不了。

3. 机、液、电综合分析法

数控机床是一种高度机、液、电一体化的产品，它应用了精密机械、液压技术、电器技术及微电子技术等。对数控机床的故障分析也要从机、液、电不同的角度对同一故障进行分析诊断,可以避免片面性,少走弯路。最后确认是机、液、电中的哪一个系统有问题,以便在问题系统中做进一步的诊断及排除故障。

4. 备件替换法

将具有相同功能的备件与被怀疑件进行互换,观察故障现象是否随之转移,还是依旧存在故障,来判断被怀疑件是否有问题。

5. 电路板参数测试对比法

当系统发生故障后,采用常规电工检测仪器,按系统电路图及机床电路图对故障部分的电压电源、脉冲信号等进行实测,在各电路板的测试端子上进行电压及波形的测试,与正常值及波形进行比较,若无原始记录,也可与对应无故障区的相同的电路板比较,从而确定故障电路板是否发生故障。

6. 更新建立法

当数控系统或 PLC 装置由于电网干扰或其他偶然原因发生异常情况或死机时,应清除有关内存区,重新进行冷启动或热启动,并对数控系统参数进行重新设置,便可排除故障。

7. 升温降温法

当机床运行时间比较长或周围环境温度比较高时,容易出现软件故障,这时可用电热风或红外灯直接照射可疑的电路板或组件,人为采用升温法使一些高温参数差的元器件加速恶化,从而产生故障表征,以此确定有问题的组件或元器件。

8. 拉偏电源法

有些不定期出现的软故障与外界电网电压波动有关。当机床出现此类故障时,可把电源电压人为地调高或调低,模拟恶劣的条件,让故障容易暴露。

9. 分段选优法

电缆断路或短路故障的查找有时非常困难,特别是大型数控机床各轴的行程都很长。例如,电枢到机床的电缆都很长,有时电缆要分几段,每段有几十米长,这时应用优选法从中部分段校线查找故障点,可以加快速度。又如,PLC 的 +24V 端子对地短路,此端子上接有上百个输入开关,逐个检查太慢,这时可用选优法一半一半地检查短路点在哪一半中,然后把有问题的一半再一分为二进行查找,从而加快故障诊断的速度。

10. 功能程序测试法

功能程序测试法是使用全部的指令(G、M、S、T、F)功能编写出一个试验程序并存储在软盘上,在故障诊断时,运行这个程序可快速判定所维修数控系统的哪个功能不良或丧失。

11. 参数检查法

数控机床的参数是经过一系列的试验调整而获得的重要数据。

12. 隔离法

隔离法是指将控制回路断开,从而达到缩小查找故障区域的目的。在机床维修时,为了防止故障扩大,需经常采用切断某些部件电源的方法。

13. 接口状态显示诊断法

接口是连接数控系统、PLC、机床本体 MT 的节点,节点是信息传递和控制的要道。通过接口的状态信息若系统带有独立的 PLC 时,系统产生故障后,首先判断故障是出现在数控系统内部,还是在 PLC 或机床侧。这就要求维修人员必须熟悉 CNC、PLC 之间信息交换的内容,各测量反馈元件的位置、作用,以及发生故障时的现象与后果。搞清楚某一个动作不执行是由于数控系统没有给 PLC 指令,还是由于数控系统给了 PLC 指令而 PLC 未执行,或是由于 PLC 没准备好应答信号,或是由于数控系统不提供该指令等。

14. 测量比较法

这种方法是利用印制电路板上预先设置的检查用端子确定该部分电路工作是否正常,通过实测这些端子的电压值或波形与正常时的电压值及波形比较,来分析故障原因和部位。甚至,可在正常电路板上人为制造一些故障,以判断真正故障的原因。为此,要求维修人员应注意积累印制电路板上的关键部位或易出故障部位正常时的电压值和波形。

15. 利用系统的自诊断功能判断法

现代数控系统(尤其是全功能数控系统)有很强的自诊断能力,通过实时监控系统的各部分的工作,及时判断并给出报警信息,做出相应的动作,避免发生事故。然而有时硬件发生故障时无法报警,有的数控系统可通过发光数码管不同的闪烁频率或不同的组合做出相应的指示,这些指示配合使用就可以较好地帮助维修人员准确诊断出故障板的位置。

16. 逻辑线路追踪法

逻辑线路追踪法就是通过追踪与故障相关联的信号,从中找到故障单元,根据 CNC 系统原理图,从前往后或从后往前检查有关信号的有无性质、大小及不同运行方式的状态,然后与正常情况比较,检查差异或逻辑关系。对于串联线路,发生故障时,所有的元件或连接线都值得怀疑。对于比较长的串联回路,可从中间开始向两个方向追踪,直到找到故障单元为止。对于两个相同线路,可以对它们进行部分交换,如交换一个单元,一定要保证该单元大环节的完整性,否则可能使闭环受到破坏,保护环节失效,积分调节器输入得到不平衡。对于硬接线系统,它具有可见接线端子测试点,当出现故障时,可用验电器、万用表、示波器等简单测试工具测量电压、电流信号的大小性质、变化状态、电路的短路和断路、电阻值变化等,从而判断出故障原因。因此要求维修人员必须对整个系统或每个电路的工作原理有清楚的了解。

17. 用可编程控制器进行 PLC 中断状态分析法

可编程控制器发生故障时,可以中断堆栈的方式记忆,使用编程控制器可以在系统停止状态下,调出中断堆栈,按其所指示的原因,查明故障之所在。在可编程控制器的维修中,这是最常用、最有效和快速的方法。数控机床是机、电、液、光等技术的结晶,所以在诊断中应紧紧抓住微电子系统与机、液、光等装置的交接节点,这些节点是信息传输的焦点,对故障诊断会大有帮助,可以很快初步判断出故障发生的区域,如故障可能是数控系统,PLC,MT 及液压系统等的哪一侧,以缩小检查范围。

5.2.2 数控机床常见故障处理案例

1. 典型故障一

1）故障现象：系统没有报警，执行主轴旋转没有任何动作，诊断界面显示正在等待 M 功能。

2）故障原因：系统没有接收到主轴挡位信号。

3）检查与处理（表5-1）。

表5-1 系统没有接收到主轴挡位信号的检查与处理

序号	检查步骤和方法	判断标准	处理方法
1	在MDI模式执行换挡指令，主轴来回摆动，循环启动指示灯常亮	检查换挡电磁阀是否有动作	电磁阀线圈得电，阀芯无动作，清洗阀芯
2	换挡液压缸动作到位，齿轮啮合正常，主轴仍然来回摆动	检查高、低挡到位信号，在PMC界面进行状态监控	高、低挡均没有变化，系统没有获得换挡到位信号
3	停止状态下，在电柜输出端子检测高、低挡到位信号是否有直流24V电源	没有检测到直流24V电源	挡位检测开关回路中有断点，找出断点处理好即可
4	线路确定没有问题，系统执行换挡依旧不能完成	挡位检测开关已经被撞块压住	更换挡位检测开关

2. 典型故障二

1）故障现象：主轴9073报警——电动机传感器断线。

2）故障原因：电动机传感器的反馈信号断线（连接器JYA2）；电动机速度环编码器异常；连接电缆损坏；功率模块控制卡损坏。

3）检查与处理（表5-2）。

表5-2 主轴9073报警——电动机传感器断线的检查与处理

序号	检查步骤和方法	判断标准	处理方法
1	启动机床，进入主轴监控界面，确定当前主轴是在速度环模式下运行，以及相应的控制输入信号/控制输出信号正常	正常运行时输入信号：SFR MRDY * ESP 正常运行时输出信号：SAR	参照FANUC维修手册主轴篇，检查主轴的相关信号
2	在主轴静止时，手动旋转主轴，观察监控界面中电动机速度、主轴速度的变化情况	主轴监控界面可以正常显示主轴转速	检查主轴速度传感器连接电缆，调整传感器探头检查距离（0.3mm）
3	将主轴倍率由低到高，在手动模式下多次操作主轴启动、停止，此操作过程要快	主轴可以按照设定的转速进行调整，准确地显示转速，驱动单元功率正常	调整传感器检查距离在0.3mm，清理主轴控制板，反复试验主轴（高、低速及正、反转运行）
4	断开速度环接头，检查连接电缆；短接THR1、THR2信号（温度传感），手动模式下启动主轴，关注转动情况	自动模式启动主轴，立即出现报警，主轴功率模块显示73	此操作即可准确地判断故障出在传感器，更换主轴电动机传感器

3. 典型故障三

1) 故障现象：按系统液压键，指示灯一直在闪，或系统始终无压力。

2) 故障原因：液压系统或液压回路出现问题。

3) 检查与处理（表 5-3）。

表 5-3 液压系统或液压回路出现问题的检查与处理

序号	检查步骤和方法	判断标准	处理方法
1	检查液压油箱油位是否正常	观察油窗，查验油位是否介于高低位之间	若低于正常要求，则加注液压油
2	启动液压系统，观察液压泵电动机是否正常，松动出油口油管接头，启动系统观察是否有油液流出	检查泵电动机，进电是否正常，符合要求	若无电源，检查泵供电电源
2		若无油液流出，检查泵及电动机连接状况	执行步骤3
3	泵出口无油液，电动机起动一切正常，拆卸出电动机和泵，检查泵和电动机联轴器是否完好，检查泵内泄状况	联轴器损坏	更换联轴器
3		泵有内泄	更换泵
4	启动系统，压力值低于要求值	压力表显示值低于要求值	参考液压图，调节溢流阀
4	不论如何调节溢流阀，指针都无法达到要求值	压力表读数低于要求值	清洗阀组，检查接表处液压管路
5	清洁阀组后，泵的出油口有压力油流出，清洗阀组后压力表读数没有大的变化	表无泄漏，读数，如步骤4	更换接表处液压管路
5		管路正常，读数，如步骤4	更换压力表
6	系统有压力且压力达到规定的压力值，液压键仍一直在闪烁，无动作	压力表读数正常，无动作	检查回路上的压力继电器，接下步
6	对照图样，参看 PLC 状态表，检查回路上压力继电器的信号点是否正常	信号点无输出	检查继电器及线路是否正常
6		信号点正常	检查回油管管路是否有堵塞，或负载有无卡死
7	若上述问题均正常，则检查动作液压缸有无损坏	查看油缸有无漏液压状况	若漏油则更换动作液压缸

4. 典型故障四

1) 故障现象：集中润滑油泵压力低。

2) 故障原因：油位过低，自动润滑机故障。

3) 检查与处理（表 5-4）。

表 5-4 油位过低，自动润滑机故障的检查与处理

序号	检查步骤和方法	判断标准	处理方法
1	检查自动润滑机油位是否正常	观察油窗，查验油位是否介于高、低位之间	若低于正常要求，则加注液压油
2	检查自动润滑机压力开关是否打开	观察润滑机球阀是否打开	若关闭，则打开球阀
3	按自动润滑机上的手动打油键，观察压力表有无变化，有油液流出	压力表指针有变化	检查打油时间参数并调整
3		压力表指针无变化	检查自动润滑机是否正常，见步骤4

(续)

序号	检查步骤和方法	判断标准	处理方法
4	检查自动润滑机供电是否正常,输入、输出端子电压有无异常	万用表数值无变化	更换自动润滑机
		万用表数值有变化	更换相应损坏配件

5. 典型故障五

1) 故障现象:按尾座前进/后退键或踩脚踏开关,尾座都无任何动作。
2) 故障原因:系统无压力,尾座卡死,电磁阀未工作,线路故障等。
3) 检查与处理(表5-5)。

表5-5 系统无压力,尾座卡死,电磁阀未工作,线路故障等的检查与处理

序号	检查步骤和方法	判断标准	处理方法
1	检查系统压力是否正常	查看系统压力表指示是否达到规定压力值	若达到规定压力值,则进行下一步;若未达到,则参照故障一的处理方法
2	按住尾座前进/后退键,查看PLC中信号状态点是否接通	观察PLC中信号状态表变化	若无变化,则检查电磁阀供电线路;若有变化,则进行步骤4
3	按住尾座前进键,步骤2无问题,尾座依旧无动作	拆开尾座端口液压缸进油管,观察有无油液流出	若有油液流出,尾座卡死,则拆卸后重新装配尾座;若无油液流出,则进行步骤4
4	检查进油管路有无破损、漏油,电磁阀的阀芯有无堵塞	沿管路检查油管有无破损	若破损则更换液压油管
		用尖角戳下阀芯,有无动作	若无动作,则拆下电磁阀清洗。若清洗后故障依旧,则更换电磁阀

6. 典型故障六

1) 故障现象:工件表面存在振刀纹。
2) 故障原因:刀片损坏,机床主轴跳动过大,X、Y轴存在间隙。
3) 检查与处理(表5-6)。

表5-6 刀片损坏,机床主轴跳动过大,X、Y轴存在间隙的检查与处理

序号	检查步骤和方法	判断标准	处理方法
1	更换新的刀片进行车削	观察工件表面有无振纹	若无振纹,则是刀片问题;若无振纹则进行下一步骤
2	用手操作主轴,感觉有无卡死等现象	轴承有明显死点	更换主轴轴承
	用百分表测主轴,检查主轴的径向圆跳动	观察百分表读数变化,超过0.02mm不合格	若径向圆跳动过大,则更换主轴轴承
3	用百分表测Y轴丝杠端头,观察有无反向间隙;用百分表测床身,移动Y轴,观察闭环状态下的Y轴的重复定位	观察百分表读数,反向间隙不超过0.02mm	若间隙过大,则调整丝杠
		观察百分表读数,重复定位精度不超过0.02mm	若重新定位精度超差,则在参数中进行定位补偿
4	用百分表测X轴丝杠端头,观察有无反向间隙;用百分表测床身,移动X轴,观察闭环状态下的X轴的重复定位	观察百分表读数,反向间隙不超过0.02mm	若间隙过大,则调整丝杠
		观察百分表读数,重复定位精度不超过0.02mm	若重新定位精度超差,则在参数中进行定位补偿

7. 典型故障七

1）故障现象：急停。

2）故障原因：系统内部产生急停故障（来自 PLC 检测到急停开关被压下或检测到进给轴超二级硬限位，或与二级硬限位相关的连线、限位开关、I/O 输入点不正常等）。

3）检查与处理（表 5-7）。

表 5-7　系统内部产生急停故障的检查与处理

序号	检查步骤和方法	判断标准	处理方法
1	由系统内部产生的报警	—	详见伴随产生的其他报警说明
2	由外部急停开关引发的报警，检查外部急停 I/O 输入点信号	显示不为 1	检查与该点相关的急停开关及连线
		正常为 1	执行步骤 3
3	由硬限位开关引发的报警，检查硬限位输入点	显示不为 1	检查与该点相关的限位开关的连线
		显示为 1	先把操作面板上的进给倍率开关调小，选择 JOG 方式，选要移动的轴开关，按下操作面板上的"超程解除"按键，同时按住与超程方向相反的方向键+(或-)，将超程轴反向移开，按故障确认键和复位键，消除报警号
4	其他原因造成的	—	按处理方法排除故障后，按故障确认键和复位键，消除报警号

5.2.3　数控机床的日常维护保养

1. 数控机床日常维护要求

1）操作设备前，操作者应经过培训和考试，并持有该设备操作证，应熟悉该机床操作系统、编程和基本结构、性能，否则禁止操作该机床。

2）开机前和开机后，应严格按照点检卡的内容进行检查。每班班前让机床试运行 10min 以上。

3）日常维护保养项目见表 5-8。

表 5-8　日常维护保养项目

项目	部位、工具、方法和标准	作业者	时间
整理清洁	清扫机床内部、周围的切屑、杂物、油和切削液等，要求机床内部、沟缝和周围无切屑、污物	操作者	每班（班后）
	用棉纱擦拭干净工、刃、量具，机床附件等物件，摆放整齐，不得放在设备上	操作者	每班
	用棉纱擦拭设备及其配套电源柜、液压站、油冷机、排屑器等外表面	操作者	每班
	用水清洗干净机柜空调、油冷机的过滤网	操作者	每 3 天
	用棉纱沾水或清洁剂擦拭机床及其配套电源柜、液压站、油冷机、排屑器等所有外表面及死角、沟缝，要求内外清洁干净，无锈蚀、无黄渍，漆见本色、铁见光	操作者	周末

(续)

项目	部位、工具、方法和标准	作业者	时间
检查	检查刀片、刀具应合格,按工艺规定合理选择刀具、进刀方向、吃刀量、进给量、主轴转速	操作者	每班
	每班开工前,观察风压、夹持力在正常压力范围内,液压站油位在正常位置	操作者	每班
	每班开工前观察 X、Y、Z 轴回零位置值应无大的变化,观察各指示灯工作正常,观察设备运转声音正常	操作者	每班
润滑	观察自动润滑站油位是否在正常位置,不足时应通知油润滑工加油。观察用油量,若油位每天基本不下降,应通知维修	操作者	每班
	清洁完后,对防护拖板滴均匀薄油并开动机床让拖板来回移动润滑	操作者	周末
调整紧固	用扳手检查并紧固工件、工装夹具、刀具、刀片、防护门和所有松动螺钉	操作者	每班
其他	下班前切断机床和稳压电源总电源	操作者	每班
	不允许戴手套操作按键按钮和手轮,不得敲打和用力挤压操作面板和便携式手轮盒	操作者	每班
	加工铸铁件后,必须将工作台、排屑器等清扫干净才能加切削液。检查并更换切削液,按规定配置,加水时应监视,不得溢出	操作者	每班
	在机床上拆装工件时,要手扶、慢吊并全程观察,防止碰、刮伤设备	操作者	每班

2. 与数控机床维护相关的注意事项

(1) 存储器后备电池的更换　当存储器后备电池需更换时,必须由接受过安全和专业维修培训的人员进行。更换时,请注意不要触及高压电路,以免遭到电击伤害。

> **注意**:数控系统使用电池来保持存储器中的内容,因为外部电源切断时必须保护诸如程序、偏置和参数等数据。当出现电池电压过低的报警时,请在一个星期之内更换电池,否则数控系统内存中的内容就会丢失。

(2) 绝对脉冲编码器电池的更换　当绝对脉冲编码器电池需更换时,必须由接受过安全和专业维修培训的人员进行。更换时,请注意不要触及高压电路,以免遭到电击伤害。

> **注意**:绝对脉冲编码器使用电池来保持其绝对位置信息。如果电池电压降低,会在机床的操作面板或屏幕上显示电压报警。当出现电池电压过低的报警时,请在一个星期之内更换电池,否则数控系统内存中的内容就会丢失。

(3) 熔丝的更换　在更换烧断的熔丝之前,请查明原因并排除熔丝烧断的故障,必须是接受过安全和专业维修培训的人员才能进行更换。当打开电气柜更换熔丝时,请注意不要触及高压电路,以免遭到电击伤害。

第 2 篇

技能知识篇

第6章
宏程序编程案例

☺ 学习目标：
1. 熟悉宏程序编程的基本要求。
2. 掌握各种轮廓的宏程序编制思路。
3. 掌握各种轮廓的宏程序编制方法。
4. 熟练掌握宏程序的应用技巧，并将其运用到工作中。

6.1 椭圆加工编程

6.1.1 椭圆参数方程

椭圆与圆很相似，不同之处在于椭圆有不同的 X 和 Y 轴半径，而圆的 X 和 Y 轴半径是相同的。在数学中，椭圆是平面上到两个固定点的距离之和，是同一个常数点的轨迹，这两个固定点叫作焦点。椭圆是圆锥曲线的一种，即圆锥与平面的截线。椭圆的标准方程为

$$x^2/a^2 + y^2/b^2 = 1$$

式中，$a>0$，$b>0$ 且 $a \neq b$，a、b 中较大者为椭圆长半轴长，较短者为短半轴长。

椭圆的参数方程为

$$x = a\cos\theta,\ y = b\sin\theta$$

> **注意**：在以角度作为步距值编写椭圆宏程序时，往往不小心就进入了一个误区，即把椭圆上的某点所对应的中心角 α 当作该点所对应的离心角 θ，导致编程错误。

椭圆上离心角 θ 和中心角 α 如图 6-1 所示。

如图 6-1 所示，经椭圆中心 O 作两个圆，半径分别是椭圆长半轴长度 a 和短半轴长度 b，经椭圆上的任意一点 M 作 X 轴的垂线，交 X 轴的垂足为 N，反向延长后交半径为椭圆长半轴长度 a 的大圆于 A 点，连接 OA，交半径为椭圆短半轴长度 b 的小圆于 B 点，连接 BM，$\angle AMB = 90°$，则有：

$$\tan\theta = \frac{AN}{ON},\ \tan\alpha = \frac{MN}{ON}$$

因为 △ABM ∽ △AON，所以

$$MN/AN = BO/AO = b/a$$

推出：$\tan\theta = a\tan\alpha/b$

式中，离心角 θ 和中心角 α 在同一象限，$\alpha \neq 90°$、$270°$。

长期以来，在椭圆的认知上都存在一个很大的误区：认为只要刀具中心的移动轨迹是椭圆，加工出来的内/外轮廓也必然是椭圆，这一点对于圆来说毫无疑问是正确的，但对于椭圆来说则未必如此。由这个错误的认知而编写的椭圆宏程序也必然是错误的。通常，检查椭圆是否合格，都是去测量其长轴和短轴的长度，认为只要这两处尺寸正确，轮廓就是椭圆了，而这两个尺寸正好与图样标注尺寸一致，导致错误不容易被发现，虽然错误阴差阳错地被忽略了，但错误毕竟还是错误，利用数字计算来指导实践，通过三坐标测量即可发现。

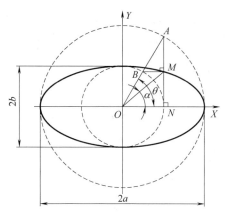

图 6-1 椭圆上离心角 θ 和中心角 α

为了避免这种错误，刀具中心移动轨迹就必然不是椭圆，而是偏移曲线，在加工时必须使用刀具半径补偿。

对于椭圆标准方程及其偏移方程，加工其内轮廓，对刀具半径值有限制，椭圆内轮廓上的各个点，在其长轴处两点的曲率半径最小，为短半轴的平方/长半轴，若刀具加工该处，要满足刀具半径≤短半轴的平方/长半轴；加工外轮廓时，对刀具半径值无限制。

虽然刀具直径在椭圆外轮廓加工时没有限制，但仍可能受限于其他因素。

椭圆外轮廓加工刀路示意图如图 6-2 所示，A 点为起刀点；AB 刀路为启动刀半径补偿刀路；BC 刀路为切向进刀刀路；CF 刀路为切向退刀刀路，与 BC 刀路对称；FG 刀路为取消刀补半径补偿刀路，与 AB 刀路对称。椭圆外轮廓精加工程序见表 6-1。

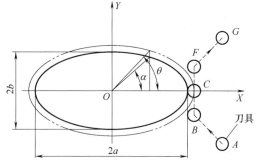

图 6-2 椭圆外轮廓加工刀路示意图

表 6-1 椭圆外轮廓精加工程序

	O0001 程序内容	程序说明
N10	#1 = A；	椭圆长半轴长度 a，$a>0$
N20	#2 = B；	椭圆短半轴长度 b，$b>0$
N30	#3 = θ；	长半轴与 X 轴夹角，离心角 θ
N40	#4 = 0.1；	离心角每次变量
N50	#5 = M；	G 点 X 坐标值
N60	#6 = N；	G 点 Y 坐标值

(续)

O0001 程序内容		程序说明
N70	#7 = L;	F 点 X 坐标值
N80	#8 = S;	F 点 Y 坐标值
N90	#9 = Z;	椭圆外轮廓 Z 向切深
N100	G54 G90 G49 G40 G80 G17;	程序初始化
N110	T01 M06;	换 1 号刀
N120	G00 X#5 Y-#6;	快速定位至起到点 A
N130	G43 Z100.0 H01;	建立 1 号刀具长度补偿
N140	M03 S2000;	主轴正转
N150	Z#9;	Z 向下刀
N160	G42 G01 X#7 Y-#8 D01 F300.0;	建立 1 号刀具半径补偿
N170	X#1 Y0;	切向进刀至 C 点
N180	#3 = #3+#4;	长半轴与 X 轴夹角,离心角
N190	#10 = #1 * cos#3;	计算 X 轴坐标值
N200	#11 = #2 * sin#3;	计算 Y 轴坐标值
N210	G01 X#10 Y#11;	直线拟合加工椭圆
N220	IF [#3 LE 360] GOTO 180;	如果离心角小于等于360°,就跳转至 N180 程序段
N230	G01 X#7 Y#8;	切向退刀移动至 F 点
N240	G40 X#5 Y#6;	取消刀具半径补偿值移动至 G 点
N250	G00 G49 Z300.0;	取消刀具长度补偿值, Z 向退刀至 300.0
N260	M05;	主轴停止
N270	M30;	程序结束

6.1.2 椭圆内轮廓加工

椭圆内轮廓加工对刀具半径值有限制,椭圆内轮廓上的各个点,在其长轴处两点的曲率半径最小,为短半轴的平方/长半轴,若刀具加工该处,要满足刀具半径≤短半轴的平方/长半轴。内轮廓加工前应先加工以短半轴为半径的孔,再去除毛坯,然后精加工。

椭圆内轮廓加工刀路示意图如图 6-3 所示, O 点为起刀点、编程零点;OA 刀路为启动刀具半径补偿刀路;AB 圆弧为 R10 的 1/4 圆弧切向进刀刀路;BC 圆弧为 R10 的 1/4 圆弧切向退刀刀路,与 AB 圆弧对称;CO 刀路为取消刀具半径补偿刀路,与 OA 刀路对称。椭圆内轮廓精加工程序见表 6-2。

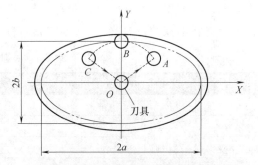

图 6-3 椭圆内轮廓加工刀路示意图

表 6-2 椭圆内轮廓精加工程序

	O0002 程序内容	程序说明
N10	#1 = A;	椭圆长半轴长度 a,$a>0$
N20	#2 = B;	椭圆短半轴长度 b,$b>0$
N30	#3 = 90;	长半轴与 X 轴夹角,离心角从 90°开始
N40	#4 = 0.1;	离心角每次变量
N50	#5 = M;	A 点 X 坐标值
N60	#6 = N;	A 点 Y 坐标值
N70	#7 = 5;	刀具半径
N80	#8 = 10;	圆弧进刀 R 值
N90	#9 = Z;	椭圆内轮廓 Z 向切深
N100	G54 G90 G49 G40 G80 G17;	程序初始化
N110	T01 M06;	换 1 号刀
N120	G00 X0 Y0;	快速定位至起到点
N130	G43 Z100.0 H01;	建立 1 号刀具长度补偿
N140	M03 S2000;	主轴正转
N150	Z5.0;	Z 向快速下刀至 Z5.0
N160	G01 Z#9 F50.0;	Z 向下刀
N170	G41 G01 X#5 Y#6 D01 F300.0;	建立 1 号刀具半径补偿
N180	G03 X0 Y[#2-#7] R#8;	圆弧切向进刀至 B 点
N190	#3 = #3+0.1;	长半轴与 X 轴夹角,离心角从 90°开始
N200	#10 = #1 * cos#3;	计算 X 轴坐标值
N210	#11 = #2 * sin#3;	计算 Y 轴坐标值
N220	G01 X#10 Y#11;	直线拟合加工椭圆
N230	IF [#3 LE 360] GOTO 190;	如果离心角小于等于 360°,就跳转至 N190 程序段
N240	#3 = 0;	长半轴与 X 轴夹角,离心角从 0°开始
N250	#10 = #1 * cos#3;	计算 X 轴坐标值
N260	#11 = #2 * sin#3;	计算 X 轴坐标值
N270	G01 X#10 Y#11;	切向退刀移动至 F 点
N280	G40 X#5 Y#6;	取消刀具半径补偿值移动至 G 点
N290	IF [#3 LE 90] GOTO 250;	如果离心角小于等于 90°,就跳转至 N250 程序段
N300	G03 X-#5 Y#6 R10;	圆弧切向退刀至 C 点
N310	G01 G40 X0 Y0;	取消刀具半径补偿值移动至 O 点
N320	G00 G49 Z300.0;	取消刀具长度补偿值,Z 向退刀至 300.0
N330	M05;	主轴停止
N340	M30;	程序结束

6.2 正多边形外斜面加工编程

6.2.1 正多边形外斜面加工的类型

正多边形外形轮廓斜面宏程序，用立铣刀或 90°盘铣刀实现边数为 n 边的外轮廓，如图 6-4 所示。若切削宽度大，应采用 90°盘形铣刀从上往下逐层加工；若铣削深度与刀具直径的比值较小，刀具刚性好，则可采用立铣刀以顺铣方式从下往上加工逐层加工。本书主要讲解以立铣刀实现边数为 n 边的外轮廓，自下而上环绕分层加工出周边斜面的编程方法。

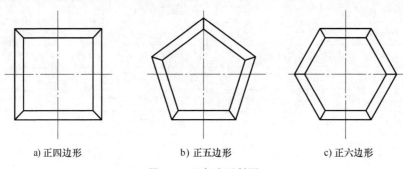

a) 正四边形　　　　b) 正五边形　　　　c) 正六边形

图 6-4　正多边形斜面

通过控制多边形中心与其中一顶点的连线与水平方向的夹角，加工出不同摆放位置的正多边形。为编程方便，将编程起始点，即多边形的一个顶点放在 X 水平轴上，假如顶点没有在水平轴上，需要使用 G68 坐标系旋转指令，旋转角度为多边形中心与其中一顶点的连线与水平方向 X 的夹角。

6.2.2 采用平底立铣刀加工正多边形斜面

现以五边形为例介绍采用平底立铣刀加工正多边形斜面的方法，如图 6-5 所示。工件坐标系设在多边形中心的上平面，采用立铣刀分层加工需要不断变化 Z 坐标值，所以不适合用刀具半径补偿，宏程序采用刀具中心点编程。编程起始点为 X 轴上的 A 点，采用 G16 指令进行极坐标旋转，以顺铣方式，用 G01 直线插补指令，沿 $A \to B \to C \to D \to E \to A$ 点完成一层加工后，由下而上逐层加工。

已知：圆心角 α 为#1（$\alpha = 360/n$），刀具半径为#2，斜面高度为#3，斜面角度为#4，底层外接圆半径为#5，需要系统自行计算弦高、弦长和其中一顶点 A 的坐标点，然后逐层计算加工。采用平底立铣刀加工正多边形斜面程序见表 6-3。

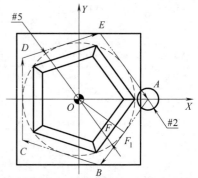

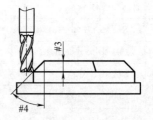

图 6-5　采用平底立铣刀加工正多边形斜面示意图

表 6-3　采用平底立铣刀加工正多边形斜面程序

	O0003 程序内容	程序说明
N10	#1 = α = 360/n;	圆心角
N20	#2 = ;	刀具半径（平底立铣刀）
N30	#3 = ;	斜面的高度尺寸值
N40	#4 = ;	斜面与垂直面的夹角
N50	#5 = ;	正多边形底部外接圆的直径
N60	#6 = 0;	斜面高度从底部向上的自变量值,初始值为 0
N70	#8 = 0;	OA 与水平 X 轴的正向夹角（正三角形为 90°,正四边形为 45°,正六边形为 0°,本例题为 0°）
N80	#9 = 1;	极坐标变化次数变量,初始值为 1
N90	G17 G54 G90 G40 G49 G15 G69;	程序初始化
N100	T01 M06;	换 1 号刀具,刀具半径为#2
N110	G00 X0 Y0;	快速走到坐标零点
N120	G68 X0 Y0 R#8;	假如顶点 A 不在 X 轴上,需要使用坐标系旋转指令
N130	G43 Z100.0 H01;	建立刀具长度补偿,快速定位至 Z100.0
N140	M03 S3000;	主轴以 3000r/min 的速度正转
N150	Z5.0;	快速靠近工件上表面
N160	G00 X[#5+10] Y0;	快速走到正多边形底部外接圆外侧 10mm 处,保证安全下刀
N170	G90 G01 Z[#6-#3] F300.0;	下刀到斜面底部,自下而上加工
N180	#7 = #6 * tan#4;	正多边形底部弦高的变化值,随#6 的变化而变化
N190	#9 = 1;	正多边形边数计数器,每层初始值均为 1
N200	#10 = cos[#1/2] * #5−#7;	正多边形底部的弦高 OF 减弦高变化值
N210	#11 = #10+#2;	正多边形底部刀路弦高 OF_1,以此计算 OA
N220	#12 = #11/cos[#1/2];	刀路外接圆半径 OA
N230	G16 G01 X#12 Y0 F2000.0;	极坐标旋转
N240	G91 Y−#1;	增量坐标系顺时针加工正多边形刀路
N250	#9 = #9+1;	正多边形边数计数器,每次增加 1
N260	IF [#9 LE n] GOTO 240;	条件跳转语句,计数器小于 n（n 为多边形边数）时,跳转至 N240 程序段
N270	#6 = #6+0.1;	斜面高度为自变量,步距为 0.1
N280	IF [#6 LE #3] GOTO 170;	斜面高度自变量#6 小于斜面高度#3 时,跳转至 N170 程序段
N290	G69 G15;	取消坐标系旋转和极坐标
N300	G49 G28 G91 Z0;	取消长度补偿,Z 向回设备参考点
N310	M05;	主轴停止
N320	M30;	程序结束

6.2.3 采用球头立铣刀加工正多边形斜面

采用球头立铣刀(以下简称球刀)加工和平底立铣刀略有差异,使用球头立铣刀加工时,刀位点一般在球心位置或是刀尖位置,但是加工正多边形斜面时,实际刀位点的 Z 向坐标值和刀具的有效半径值受到斜面倾斜角#4 的影响,根据编程刀位点,Z 向需向下或向上偏移一定距离;刀具有效直径受倾斜角的影响,应小于刀具半径。

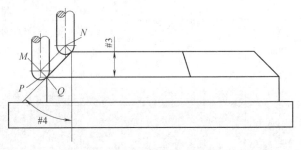

图 6-6 采用球头立铣刀加工正多边形斜面示意图

采用球头立铣刀加工正多边形斜面示意图如图 6-6 所示。可以看出刀点位和刀具直径和倾斜角的关系为∠PQM=#4。刀具 Z 向刀位点设置在球刀球心点上,其 Z 向坐标需向上偏移的距离为 PM=#20=#2*sin#4;刀具实际半径和倾斜角的关系是:刀具实际半径 PQ=#21=#2*cos#4。只需要将刀具实际半径和刀位点 Z 向偏移量带入到立铣刀程序内,即可完成球头立铣刀加工正多边形斜面。采用球头立铣刀加工正多边形斜面程序见表 6-4。

表 6-4 采用球头立铣刀加工正多边形斜面程序

	O0003 程序内容	程序说明
N10	#1=α=360/n;	圆心角
N20	#2=;	刀具半径(球头立铣刀)
N30	#3=;	斜面的高度尺寸值
N40	#4=;	斜面与垂直面的夹角
N50	#5=;	正多边形底部外接圆的直径
N60	#6=0;	斜面高度从底部向上的自变量值,初始值为 0
N70	#8=0;	OA 与水平 X 轴的正向夹角(正三角形为 90°,正四边形为 45°,正六边形为 0°,本例题为 0°)
N80	#9=1;	极坐标变化次数变量,初始值为 1
N90	G17 G54 G90 G40 G49 G15 G69;	程序初始化
N100	T02 M06;	换 2 号刀具,刀具半径为#2
N110	G00 X0 Y0;	快速走到坐标零点
N120	G68 X0 Y0 R#8;	假如顶点 A 不在 X 轴上,需要使用坐标系旋转指令
N130	G43 Z100.0 H01;	建立刀具长度补偿,快速定位至 Z100.0
N140	M03 S3000;	主轴以 3000r/min 的速度正转
N150	Z5.0;	快速靠近工件上表面
N160	G00 X[#5+10] Y0;	快速走到正多边形底部外接圆外侧 10mm 处,保证安全下刀
N170	G90 G01 Z[#6-#3+#20] F300.0;	下刀到斜面底部,刀具向上偏移 PM 距离
N180	#7=#6*tan#4;	正多边形底部弦高的变化值,随#6 的变化而变化

(续)

	O0003 程序内容	程序说明
N190	#9 = 1;	正多边形边数计数器,每层初始值均为 1
N200	#10 = cos[#1/2] * #5-#7;	正多边形底部的弦高 OF 减弦高变化值
N210	#11 = #10+#2;	正多边形底部刀路弦高 OF_1,以此计算 OA
N220	#12 = #11/cos[#1/2];	刀路外接圆半径 OA
N230	G16 G01 X#12 Y0 F2000.0;	极坐标旋转
N240	G91 Y-#1;	增量坐标系顺时针加工正多边形刀路
N250	#9 = #9+1;	正多边形边数计数器,每次增加 1
N260	IF [#9 LE n] GOTO 240;	条件跳转语句,计数器小于 n(n 为多边形边数)时,跳转至 N240 程序段
N270	#6 = #6+0.1;	斜面高度为自变量,步距为 0.1
N280	IF [#6 LE #3] GOTO 170;	斜面高度自变量#6 小于斜面高度#3 时,跳转至 N170 程序段
N290	G69 G15;	取消坐标系旋转和极坐标
N300	G49 G28 G91 Z0;	取消长度补偿、Z 向回设备参考点
N310	M05;	主轴停止
N320	M30;	程序结束

注意:

1) 加工正多边形斜面时,各个斜面倾斜角度应一致,否则面与面之间的交点不易计算。假如斜面角度不同,各个斜面可单独加工。

2) 对于高精度的正多边形斜面,可以先用平底立铣刀进行粗加工,再用球刀进行高速精加工。

3) 采用以上方法可以完成多边形和多边形斜面的加工,只需对应各个变量参数,输入图样所要求的图形参数和刀具参数,即可完成加工。

6.3 圆球面加工编程

球面加工是数控铣最常用的曲面加工,多用于孔口凸圆角、半球加工及凹球面加工等。三轴或两轴半机床在加工时,需要采用拟合加工,以若干个不同直径的圆,按照球面的规律进行变化来加工出曲面。球面在同一高度时,x 和 y 轴的半径是相同的,那么只需在合适的高度,以 G02、G03 圆弧指令,采用 I、J、K 编程格式进行整圆加工即可。在数学中,圆是指在一个平面内,一动点以一定点为中心,以一定长度的距离旋转一周所形成的封闭曲线。圆的标准方程是

$$(x-a)^2+(y-b)^2=r^2$$

式中,a、b 分别为圆心的 x、y 轴坐标;r 为半径。

6.3.1 外球面加工

外球面精加工时,可采用从上到下逐层精加工,也可采用 Z 向分层,还可采用定角度分层加工。加工球面时可采用立铣刀加工,也可采用球头立铣刀加工,根据零件自身形状和加工要求进行合理选择。首先分析讲解立铣刀以角度分层加工,再分析讲解球头立铣刀加工球面。

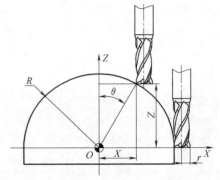

图 6-7 采用平底立铣刀加工外球面示意图

1. 平底立铣刀加工外球面

以若干个不等半径的圆来替代曲面进行加工,采用平底立铣刀加工外球面示意图如图 6-7 所示。已知球面半径为 R,刀具半径为 r,角度变量为 θ。

以球面中心为工件坐标系原点(编程零点),采用平底立铣刀加工外球面的精加工程序见表 6-5。

表 6-5 采用平底立铣刀加工外球面的精加工程序

O0004 程序内容	程序说明
N10	#1 = θ = 0;	θ 的范围为 0°~90°,设定初始值为 0°
N20	#2 = R;	球面半径值
N30	#3 = r;	刀具半径值
N40	G17 G54 G90 G40 G49 G15 G69;	程序初始化
N50	T01 M06;	换 1 号刀具
N60	G00 X0 Y0;	快速移动到坐标零点
N70	G43 Z100.0 H01;	建立刀长度补偿,快速定位至 Z100.0
N80	M03 S3000;	主轴以 3000r/min 的速度正转
N90	Z5.0;	快速靠近工件上表面
N100	#4 = X = sin[#1] * #2+#3	X 方向坐标值
N110	#5 = Z = cos[#1] * #2	Z 方向坐标值
N120	G01 X[#4] F3 000.0	直线进刀至 X 坐标
N130	Z[#5] F300.0	直线进刀至 Z 坐标
N140	G02 I[-#4] F3 000.0	以 X 坐标值为半径加工球面
N150	#1 = #1 + 1	角度变量,每次增加 1°
N160	IF [#1 LE 90] GOTO 100	条件跳转语句,当#1 小于等于 90°,就跳转至 N100 程序段
N170	G00 G49 Z300.0	加工结束,抬刀取消长度补偿
N180	M05;	主轴停止
N190	M30;	程序结束

2. 球头立铣刀加工外球面

使用球头立铣刀加工时,需要以刀心的轨迹编程,刀具所走的球面半径=实际球面半径

R+球刀半径 r。采用球头立铣刀加工外球面示意图如图 6-8 所示。同样,已知实际球面半径为 R,球刀半径为 r,角度变量为 θ。X、Z 坐标的计算方法如下:

#10 = #2+#3;　　　　刀心轨迹球面半径值
#4 = X = sin[#1] * #10;　　X 坐标值
#5 = Z = cos[#1] * #10;　　Z 坐标值

球头立铣刀加工程序和平底立铣刀程序类似,区别在于:球刀加工程序采用刀心的轨迹编程,走刀轨迹球面为实际球面半径+刀具半径的假设球面。

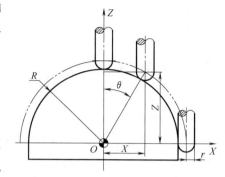

图 6-8　采用球头立铣刀加工外球面示意图

注意:外球面与底平面相接处如果没有圆角,就不能使用球刀加工,否则底平面会过切;如果相接处有圆角,则要根据圆角大小来选择球头立铣刀半径,并且球刀半径必须小于圆角。

6.3.2　内球面加工

内球面加工要根据实际情况选择刀具,完整的半球面,必须采用球头立铣刀加工,采用平底立铣刀加工存在过切问题,如图 6-9、图 6-10 所示。

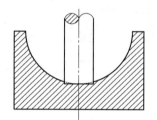

图 6-9　采用平底立铣刀加工完整的半球面

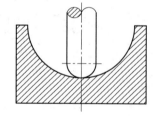

图 6-10　采用球头立铣刀加工完整的半球面

球头立铣刀加工内球面时,采用从上向下逐层切削的方式,圆弧刀路图为若干个水平反向的圆拟合成的圆弧。采用球头立铣刀加工内球面和加工外球面一样,都需要以刀心的轨迹编程,不同之处是刀具所走的球面半径=实际球面半径 R-球头立铣刀半径 r。采用球头立铣刀加工内球面示意图如图 6-11 所示,编程零点为球心点。同样,已知实际球面半径为 R,球头立铣刀半径为 r,角度变量为 θ。X、Z 坐标计算方法如下:

#1 = θ = 0;　　　　　θ 的范围为 0°~90°,设定初始值为 0°
#2 = R;　　　　　　实际球面半径值
#3 = r;　　　　　　球刀半径值
#10 = #2-#3;　　　　刀心轨迹球面半径值
#11 = -1;　　　　　Z 坐标为负值
#4 = X = cos[#1] * #10;　　X 坐标值
#5 = Z = sin[#1] * #10 * #11;　　Z 坐标值乘以 -1。

内球面加工和外球面加工类似,要刀具考虑刀具半径和起始角度,假如未粗加工,那么起始角度需要为负值,否则第一刀背吃刀量就等于球刀半径值,可能会出现质量事故。

6.3.3 球面加工案例

例 6-1 如图 6-12 所示,图样要求 $\phi 20mm$ 孔口倒 $R7.5$ 圆角,采用 $\phi 8mm$ 硬质合金平底立铣刀从下往上逐层加工,编程零点为零件上表面的孔中心位置,角度为自变量 θ。采用平底立铣刀加工圆角的精加工程序见表 6-6。

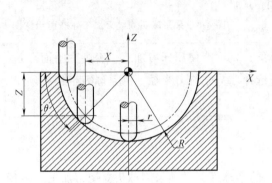

图 6-11 采用球头立铣刀加工内球面示意图

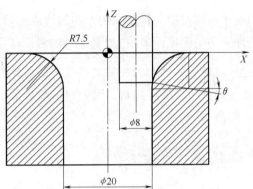

图 6-12 采用平底立铣刀加工圆角示意图

表 6-6 采用平底立铣刀加工圆角的精加工程序

	O0005 程序内容	程序说明
N10	G17 G54 G90 G40 G49;	程序初始化
N20	T01 M06;	换 1 号刀具
N30	G00 X0 Y0;	快速移动到坐标零点
N40	G43 Z100.0 H01;	建立刀具长度补偿,快速定位至 Z100.0
N50	M03 S3000;	主轴以 3000r/min 的速度正转
N40	Z5.0;	快速靠近工件上表面
N50	#1=θ=0;	θ 的范围为 0°~90°,设定初始值为 0°
N60	#2=7.5;	球面半径值
N70	#3=D/2=10;	孔半径
N80	#4=d/2=4;	刀具半径值
N90	#5=#3+#2;	圆角圆心到坐标零点 X 方向的距离
N100	#6=sin[#1]∗#2-#2;	Z 坐标
N110	#7=#5-[cos[#1]∗#2+#4];	X 坐标
N120	G01 Z[#6] F300.0;	Z 向进刀
N130	X[#7];	X 向进刀
N140	G03 I[-#7];	分层铣圆角
N150	#1=#1+1;	角度变量,每次增加 1°
N160	IF [#1 LE 90] GOTO 100;	条件跳转语句,当#1 小于等于 90°,就跳转至 N100 程序段
N170	G00 G49 Z300.0;	加工结束,抬刀取消长度补偿
N180	M05;	主轴停止
N190	M30;	程序结束

6.4 利用可编程零点偏置功能加工编程

6.4.1 局部坐标系（坐标平移）指令 G52

局部坐标系又称坐标系偏移、工件坐标系零点平移、临时坐标系或子工件坐标系，它允许在当前工件坐标系（即父工件坐标系）中使用独立的坐标系（即子工件坐标系），父工件坐标系可以定义任意多个子工件坐标系，这些子工件坐标系的参考基准是当前工件坐标系的原点。局部坐标系只是工件坐标系的补充，它不能代替原工件坐标系。

在用 G54~G59 六个坐标系指令编程时，为了方便编程，可在这六个坐标系中任何一个坐标系的基础上再增加一个工件子坐标系，而这个子坐标系称为局部坐标系。

G52 指令格式：

G54（G54~G59）G52 X __ Y __ Z __；　　设定局部坐标系

G54（G54~G59）G52 X0 Y0 Z0；　　恢复原坐标系

其中，X、Y、Z 为局部坐标系的原点在原工件坐标系中的位置，用 G90 绝对值指定。G52 X0 Y0 Z0 为取消局部坐标系，即把局部坐标系的原点又设定在原工件坐标系的原点处。此外，采用手动方式回机床零点的方法也能取消局部坐标系。G52 指令虽改变了工件坐标系原点，但刀具不移动。为了取消局部坐标系与在工件坐标系中标注的坐标值，应该让局部坐标系零点与工件坐标系零点重合，如图 6-13 所示。

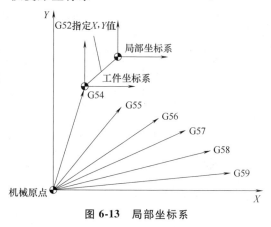

图 6-13 局部坐标系

6.4.2 局部坐标系指令 G52 的运用

例 6-2　加工 8 个四方体上的孔，工件厚度为 15mm，钻孔位置如图 6-14 所示。

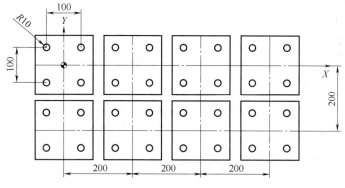

图 6-14 钻孔位置

选用刀具：T01 为 φ12mm 中心钻，T02 为 φ20mm 钻头。

用 G52 局部坐标系指令编程，程序见表 6-7~表 6-9。

表 6-7 主程序

O0001 程序内容	程序说明
N10	G91 G28 Z0;	Z 轴返回机械原点
N20	M06 T01;	调用 1 号刀具
N30	G54 G52 X0 Y0.;	恢复 G54 原坐标系
N40	G90 G0 G54 X50 Y50;	快速定位到 X50 Y50 的位置
N50	G0 G43 H01 Z20;	调用 1 号刀具，长度补偿值为 H01
N60	M3 S1000 M08;	主轴正转，切削液打开
N70	G81 G98 Z-5 R3 F100 K0;	调用 G81 循环钻孔指令。注意：这里只是调用 G81 循环钻孔指令，并不加工，所以要加上 K0
N80	M98 P0002	调用 O0002 号子程序 1 次
N90	G00 G80 Z20 M09;	取消钻孔循环指令，切削液关闭
N100	G91 G28 Z0.;	Z 轴返回机械原点
N110	M6 T02;	调用 2 号刀具
N120	G90 G00 G54 X50 Y50.;	快速定位到 X50 Y50 的位置
N130	G00 G43 H02 Z20.;	调用 2 号刀具，长度补偿值为 H01
N140	G83 Z-18 R3 Q4 F60 K0;	调用 G83 钻孔循环指令
N150	M98 P0002	调用 O0002 号子程序 1 次
N160	G00 G80 Z100.M09;	取消钻孔循环指令，切削液关闭
N170	G91 G28 Z0.;	Z 轴返回机械原点
N180	M05;	主轴停止
N190	M30;	程序结束

表 6-8 子程序 1

O0002 程序内容	程序说明
N10	G54 G52 X0 Y0 M98 P0003;	建立局部坐标系，坐标原点在第 1 个方框中心
N20	G54 G52 X200 Y0 M98 P0003;	建立局部坐标系，坐标原点在第 2 个方框中心
N30	G54 G52 X0 Y0;	恢复 G54 原坐标系
N40	G54 G52 X400 Y0 M98 P0003;	建立局部坐标系，坐标原点在第 3 个方框中心
N50	G54 G52 X0 Y0;	恢复 G54 原坐标系
N60	G54 G52 X600 Y0 M98 P0003;	建立局部坐标系，坐标原点在第 4 个方框中心
N70	G54 G52 X0 Y0;	恢复 G54 原坐标系
N80	G54 G52 X600 Y-200 M98 P0003;	建立局部坐标系，坐标原点在第 5 个方框中心
N90	G54 G52 X0 Y0;	恢复 G54 原坐标系
N100	G54 G52 X400 Y-200 M98 P0003;	建立局部坐标系，坐标原点在第 6 个方框中心
N110	G54 G52 X0 Y0;	恢复 G54 原坐标系

(续)

O0002 程序内容		程序说明
N120	G54 G52 X200 Y-200 M98 P0003;	建立局部坐标系,坐标原点在第7个方框中心
N130	G54 G52 X0 Y0;	恢复 G54 原坐标系
N140	G54 G52 X0 Y-200 M98 P0003;	建立局部坐标系,坐标原点在第8个方框中心
N150	M99;	返回主程序

表 6-9 子程序 2

O0003 程序内容		程序说明
N10	X50 Y50;	孔1位置
N20	X-50;	孔2位置
N30	Y-50;	孔3位置
N40	X50;	孔4位置
N50	G54 G52 X0 Y0;	恢复 G54 原坐标系
N60	M99;	返回子程序1

大师经验谈

1) 在指定新的 G52 指令前,G52 指令一直有效,且不移动。G52 指令可以不改变工件坐标系 (G54~G59) 的原点位置而任意设定加工的坐标系。

2) 在机床回参考点 (原点) 后,局部坐标系偏置将会被清除。

3) 重复执行 G52 局部偏置程序,会造成工件坐标系偏置叠加,所以在程序开头和程序结束时应增加取消局部坐标系偏置指令,即 G54 (G54~G59) G52 X0 Y0。

6.4.3 基准转换指令 G92

在铣削加工中,G92 称为刀具位置寄存器指令,其功能是设定工件坐标系。使用 G92 指令建立的工件坐标系与机床坐标系无关,因为 G92 指令设定的是从工件坐标系原点 (程序原点) 到刀具当前位置的轴向距离和方向,如图 6-15 所示。所谓的刀具当前位置,可能在机床坐标系原点 (机械原点),也可能在机床坐标轴行程范围内的其他位置上,其方向是从工件原点指向刀具当前位置。G92 指令只能用在绝对模式 (G90) 中。

G92 指令的编程格式:

G92 X __ Y __ Z __ ;

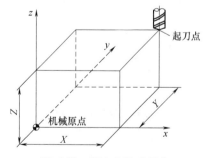

图 6-15 G92 坐标系示意

G92 指令唯一的目的就是将当前刀具位置存储到数控系统的刀具位置存储器中,所以程序中运行 G92 程序段时,系统只是建立了工件坐标系,而刀具并没有发生运动。

G92 设定工件坐标系的步骤:

通过对刀的方法找到工件坐标系的原点,然后将刀具刀位点放在工件坐标系的原点上。

在 MD 方式下输入（G90）G92 X0 Y0 Z0，按下机床操作面板上的"循环启动"键，工件坐标系被建立。

通过手动方式将刀具定位在加工起始点的位置上，即起刀点。例如在 MDI 方式下输入"G00 X100.0 Y-230.0 Z50.0"，按下机床操作面板上的"循环启动"键，刀具从工件原点移动到起刀点。

编程时，在换刀程序段之后编写"（G90）G92 X100.0 Y-230.0 Z50.0"程序段，将刀具当前的位置定义为工件原点到刀具当前位置的轴向距离和方向。

在开始加工前，必须手动将刀具移动到起刀点，即 X100.0 Y-230.0 Z50.0 的位置，才能顺利进行切削加工。

加工完毕后用程序段"G00 X100.0 Y-230.0 Z50.0"将刀具返回到起刀点。

机床断电关机后，用 G92 指令建立的坐标系会丢失，开机后必须重新对刀。因此在关机之前，先将刀具移动到起刀点，然后把相对坐标值清零，机床回零，记录各轴的相对坐标值，也就是找到机床原点到起刀点的实际距离。重新开机后，须进行机床回零操作，手动将刀具从机床原点移动到换刀点，移动的距离就是所记录的距离，参与加工的所有刀具都必须分别进行此操作。

6.4.4 基准转换指令 G92 的运用

例 6-3 基于图 6-16 所示的零件图，在机床工作台的两个独立位置上加工出工件 A 和 B，如图 6-17 所示。

图中，G92 X（A）表示从工件 A 的工件原点到机床原点的 X 方向距离，G92 Y（A）表示从工件 A 的工件原点到机床原点的 Y 方向距离。注意，这里的距离是从程序原点到机床原点的距离，可以在任何地方终止，但是必须从工件原点开始，要使用 G92 指令，就必须知道两个工件之间的距离。

工件 A　G92 X136.88 Y108.94 Z20;

工件 B　X-72.55 Y-57.56 Z0;　　　从工件 A 开始的距离

注意，工件 A 和工件 B 的 Z 值是一样的，因为两个工件使用同一把刀具。编写在两个位置上点钻四个孔的程序，见表 6-10。

表 6-10　程序

	O8001 程序内容	程序说明
N10	G21 G90 G80 G40 G49;	设备程序代码初始化
N20	G92 X136.88 Y108.94 Z20;	刀具在机床原点
N30	S1500 M03;	主轴正转,转速为 1500r/min
N40	M08;	切削液开
N50	G99 G82 X15 Y10 R0.1 Z-0.5 P200 F100;	刀具在工件 A 的第一个孔
N60	X40;	刀具在工件 A 的第二个孔
N70	Y30;	刀具在工件 A 的第三个孔

(续)

O8001 程序内容		程序说明
N80	X15;	刀具在工件 A 的最后一个孔
N90	G80 Z50;	抬刀
N100	G00 X0 Y0	回到工件 A 的工件原点（参考点）
N110	G92 X-57.55 Y-27.56;	在工件 A 的最后一个孔处设置
N120	G99 G82 X15 Y10 R0.1 Z-0.5 P200 F100;	刀具在工件 B 的第一个孔
N130	X40;	刀具在工件 B 的第二个孔
N140	Y30;	刀具在工件 B 的第三个孔
N140	X15;	刀具在工件 B 的最后一个孔
N150	G80 Z50;	抬刀
N160	G92 X-24.33 Y-21.38;	刀具到机床原点的距离
N170	G0 Z200 M09;	抬刀，切削液关闭
N180	X0 Y0;	刀具在机床原点
N190	M30;	程序结束并返回程序开头

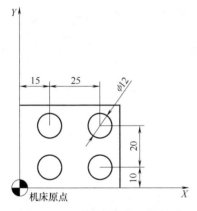

图 6-16 原点转换零件示意简图

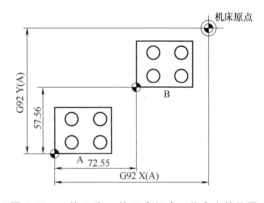

图 6-17 工件 A 和工件 B 在机床工作台上的位置

这里要对几个程序段进行说明，即程序段 N20、N110 和 N160，每个程序段都在某种程度上与当前刀具位置有关，所以一定要非常小心。如果不理解 G92 指令的计算原则，会给程序员带来许多麻烦。

每次程序执行时，切削刀具均从机床原点位置开始，同时在加工之前要安装在主轴上。程序段 N20 中确定了工件 A 的工件原点（参考点），刀具距离程序原点在 X 轴方向为 136.88mm，在 Y 方向为 108.94mm，程序段 N20 中设置的坐标反映了这一点。程序段 N110 中，刀具已经完成工件 A 最后一个孔的加工，并回到工件 A 的工件原点，再设置工件 B 的工件原点（参考点）。

程序段 N180 设置的工件原点（参考点）与机床原点重合，一旦在工件 B 最后一个孔处设置好当前刀具位置，就可以执行返回机床原点的运动，这种返回运动是必要的，因为它是第一把刀具的位置。机床原点的目标位置是 X0 Y0，这不仅因为它是机床原点，同时也是

G92 开始测量的起始点，返回机床原点的实际 X 和 Y 方向运动在程序段 N180 中编写。

大多数的 CNC 程序只适用于某种特殊工作——工厂中特定机床的工作。这种特殊工作有特定的需求及独有的刀具路径，刀具路径是 CNC 程序中所有特征中最重要的一种。

刀具路径的开放非常重要，因为它表示某一工作的特定加工模式。大多数编程工作中，特定加工模式只适用于给定工作，而与其他 CNC 程序没有任何关联。有时也会遇到某种加工模式可以用于许多新的工作的情况，这有利于提高程序开发的速度，也可为许多附加应用开发 CNC 程序，还可使编写的程序没有错误。这种编程方法便是加工模式的转换，也称基准转换或零点偏置，最常见的例子是程序参考点（程序原点）从初始位置到一个新位置的临时变换，也就是所谓的工件移动。

大师经验谈

1) 在编程的时候必须用 G92 指令给刀具设定一个点，并且加工前和加工结束时刀具要放到这个点上，否则工件坐标系会重新建立。所以在程序开始运行前，必须通过手动方式将刀具定位到 G92 指令指定的位置上。

2) 系统断电后，G92 指令建立的坐标系会丢失，因此开机后必须重新进行设置。

3) 对于自动换刀数控机床，刀具在 Z 轴的起刀点只能位于 Z 轴机床原点上，因为在此处刀具才能自动交换。测量 Z 轴工件原点到 Z 轴机床原点的方法是：先将刀具放置在 Z 轴工件原点上，然后把 Z 轴相对坐标值清零，机床回零，最后记录 Z 轴的相对坐标值。例如，Z 轴的相对坐标值为 234.863，而 X 轴与 Y 轴换刀点的坐标分别为 X100.0、Y-230.0，则使用 G92 指令编程时的程序段为：(G90) G92 X100.0 Y-230.0 Z234.863。

4) 如果使用多把刀具加工零件，在自动换刀的数控机床中，因为每把刀具的长度不同，所以 G92 指令里每一把刀具的 Z 轴坐标值是不相同的，而 X 轴与 Y 轴的坐标值相同。

5) 如果机床曾使用 G54~G59 指令设置过工件坐标系，在使用 G92 指令后，所有以前 G54~G59 指令设定的坐标系都将被偏移，只有关闭机床再重新开启，才能清除 G92 指令设定的坐标系。

6.5 利用比例缩放功能加工编程

6.5.1 比例缩放功能介绍

在数控编程中，有时在对应坐标轴上的值是按固定的比例系数进行放大或缩小的，这时为了编程方便，可采用比例缩放指令来进行编程。比例缩放指令地址的意义见表 6-11。

1. 指令格式

格式一：

G51 I__ J__ K__ P__；例如，G51 I0 J0 P1500；

G50；

表 6-11 比例缩放指令地址的意义

指令及地址	功 能 注 释
G51	比例缩放指令
I、J、K	指定要进行比例缩放的轴。I 表示 X 轴,J 表示 Y 轴,K 表示 Z 轴。后面的数值表示比例缩放的中心。I0 J10.0 表示缩放中心在坐标(0,10)处。如果省略了 I、J、K,则 G51 指令指定刀具的当前位置作为缩放中心
P	指定缩放的比例系数。不能用小数点来指定该值,P2000 表示缩放比例为 2 倍
G50	取消比例缩放指令

格式二:

G51 X__ Y__ Z__ P__;例如,G51 X0 Y0 P1500;

G50;

格式中的 X、Y、Z 值的意义与格式一种的 I、J、K 值作用相同,不过是由于系统不同,书写格式不同罢了。

格式三:

G51 X__ Y__ Z__ I__ J__ K__;例如,G51 X0 Y0 Z0 I1.5 J1.5 K1.0;

G50;

程序 G51 X0 Y0 Z0 I1.5 J1.5 K1.0;表示以坐标点(0,0,0)为中心进行比例缩放,在 X 轴方向的缩放倍数为 1.5 倍,在 Y 轴方向的缩放倍数为 1.5 倍,在 Z 轴方向则保持原比例不变。I、J、K 数值的取值直接以小数点的形式来指定缩放比例。

2. 注意事项

1)在编写比例缩放程序过程中,要特别注意建立刀补程序段的位置,刀补程序段应写在缩放程序段内。比例缩放对于刀具半径补偿值、刀具长度补偿值及刀具偏置值无效。

2)如果将比例缩放程序简写成"G51;",则缩放比例由机床系统自带参数决定,缩放中心则指刀具中心当前所处的位置。

3)比例缩放对固定循环中的 Q 值与 d 值无效。在比例缩放过程中,若不希望进行 Z 轴方向的比例缩放,可以修改系统参数,禁止在 Z 轴方向上进行比例缩放。

4)缩放状态下,不能指定返回参考点的 G 代码(G27~G30),也不能指定坐标系的 G 代码(G52~G59,G92)。若一定要指定这些代码,应在取消缩放功能后指定。

5)在比例缩放中进行圆弧插补,如果进行等比例缩放,则圆弧半径也相应缩放相同的比例;如果指定不同的缩放比例,则刀具也不会画出相应的椭圆轨迹,仍将进行圆弧的插补,圆弧的半径根据 I、J 中的较大值进行缩放。

6.5.2 比例缩放编程案例

例 6-4 如图 6-18 所示,将外轮廓轨迹 ABCD 以原点 O 为中心在 XY 平面内进行等比例缩放,缩放比例为 2.0,试用比例缩放格式二编写加工程序,见表 6-12。

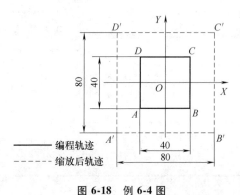

图 6-18 例 6-4 图

例 6-5 如图 6-19 所示,将外轮廓轨迹 ABCDE 以原点 O 为中心在 XY 平面内进行等比例缩放,缩放比例为 2.0,试用比例缩放格式三编写加工程序,见表 6-13。

表 6-12 例 6-4 加工程序

	O0021 程序内容	程序说明
N10	G21 G90 G80 G40 G49;	设备程序代码初始化
N20	G00 X0 Y0;	快速到坐标系零点
N30	M03 S1800;	主轴正转,转速为 1800r/min
N40	G00 Z30 M08;	打开切削液
N50	G00 X-50 Y50;	快速到安全位置
N40	G01 Z-5 F100;	Z 方向下刀
N50	G51 X0 Y0 P2000;	X、Y 轴方向缩放倍数为 2 倍
N60	G41 G01 X-20 Y20 D01;	建立刀补
N70	X20;	走刀到 D 点坐标
N80	Y-20;	走刀到 A 点坐标
N90	X-20;	走刀到 B 点坐标
N100	Y20;	走刀到 C 点坐标
N110	G40 X-50 Y50;	取消刀补
N120	G50;	取消比例缩放
N130	G00 Z30;	Z 向抬刀
N140	M30;	程序结束

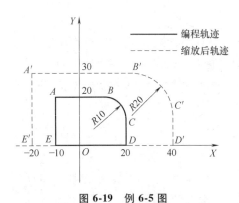

图 6-19 例 6-5 图

例 6-6 如图 6-20 所示,将轮廓 1 轨迹以原点 O 为中心编写子程序,在 XY 平面内进行等比例缩放,缩放比例为 2.0,试用比例缩放格式调用子程序加工,见表 6-14 和表 6-15。

表 6-13 例 6-5 加工程序

	O0001 程序内容	程序说明
N10	G21 G90 G80 G40 G49;	设备程序代码初始化
N20	G00 X-50 Y-30;	快速到安全位置
N30	M03 S1800;	主轴正转,转速为 1800r/min
N40	G51 X0 Y0 I2.0 J1.5;	X 轴缩放倍数为 2 倍,Y 轴缩放倍数为 1.5 倍
N50	G41 G01 X-10 Y20 D01;	建立刀具半径补偿,走刀到 A 点
N40	X10 F100;	走刀到 B 点
N50	G02 X20 Y10 R10;	走刀到 C 点
N60	Y0;	走刀到 D 点
N70	X-20;	走刀到 E 点
N80	G40 X-50 Y50;	取消刀补
N90	G50;	取消比例缩放
N100	G00 Z30;	Z 向抬刀
N110	M30;	程序结束

第6章 宏程序编程案例

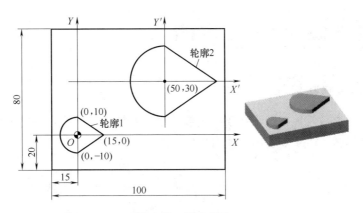

图 6-20 例 6-6 图

表 6-14 例 6-6 主程序

	O0001 程序内容	程序说明
N10	G21 G90 G80 G40 G49;	设备程序代码初始化
N20	G00 X0 Y0;	快速到坐标系零点
N30	G92 X-50 Y-30;	工件原点浮动到 X-50 Y-30
N40	G00 Z30;	快速到 Z 向安全位置
N50	M03 S1000;	主轴正转,转速为 1000r/min
N40	Z2;	快速靠近零件
N50	G01 Z-5 F100;	Z 向进刀
N60	M98 P0002;	调用子程序
N70	G51 P2000;	X、Y 轴方向缩放倍数为 2 倍
N80	M98 P0002;	调用子程序
N90	G50;	取消比例缩放
N100	M05;	主轴停止
N110	M30;	程序结束

表 6-15 例 6-6 子程序

	O0002 程序内容	程序说明
N10	G90 G01 X0 Y-10 F100;	直线插补走刀
N20	G02 X0 Y10 R10;	顺时针圆弧插补走刀
N30	G01 X15 Y0;	直线插补走刀
N40	X0 Y-10;	直线插补走刀
N50	M99;	子程序结束

6.6 利用坐标系旋转功能加工编程

6.6.1 坐标系旋转功能介绍

坐标系旋转功能可使编程图形按照指定旋转中心及旋转方向旋转一定的角度,G68 指令表示开始坐标系旋转,G69 指令用于撤销旋转功能。

1. 指令格式

G17 G68 X__ Y__ R__;   在 XOY 平面内设定坐标系旋转
G18 G68 X__ Y__ R__;   在 XOZ 平面内设定坐标系旋转
G19 G68 X__ Y__ R__;   在 YOZ 平面内设定坐标系旋转
G69;   取消坐标系旋转

2. 说明

G17、G18、G19 用于平面选择,在其上包含旋转的形状;X、Y、Z 为旋转中心的绝对坐标值,可以是 X、Y、Z 中的任意两个,它们由当前平面选择指令 G17~G19 中的一个确定,如果 G68 后面的 X、Y(或 X、Z,或 Y、Z)省略,则默认当前的位置为旋转中心;R 为旋转角度,逆时针旋转定义为正方向,顺时针旋转定义为负方向。根据 G 代码 G90 或 G91 来确定绝对值或增量值。

当程序在绝对方式下时,G68 程序段后的第一个程序段必须使用绝对方式移动指令,才能确定旋转中心。如果这一程序段为增量方式移动指令,那么系统将以当前位置为旋转中心,按 G68 给定的角度旋转坐标。

如果工件的形状由许多相同的图形组成,则可将图形单元编成子程序,然后用主程序的旋转指令调用。

3. 注意事项

1)最小输入增量单位 0.001,角度的有效数据范围为 -360.000°~360.000°。

2)利用旋转指令也能做镜像加工,但前提是加工部分必须对称。

6.6.2 坐标系旋转编程案例

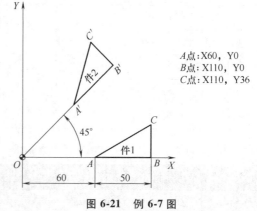

图 6-21 例 6-7 图

例 6-7 铣削图 6-21 所示的三角形外轮廓,忽略刀具半径,按照图上旋转角度和轮廓坐标点位用 G68 指令进行编程。程序见表 6-16 和表 6-17。

例 6-8 铣削图 6-22 所示的围绕中心旋转的特殊轮廓。R30 外圆已经加工完成,使用直径 8mm 立铣刀铣削四个槽,工件原点设在圆心位置。主程序见表 6-18,子程序见表 6-19。

表 6-16　例 6-7 主程序

	O0001 程序内容	程序说明
N10	G69；	取消旋转
N20	G28 G91 Z0；	Z 轴返回零点
N30	M06 T1；	调用 1 号刀具
N40	G90 G00 G54 X60 Y0；	调用 G54 坐标系，快速定位至 A 点
N50	G00 G43 H01 Z20；	调用刀具长度补偿
N60	Z3；	刀具移动到工件表面 3mm 处
N70	G68 X0 Y0 R0；	调用旋转指令，旋转 0°
N80	M98 P0002；	调用 O0002 号子程序 1 次
N90	G00 Z3；	抬刀
N100	G68 X0 Y0 R45；	调用旋转指令，旋转 45°
N110	M98 P0002；	调用 O0002 号子程序 1 次
N120	G0 Z20；	抬刀
N130	M05；	主轴停止
N140	G91 G28 Z0；	Z 轴返回零点
N150	G69；	取消旋转
N160	M30；	程序结束并返回程序开始

表 6-17　例 6-7 子程序

	O0002 程序内容	程序说明
N10	G90 G00 X60 Y0.；	刀具移动到 A 点
N20	G01 Z-3 F100；	下刀
N30	X110；	刀具切削到 B 点
N40	Y36；	刀具切削到 C 点
N50	X60 Y0；	刀具切削到 A 点
N60	M99；	返回主程序

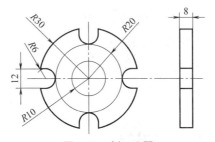

图 6-22　例 6-8 图

表 6-18　例 6-8 主程序

	O0001 程序内容	程序说明
N10	G69；	取消旋转指令
N20	G91 G28 Z0；	Z 轴返回机床原点
N30	M6 T01；	调用 1 号刀具
N40	G90 G00 G54 X40 Y0 S800 M03；	调用 G54 坐标系，主轴正转，刀具快速定位

(续)

	O0001 程序内容	程序说明
N50	G43 Z3 H01 M08;	调用刀具长度补偿,切削液开
N60	M98 P0002;	调用 O0002 号子程序 1 次
N70	G68 X0 Y0 R90;	调用旋转指令,旋转 90°
N80	M98 P0002;	调用 O0002 号子程序 1 次
N90	G69;	取消旋转指令
N100	G68 X0 Y0 180;	调用旋转指令,旋转 180°
N110	M98 P0002;	调用 O0002 号子程序 1 次
N120	G69;	取消旋转指令
N130	G68 X0 Y0 R270;	调用旋转指令,旋转 270°
N140	M98 P0002;	调用 O0002 号子程序 1 次
N150	G69;	取消旋转指令
N160	G91 G28 Z0;	Z 轴返回机床原点
N170	G28 X0 Y0;	X,Y 轴返回机床原点
N180	M30;	程序结束并返回程序开始

表 6-19 例 6-8 子程序

	O0002 程序内容	程序说明
N10	G90 G0 X40 Y0;	快速定位下刀点
N20	G01 Z-9;	下刀
N30	G41 G01 Y-60 D01 F200;	调用刀具半径补偿
N40	X26;	铣削 R6mm U 形槽
N50	G02 Y6 R6;	顺时针圆弧插补
N60	G01 X32;	直线插补
N70	G40 X40;	取消刀具半径补偿
N80	G0 Z3;	抬刀
N90	M99;	返回主程序

> **大师经验谈**
>
> 1) G68 旋转坐标指令中的 R 旋转角度,逆时针为正,顺时针为负。
>
> 2) 掌握好 G68 旋转坐标指令,在实际加工中对某些有旋转规律的工件进行编程时,可大幅减少编程的工作量。

6.7 机车构架八字槽宏程序编程

6.7.1 八字槽工艺分析

1. 图样工艺分析

鼓型车等机车转向架采用拉杆式轴箱定位结构,通过轴箱拉杆将轴箱与转向架侧梁下的拉杆座连接起来,这种结构可以显著改善轨道车辆运行的稳定性,其纵向刚度较大,更适合传递牵引力、制动力等纵向力。而构架轴箱拉杆座八字槽（以下简称八字槽）是将轴箱拉杆紧固在拉杆座上的重要结构，因此八字槽（图 6-23 和图 6-24）的加工质量在很大程度上影响机车运行的平稳性，直接关系到整车运行的安全。图样（图 6-25）中，精度要求最高的为八字槽开口处的尺寸（$64_{-0.1}^{0}$ mm），两侧斜面斜度为 1:10，开口处有倒角（$C3$），底部有圆弧过渡（$R3$），侧面表面粗糙度 Ra 为 3.2。加工完成后用八字槽标准检测样板对八字槽进行尺寸检测。

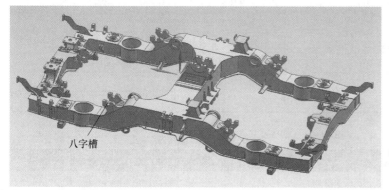

图 6-23 八字槽的位置

图 6-24 加工八字槽

2. 加工工艺分析

鼓型车构架轴箱拉杆座有深度为 $60_{0}^{+0.5}$ mm、斜度为 1:10 的八字槽需要加工（图 6-25）。加工八字槽的加工方法有很多，这里主要讲述采用宏程序加工的斜面方法。一个机车构架有 8 个八字槽，加工去除量比较大，考虑到刀具的寿命，以及高速有效去除余量和加工效率等，直接采用可转位 ϕ50mm 螺旋铣刀，刀片圆弧角为 $R2$，可直接进行加工，减少底部的清根，能有效保证尺度精度要求。八字槽开口处采用 90°可转位车刀倒角。

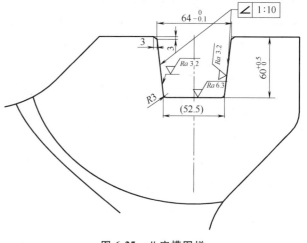

图 6-25 八字槽图样

6.7.2 八字槽加工编程案例

例 6-9 加工一个深度为 60.2mm，开口尺寸为 64mm 的八字槽。

选用刀具直径为 ϕ50mm 的铣刀，根据 1:10 的锥度比，采用深度变量为 R1，半径补偿变量为 R2 = 6.02 * R1/60.2 + 50/2，通过高度值与半径补偿值的数值变化，使用 R 参数编写加工程序。

八字槽加工程序，主程序见表 6-20，子程序见表 6-21。

表 6-20 例 6-9 主程序

程序内容		程序说明
N216	M00;(D50,R2 刀片,螺旋铣刀)	提示将要使用的刀具、刀片
N217	$ TC_DP3[2,1]=-449.678+188.57;	通过系统变量设置附件头和刀具长度补偿
N218	T2D1;	调用 2 号刀具、1 号刀沿
N219	G54 G90 G40 G17 G0 X-1000 Y1175;	快速定位至第 1 个需加工的八字槽位置
N220	TRANS X-1000 Y1175 Z0;	建立局部坐标系
N221	L_8ZC;	调用八字槽加工子程序
N222	M00;	对首个八字槽尺寸进行测量并用样本检查
N223	TRANS X-1000 Y1175 Z0;	快速定位至第 2 个需加工的八字槽位置
N224	L_8ZC;	调用八字槽加工子程序
N225	……	……

表 6-21 例 6-9 子程序

程序内容		程序说明
N1	T2D1;(D50 螺旋铣刀,分层铣拉杆座八字槽)	建立刀具补偿、刀具和加工内容信息提示
N2	G54 G90 G17 G40;	程序初始化
N3	G00 Z100;	快速移动到 Z100
N4	G00 X0 Y55;	快速移动到 X0 Y55
N5	M44 M03 S1500;	主轴以 1500r/min 的速度正转
N6	G00 Z1;	快速移动到安全高度 Z1
N7	R1=0;	计数器将加工深度初始值设为 0
N8	WHILE R1<=60.2;	当 R1 小于等于 60.2 时,程序循环执行
N9	G01 Z=-(R1)F200;	Z 为加工深度
N10	R2=6.02*R1/60.2+50/2;	当 Z 等于 R1 时,刀具半径补偿值等于 R2
N11	$ TC_DP6[2,1]=R2;	$ TC_DP6[2,1]为刀具半径补偿系统变量
N12	G01 G41 X-32 D1 F1200;	建立刀具半径左补偿
N13	G01 Y-65;	直线插补到该位置
N14	G01 X32;	直线插补到该位置
N15	G01 Y55;	直线插补到该位置
N16	G00 G40 X0;	取消刀具半径补偿
N17	R1=R1+0.35;	分层切削,每层下降 0.35mm
N18	END WHILE;	循环结束
N19	G0 X0 Y55;	快速移动至该位置
N20	G01 Z-60.22 F600;	精加工八字槽底部
N21	G01 Y-66;	直线插补到该位置
N22	G00 Z100;	直线插补到该位置
N23	TRANS;	局部坐标偏移取消
N24	M17;	子程序结束

大师经验谈

系统变量在手工编程中是一个灵活而又强大的功能,特别是当它与宏程序结合一起使用时,可简化一些复杂的编程。可以通过手工编程的方式编制出一些平时需要电脑软件才能编出的轮廓循环加工程序和规则曲面加工程序。

本书介绍了在西门子数控系统中,利用子程序、局部坐标、WHILE 条件判断语句、R 参数、$ TC_ DP6 [t, d] 系统变量等指令,对构架拉杆座八字槽斜面进行加工的方法。想要将斜面顺利加工出来,就要使程序中的半径补偿值随着加工高度(Z)值不断变化,高度值与半径补偿值的数值变化可以在程序中通过 R 参数的编写实现,使用 R 参数将半径值设为一个变量,再与 $ TC_ DP6 指令相互对应。通过 $ TC_ DP6 将半径补偿值输入到储存器内,再通过程序内的指令(G41)将变化后的补偿值调用才能真正实现半径补偿值随加工高度(Z)值不断变化,将规则斜面加工出来。

6.8 机车构架拉杆座螺纹孔选择性返修宏程序

机车构架拉杆座也称轴箱拉杆座,是机车构架连接轴箱并传递牵引力的部件。构架拉杆座主要作用是连接轴箱拉杆,通过轴箱拉杆将轴箱与转向架侧梁下的拉杆座连接起来。拉杆座螺纹孔的加工质量会直接影响牵引力和制动力的有效传递,拉杆座的强度和螺纹孔的加工质量会直接影响到行车安全和电力机车转向。根据检修年限不同,会对转向架进行整体拆解,针对磨损部件或是由于拆卸导致的不合格要素进行更换或是返修。机车构架拉杆座螺栓是返修车轮时必须要拆卸的部件之一,经过 2 年检修、4 年检修后,可能会导致拉杆座螺纹孔出现不合格的现象,每个机车构架有 8 个 M24×2 的拉杆座螺纹孔(图 6-26),在进行拆解后,拉杆座螺纹孔磨损的程度,以及不合格孔的分布情况没有任何规律。

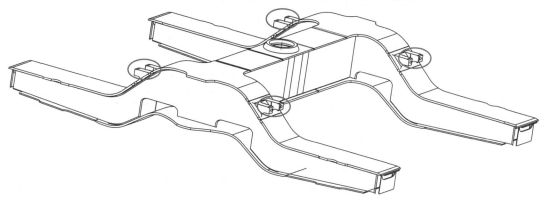

图 6-26 拉杆座螺纹孔在机车构架上的分布图

6.8.1 返修拉杆座螺纹孔工艺分析

按机车检修规程,只需将螺纹塞规检测不合格的拉杆座螺纹孔,返修为 ST24×2 拉杆座螺纹孔,再安装钢丝螺套,合格的拉杆座螺纹孔保持原状。返修构架拉杆座螺纹孔返修位置和数量是随机变化的,8个拉杆座螺纹孔的加工程序是个整体,并且每个拉杆座螺纹孔需用到4种加工刀具:D28扩孔钻、D24.5麻花钻、D40倒角器、ST24×2丝锥。

拉杆座螺纹孔返修是在大型龙门数控铣设备上,采用侧铣头进行加工(图6-27),刀具装卸相对比较麻烦,侧铣头不能前后左右自动旋转,每次只能加工单面的4个拉杆座螺纹孔。为了提高生产率,减少换刀、对刀次数,每把刀具加工完所有返修拉杆座螺纹孔后,更换另一把刀具。这就造成加工中途需要经常中断程序,再重新搜索程序段进行加工,在频繁的中断搜索中很容易出错,为减少出错,编辑一种只对不合格拉杆座螺纹孔进行返修,自动避开合格拉杆座螺纹孔,自适应各种返工位置和数量的宏程序,即选择性返修拉杆座螺纹孔加工宏程序。

图6-27 拉杆座螺纹孔返修

6.8.2 选择性返修拉杆座螺纹孔编程案例

由于每个机车构架拉杆座螺纹孔的返修位置和数量都不同,因此返修拉杆座螺纹孔的宏程序需要根据返修数量和位置更改程序变量,来决定哪些孔需要加工,哪些孔不需要加工。

例6-10 编写选择性返修拉杆座单面的4个螺纹孔(φ28mm)的宏程序。其中,1号和3号孔需加工。程序见表6-22。

表6-22 选择性返修拉杆座螺纹孔宏程序

	O0003 程序内容	程序说明
N10	M00;	选择判断拉杆座孔是否需要返修,若#1~#4等于1,则需要加工;若#1~#4等于0,则不需要加工,跳转至下个孔
N20	#1=1;	第1个孔位置 Y1115 Z295
N30	#2=0;	第2个孔位置 Y965 Z295
N40	#3=1;	第3个孔位置 Y-965 Z295
N50	#4=0;	第4个孔位置 Y-1115 Z295
N60	M00;	装D28键槽铣刀
N70	G54 G90 G19;	选择YZ平面
N80	G00 X784;	X方向安全位置
N90	M03 S300;	主轴正转

(续)

	O0003 程序内容	程序说明
N100	IF[#1 EQ 1] GOTO 120;	#1 等于 1 时,加工第一个孔
N110	IF[#1 EQ 0] GOTO 150;	#1 等于 0 时,跳过第一个孔,到第二个孔
N120	G00 Y1115 Z295;	快速定位至第一个孔
N130	G81 X664 R689 F60;	钻削第一个孔
N140	G80;	取消钻孔循环
N150	IF[#2 EQ 1] GOTO 170;	#2 等于 1 时,加工第二个孔
N160	IF[#2 EQ 0] GOTO 200;	#2 等于 0 时,跳过第二个孔,到第三个孔
N170	G00 Y965 Z295;	快速定位至第二个孔
N180	G81 X664 R689 F60;	钻削第二个孔
N190	G80;	取消钻孔循环
N200	IF[#3 EQ 1] GOTO 220;	#3 等于 1 时,加工第三个孔
N210	IF[#3 EQ 0] GOTO 250;	#3 等于 0 时,跳过第三个孔,到第四孔
N220	G00 Y-965 Z295;	快速定位至第三个孔
N230	G81 X664 R689 F60;	钻削第三个孔
N240	G80;	取消钻孔循环
N250	IF[#3 EQ 1] GOTO 270;	#4 等于 1 时,加工第四个孔
N260	IF[#3 EQ 0] GOTO 300;	#4 等于 0 时,跳过第四个孔
N270	G00 Y1115 Z295;	快速定位至第四个孔
N280	G81 X664 R689 F60;	钻削第四个孔
N290	G80;	取消钻孔循环
N300	G00 X884 M05;	X 方向安全位置,主轴停
N310	G00 Y1600 Z395;	手动换刀位置
N320	M00;	换 24.5mm 麻花钻

大师经验谈

宏程序具有灵活性、通用性和智能性等特点。可以使用宏程序中的条件语句,使宏程序自己做出判断,自行选择是否需要加工,这些是自动编程无法做到的。宏程序不仅可以加工曲面、空间曲线和公式曲线等难加工要素,还可以运用判断语句,自行判断是否进行加工。在程序中灵活运用条件语句,可以减少修改程序的次数,降低劳动强度,还可以减少出错概率,保证产品质量。

此案例中,构架拉杆座螺纹孔返修位置和数量是随机变化的,存在不规律性,为了避免在加工中频繁修改程序、减少出错概率,将拉杆座螺纹孔编排序号,从 1 到 8,在确定哪些孔不要加工之后,对宏程序变量进行更改,用以确定哪些需要返修加工,哪些不需要返修加工。让程序自动运行,在每个拉杆座螺纹孔进行加工之前,宏程序的条件语句自动判别该拉杆座螺纹孔是否需要加工,如果不需要加工,就跳转至下个孔,避免加工程序中断,减小出错概率。灵活运用宏程序进行选择性加工,是一个很好的改善方案。

6.9 车轮制动盘孔宏程序编程

6.9.1 车轮制动盘孔加工工艺分析

1. 图样工艺分析

电力机车制动就是人为地制止列车的运动,使它减速、不加速或停止运行。为施行制动而安装在列车上的一整套设备,称为列车制动装置。车轮辐板侧面安装制动盘,用制动夹钳使以合成材料制成的两个闸片紧压制动盘侧面,通过摩擦产生制动力,使列车停止前进。由于作用力不在车轮踏面上,制动盘可以大大减轻车轮踏面的热负荷和机械磨耗。另外,制动盘制动平稳,几乎没有噪声。制动盘的摩擦面积大,而且可以根据需要安装若干套制动钳,制动效果明显高于铸铁闸瓦,尤其适用于时速 120km 以上的高速列车,这正是各国列车制动装置普遍采用制动盘的原因所在。

制动盘安装在车轮辐板面上,辐板面上需要加工制动盘孔,车轮三维图如图 6-28 所示,车轮的制动盘孔上安装铸铁刹车片,通过 6 个销孔定位,18 个螺纹孔安装夹紧刹车片。车轮上 6 个销孔,其公差为 0.03mm,均匀分布在车轮上,用于车轮和制动盘的定位;18 个螺纹孔,其公差为 0.1mm,用于固定两侧铸铁刹车片。

车轮制动盘孔简图如图 6-29 所示。

图 6-28 车轮三维图

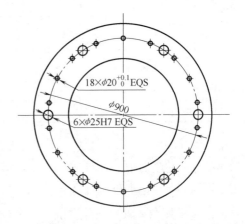

图 6-29 车轮制动盘孔简图

2. 加工工艺分析

制动盘孔是在龙门式加工中心上进行大批量生产的,采用 4 个等高块支撑轮辋面,车轮 X、Y 方向采用两个圆柱销定位,将圆柱销呈 V 形安装并固定。将车轮摆放在等高块上,并靠紧圆柱销定位,设定坐标零点。先加工 $\phi25mm$ 销孔,采用 24.7mm U 钻加工;再加工 $\phi20mm$ 螺纹孔,直接采用 20mm U 钻一次加工到位;然后将孔口倒角(根据工艺文件要求倒圆角或是倒 45°角);最后采用铰刀铰削 25mm 销孔,来保证其尺寸精度。

6.9.2 车轮制动盘孔编程案例

车轮制动盘孔和常用的法兰孔程序基本一致。在编写过程中会用到钻孔循环、极坐标和常用的宏程序代码,如宏程序的计数器功能、循环语句及跳步功能。此处只简单介绍制动盘孔螺纹孔加工的宏程序。希望读者朋友学习后能举一反三,自行编写制动盘销孔的宏加工程序。

例 6-11 根据图 6-29 编写车轮制动盘螺纹孔宏程序(表 6-23)。

表 6-23 车轮制动盘螺纹孔宏程序

	O0004 程序内容	程序说明
N10	#1 = 0;	用计数器功能将钻孔起始角度初始值设为 0
N20	#2 = 450;	螺纹孔位置半径值 450mm
N30	#3 = 20;	螺纹孔角度增量,孔与孔间距为 20°
N40	G17 G54 G90 G40 G49 G15;	程序初始化
N50	T05 M06;	换 5 号刀具,ϕ20mmU 钻
N60	G00 X0 Y0;	快速移动到坐标零点
N70	G43 Z100.0 H05 M08;	建立刀具长度补偿,快速定位至 Z100.0
N80	M03 S2000;	主轴以 2000r/min 的速度正转
N90	#4 = #1 * #3;	计算所加工孔角度
N100	G16 G81 X#2 Y#4 Z-30.0 F200.0;	极坐标钻孔循环
N110	#1 = #1 + 1;	用计数器功能设置角度变量,每次增加 1
N120	IF [#1 LT 18] GOTO 90;	若 #1 小于 18,跳转至 N90 程序段
N130	G15 G80;	取消极坐标,取消钻孔循环
N140	G00 G49 Z300.0;	钻孔结束,抬刀取消长度补偿
N150	M09;	关闭切削液
N160	M05;	主轴停止
N170	……	……

说明: 在加工制动盘螺纹孔宏程序中,主要是采用极坐标和宏程序的计数器功能。首先赋值 #1 为计数器,每加工一个孔,计数器 #1 加 1,计数器 #1 小于 18 时,条件跳转语句成立,程序跳转至 N90 程序段,继续循环钻孔;当增加至第 18 个孔时,计数器 #1 等于 18,条件跳转语句不成立,程序按顺序执行 N130 程序段,钻孔循环结束,18 个螺纹孔钻孔结束,取消极坐标、钻孔循环、刀具长度补偿,主轴停止转动,换刀继续加工。

大师经验谈

钻制动盘孔时,孔与孔之间的间距是固定值,使用宏程序非常方便快捷,并且可灵活多变,需要加工哪个孔,只需要更改计数器中的数值即可。在加工某些孔距不是固定的法兰孔时,尽可能找出孔距之间的规律,如孔距规律性的递增或递减,可以根据某一规律来编写宏程序。如果有其他规律性,也可以用宏程序来代替和优化。

在大批量加工时偶尔出现中途换刀片的情况，这时就体现出宏程序的优势。如果是普通程序，就要从第一个孔钻起，加工过的孔不仅要空行程走刀一遍，还存在孔径变大超差的风险。如果手工更改程序，从中间走刀，就要删除或屏蔽钻过孔的加工程序，需要大范围的更改程序，那么出错的概率就会大大增加。而宏程序只需要更改计数器数值，就可以完美解决从中间走刀的问题。注意：在工作中更改程序的次数越多，出错的概率就越大，因此应尽量减少程序的改动量。

6.10 车轮倒圆宏程序编程

车轮是电力机车上的重要部件之一，与电力机车轴配合后，承载了电力机车所有重量，其加工质量直接影响到行车安全和运行速度，其加工精度影响到电力机车的平稳性。电力机车的重量一般在130t左右，最重的是$SS_{4改}$型机车，重量达到180t。这么重的电力机车仅靠8根车轴、16片车轮支撑，因此对车轮的力学性能有很高的要求。同时电力机车在运行过程中，车轮不断释放内应力，容易导致应力集中，为了避免应力集中现象的发生，高铁车辆的车轮上不允许有任何尖角，特别是小于90°的角。车轮是在立式数控车床上加工内外侧面、踏面和内孔的，车轮所有表面全是车削的，所有拐角位置都采用圆弧过渡。

6.10.1 倒圆工艺分析

1. 图样工艺分析

制动盘面上的螺纹孔和销孔是采用钻削加工的，那么上下表面就存在一定的尖角。根据车型的不同，制动盘孔上下位置大部分采用C1倒角，某些试制车型采用R2圆角（图6-30），试制期间，未定制圆弧倒角刀，若采用宏程序手工编程的方式进行试制加工，圆角加工起来比较复杂。

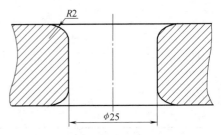

图6-30 制动盘销孔圆角局部放大图

2. 圆角加工工艺分析

制动盘圆角加工是采用龙门立式加工中心，用带R1圆角的立铣刀（R1牛鼻刀），用宏程序进行分层拟合加工的。制动盘螺纹孔只需要钻削、倒角即可完成加工；而销孔则采用先钻削，然后倒圆角，最后铰孔的加工顺序进行加工。试制期间，采用坐标系旋转和调用子程序的方法，首先钻螺纹孔、钻销孔，然后采用坐标系旋转，设定其中一个螺纹孔为起始孔，加工螺纹孔的孔口倒角；再设定其中一个销孔为起始孔，加工销孔孔口倒角。首次坐标系旋转角度是以起始孔轴线位置与X坐标轴的夹角为起始角，调用子程序加工圆角，每加工一个圆角，坐标系旋转一次。如螺纹孔增量为螺纹孔与螺纹孔之间的夹角，等于360°除以18个孔，夹角为20°。

6.10.2 圆角宏程序编程案例

例 6-12 加工车轮制动盘螺纹孔,按图样要求 ϕ20mm 孔口倒 R2.0 圆角,采用 ϕ10mm 硬质合金立铣刀,刀尖圆弧半径为 R1.0,从下往上逐层加工,编程零点为车轮内孔轴线和内侧面轮毂面的交点位置,倒角宏程序为子程序,采用相对编程。宏程序倒圆角的角度为自变量 θ,倒圆角加工示意图如图 6-31 所示。刀具刀尖圆弧半径为 R1.0,加工 R2.0 圆角时,刀具实际走刀轨迹半径值为 3.0mm,刀路线为控制刀尖圆弧半径的圆心,沿虚线走刀。

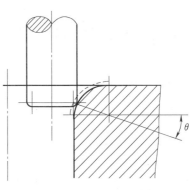

图 6-31 倒圆角加工示意图

制动盘螺纹孔倒圆角主程序见表 6-24,子程序见表 6-25。

表 6-24 制动盘螺纹孔倒圆角主程序

	O0005 程序内容	程序说明
N10	#1 = 0;	螺纹孔起始角度初始值为 0
N20	#2 = 450;	螺纹孔位置尺寸半径为 450mm
N30	#3 = 20;	18 个螺纹孔角度增量为 20°
N40	G17 G54 G90 G40 G69 G49 G15;	程序初始化
N50	T01 M06;	换 1 号刀具,ϕ10mm 立铣刀
N40	G00 X0 Y0;	快速移动到坐标零点
N50	G43 Z100.0 H01 M08;	建立刀具长度补偿,快速定位至 Z100.0
N60	M03 S2000;	主轴以 2000r/min 的速度正转
N70	G68 X0 Y0 R#1;	坐标系旋转,角度初始值为#1
N80	M98 P0006;	调用倒圆角子程序
N90	#1 = #1+#3;	销孔角度增量,孔与孔间距为#3 = 60°
N100	IF [#1 LE 360] GOTO 70;	条件跳转语句,若#1 小于等于 360°,就跳转至 N70 程序段
N110	G90 G00 G69 G49 Z300.0;	加工结束,抬刀取消长度补偿
N120	M05;	主轴停止
N130	……	……

表 6-25 制动盘螺纹孔倒圆角子程序

	O0006 程序内容	程序说明
N10	G54 G90 G17 G00 X#2;	快速走刀至销孔上方
N20	G92 X0 Y0 Z100;	设定局部坐标系
N30	Z-3.0;	快速移动到圆角底部,R2+R1
N40	#5 = 1;	刀尖圆角半径值
N50	#6 = 5;	刀具半径值

(续)

O0006 程序内容		程 序 说 明
N40	#7=0;	圆角宏程序角度变量 θ 起始值为 0
N50	#8=3;	加工圆角,刀具实际走刀轨迹的球面半径值为 R3.0
N60	#9=10;	孔半径,D/2
N70	#10=#9+#8;	圆角圆心到坐标零点 X 方向尺寸
N80	#11=sin[#7]*#8-#8;	Z 坐标
N90	#12=#10-[cos[#7]*#8+#6];	X 坐标
N100	G01 Z[#11] F3000.0;	Z 向进刀
N110	X[#12] F300.0;	X 向进刀
N120	G03 I[-#12] F3000.0;	分层铣圆角
N130	#7=#7+1;	角度变量,每次增加 1°
N140	IF[#7 LE 90] GOTO 80;	条件跳转语句,若#1 小于等于 90°,就跳转至 N80 程序段
N150	G00 X0 Y0;	回螺纹孔中心
N160	Z100.0;	抬刀至 Z100.0
N170	X-#2;	回 G54 零点位置
N180	G92 X0 Y0 Z100.0;	重置 G92,与 G54 完全重合
N190	M99;	子程序结束,返回主程序

注意:在子程序倒角宏程序中运用 G92 局部坐标系,会导致 G54 变动,子程序 N180 程序段让 G92 和 G54 重合,作用相当于取消 G92 坐标系。

大师经验谈

制动盘孔倒圆角程序相对比较复杂,特别是宏程序中套用宏程序,而且需要使用坐标系旋转和局部坐标系,局部坐标系容易和 G54 坐标系混淆,如果在运行子程序的过程中突然需要换刀或是中断加工,那么就无法执行 N180 程序段,无法取消 G92 坐标系。在使用此类程序或是批量生产加工前,一定要备份坐标系,如在输入 G54 坐标系时,将 G55 坐标系输入和 G54 完全一致的参数值,或是走到坐标系零点,将相对坐标 X、Y、Z 全部清零,作为备份坐标系。

此类圆角加工,可以使用球刀、牛鼻刀或立铣刀,三种刀具的加工程序略有差异,加工效率和加工质量也不同,三种刀具的加工效率没有成型刀高,表面质量也没有成型刀加工的表面质量好。这里之所以使用宏程序加工,是因为在调试期间没有定制刀具,无法加工,严重影响交付节拍。宏程序可以解决此类问题,特别是在初期调试阶段,宏程序可以满足规律曲线、规律曲面、空间曲面的加工。如果是单件小批量加工,那么运用宏程序就可以避免定制刀具的高额费用。因此宏程序不仅适合大批量加工,同样也适合单件小批量加工。

6.11 牵引电动机端盖铣削加工

6.11.1 牵引电动机端盖加工工艺分析

1. 图样工艺分析

某牵引电动机传动端盖如图 6-32 所示，此端盖主要配属于时速 350km 的复兴号系列动车组电动机，传动端盖作为固定于支撑电动机转子的关键部件，是保证电动机提供稳定动力的基础，因此牵引电动机端盖的好坏，直接决定动车牵引电动机的实用性能。此端盖在加工中心上需要加工出两条宽度为 12mm 的储油槽，因中间轴承室部位要求精度较高，储油槽和轴承室仅有 3mm 的距离，在加工储油槽时极易因轴承室部位变形而导致尺寸超差，因此为了避免因加工产生变形，需要将产品轴承室部位的粗、精加工分成多道工序。

图 6-32 某牵引电动机传动端盖

2. 加工工艺分析

为避免加工时，轴承室部位变形造成精度超差，因此在工序安排上需要先上立式车床进行粗、精加工（轴承室部位留 0.5mm 余量，其余部位加工到位），再上立式加工中心进行粗、精铣储油槽，最后上数控磨床精磨轴承室部位。在加工中心上加工储油槽时，因端盖毛坯没有下刀位置，所以在粗铣削储油槽时要注意刀具需要选择底部切削刃过中心的立铣刀（图 6-33），切削时下刀的方式为绕着储油槽圆弧轮廓下刀，进行往复多层加工。这里可以直接选用 ϕ10mm 立铣刀进行粗加工，ϕ12mm 立铣刀进行精加工。

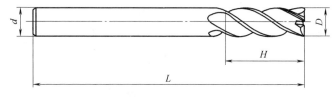

图 6-33 立铣刀

6.11.2 牵引电动机端盖宏程序编程案例

此处只简单介绍牵引电动机端盖储油槽粗加工的宏程序。

例 6-13 储油槽坐标点如图 6-34 所示，X、Y 坐标零点 O 在圆心位置，各点坐标分别为：$A(-20.069, 47.429)$、$B(35.817, -37.006)$、$C(3.535, -51.379)$、$D(-45.913, 23.329)$。切削路径圆弧半径为 R51.5mm，加工深度为 20mm。

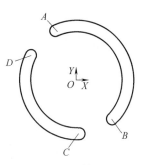

图 6-34 储油槽坐标点

储油槽粗加工宏程序见表6-26。

表6-26 储油槽粗加工宏程序

	O0001 程序内容	程序说明
N10	G91 G28 Z0;	Z轴返回零点
N20	M6 T01;	调用1号刀
N30	G90 G54 G40;	采用绝对方式编程,调用G54坐标系
N40	G0 X-20.069 Y47.429;	快速定位第一条槽切削起点(A点)
N50	G0 G43 H0 Z50;	建立刀具长度补偿,并快速定位到Z轴安全高度
N60	M3 S1800;	主轴正转,转速为1800r/min
N70	G0 Z3;	快速下刀至Z3位置
N80	G01 Z0 F300;	直线插补,慢速下刀,速度为300mm/min
N90	#1=0;	赋值给#1(指定Z的切削起点)
N100	#2=-20;	赋值给#2(指定Z的最终切削深度)
N110	#3=0.5;	赋值给#3(指定每层切削深度)
N120	WHILE[#1GT#2] DO1;	条件式成立,循环运行语句内的程序
N130	#1=#1-#3;	给#1指定变量
N140	G02 X35.817 Y-37.006 R51.5 Z#1;	顺时针切削圆弧并下刀
N150	#1=#1-#3;	给#1指定变量
N160	G03 X-20.069 Y47.429 R51.5 Z#1;	逆时针切削圆弧并下刀
N170	END1;	1段条件循环程序终点
N180	G02 X35-817 Y-37.006 R51.5;	清理底层残料
N190	G0 Z50;	抬刀至安全高度
N200	G0 X3.535 Y-51.379;	快速定位至第二条槽的切削起点(C点)
N210	G0 Z3;	快速下刀至Z3位置
N220	G01 Z0 F300;	直线插补,慢速下刀,速度为300mm/min
N230	#4=0;	赋值给#4(指定Z的切削起点)
N240	#5=-20;	赋值给#5(指定Z的最终切削深度)
N250	#6=0.5;	赋值给#6(指定每层切削深度)
N260	WHILE[#4GT#5] DO2;	条件式成立,循环运行语句内的程序
N270	#4=#4-#6;	给#4指定变量
N280	G02 X-45.913 Y23.329 R51.5 Z#4;	顺时针切削圆弧并下刀
N290	#4=#4-#6;	给#4指定变量
N300	G03 X3.535 Y-51.379 R51.5 Z#4;	逆时针切削圆弧并下刀
N310	END2;	2段条件循环程序终点
N320	G02 X-45.913 Y23.329 R51.5 Z#4;	清理底层残料
N330	G00 G90 Z50.;	抬刀至安全高度
N340	M05;	主轴停止
N350	G91 G28 Z0.;	Z轴返回零点
N360	M30;	程序结束,并返回程序头

注:在更换刀具后,此宏程序修改每层切削深度赋值(N110和N250段)后即可适用于精加工。

大师经验谈

此零件加工深度较深，宽度较窄，排屑困难，加工时需要将切屑液调至最大，将小碎切屑冲出。为减少其变形量，保证加工精度，精加工时也需要将其进行分层加工。在编制此类分层切削宏程序时应注意，运用判断语句循环时，起刀点和抬刀点须一致，形成一个闭环刀路。当每次下刀深度（#2）不能被最终的切削深度（#3）整除时，可以在N130段后增加IF……THEN……语句，如IF［#2LT#3］THEN #2＝#3，即如果#2＜#3，那么#2＝#3，这可以使最后一刀下到指定的#2深度，避免过切。在使用绕轮廓下刀的方法时要注意，在下刀完成后需要增加一刀来清除下刀时底层残余的残留料（即表6-26程序中的N180段）。

6.12 牵引电动机机壳铣削加工

6.12.1 牵引电动机机壳铣削加工工艺分析

1. 图样工艺分析

某牵引电动机机壳如图6-35所示，材料为铸铁。要求在立式加工中心上加工5个悬挂孔，由图6-36可以看出，此部件为薄壁零件，刚性差，易变形，用传统的加工方式容易产生振刀、啃刀等，影响加工精度和表面

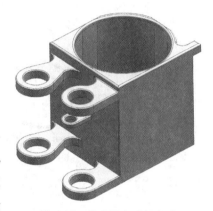

图6-35　某牵引电动机机壳

质量。故应采用高速螺旋铣孔方式进行加工粗加工。在切削参数方面，应运用小吃刀量、大进给量的方式进行设定，以避免切削力过大造成振刀、啃刀。

2. 加工工艺分析

（1）加工方法　因为此产品为薄壁件，加工时极易产生变形，所以加工时先将全部需要加工位置进行粗铣，粗铣时预留0.3mm余量，防止因变形导致尺寸超差报废。然后将产品拆下，释放因加工产生的应力，再进行精镗孔加工。因需要加工轮廓都为圆孔，所以在粗加工时可以编制一个铣孔宏程序，在实际加工时只需要根据图样要求简单修改宏程序中的参数即可满足加工要求。

（2）装夹定位方式　运用机壳端面大圆定位，制作与悬挂孔位置高度相等的V形挡块压板压在中间止口圆上固定电动机机壳，如图6-36所示。

6.12.2 牵引电动机机壳宏程序编程案例

例6-14　以牵引电动机机壳为例进行宏程序编程。牵引电动机机壳示意图如图6-37所示，φ60孔加工的主程序和子程序见表6-27和表6-28。

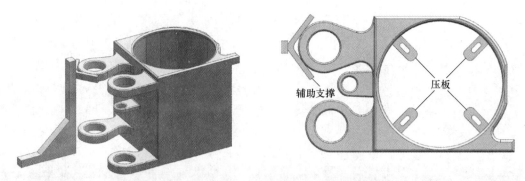

图 6-36 牵引电动机机壳装夹 V 形挡块及夹压板

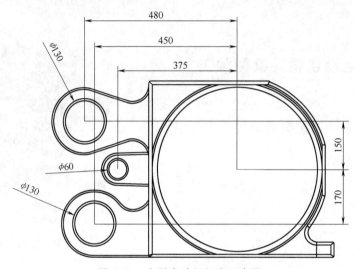

图 6-37 牵引电动机机壳示意图

表 6-27 牵引电动机机壳孔加工主程序

	O0008 程序内容	程序说明
N10	#1 = 51;	孔深（取正值）
N20	#2 = 0.5;	Z 方向每一个螺旋周期吃刀量（取正值）
N30	#5 = 50/2;	铣刀半径
N40	#6 = 130/2;	圆孔半径
N50	#15 = -200;	圆孔中心 X 方向相对坐标系零点的偏移量
N60	#16 = -400;	圆孔中心 Y 方向相对坐标系零点的偏移量
N70	#100 = 54;	坐标系
N80	#101 = 1;	刀具长度补偿值
N90	#102 = 1500;	主轴转速
N100	#105 = 1200;	进给量
N110	M98 P101;	调用 O0101 子程序
N120	M09;	开切削液
N130	M05;	主轴停止
N140	G0 G91 G28 Z0;	Z 轴返回参考点
N150	M30;	程序结束并返回

表 6-28 牵引电动机机壳孔加工子程序

	O0101 程序内容	程 序 说 明
N10	#3=#1/#2;	计算总螺旋周期
N20	#4=FIX[#3];	四舍五入截断取整,例:FIX(5.2)=5
N30	#7=#6-#5;	计算孔半径与刀具半径的差值
N40	#12=#15+[#6-#5];	计算实际刀具 X 方向移动距离
N50	#8=0;	Z 方向初始值
N60	G#100 G90 G00 X#15 Y#16;	以绝对方式快速定点
N70	M3 S#102;	主轴正转
N80	G43 H#101 Z10. M08;	套用主程序设定的刀具长度补偿值
N90	X#12;	X 方向快速定位到起刀点
N100	Z2;	Z 轴快速定位到距离工件 2mm 位置
N110	G90 G01 Z-#8 F#105;	快速定位到 Z 方向初始值
N120	G91 G02 I-#7 Z-#2;	螺旋下刀铣圆孔
N130	#8=#8+#2;	计算 Z 方向初始值与每个螺旋周期吃刀量关系
N140	#9=#8/#2;	计算 Z 方向初始值与每个螺旋周期的关系
N150	IF[#9LT#4] GOTO 110;	如果#9<#4,则转跳到 N110 程序段
N160	#10=#1-#8;	计算最后一刀的 Z 值
N170	G91 G02 I-#7 Z-#10;	螺旋切削圆孔
N180	G02 I-#7;	清理螺旋切削底部遗留的残料
N190	G01 G91 X-0.1;	退刀
N200	G00 G90 Z150.;	抬刀
N210	M05;	主轴停止
N220	M99;	返回主程序

注:此程序在运用时要将 Z 方向的加工原点设定在需加工孔的上表面,如需加工多个孔,只需将 O0008 主程序复制多个,将复制的程序 N10~N100 段参数分别修改成和实际一致即可。

牵引电动机壳孔加工程序中,螺旋加工刀路如图 6-38 所示。

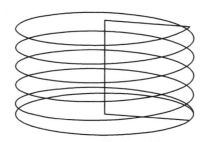

图 6-38 螺旋加工刀路

大师经验谈

此宏程序短小简洁,逻辑性强,易读性和易修改性好。通用宏程序在编制后可灵活调用,使用时直接赋值即可,简单方便,既减少了编程工作量,提高了编程效率,又拓宽了机床编程功能范围,节省了机床内存空间。有规律的圆孔、凸台、轮廓等零件的加工程序编制具有变通性强等特点,在使用过程中拥有软件不可取代的优势,因此被广泛应用于企业数控生产加工中。

实践证明,该宏程序适用性强,操作简单,尤其对一般精度孔的加工,只要是能实现螺旋插补的数控机床,都可以大力推广使用。另外,此宏程序稍加修改后还可以适用于螺纹的铣削加工。

6.13 宏程序在刀具参数和坐标系设置中的应用

6.13.1 宏程序在刀具参数和坐标系设置中的应用原理

在数控加工中需要频繁的更换刀具,由于不同刀具的装夹存在一定的差异,造成刀具长度不一致,因此需要更改刀具的长度参数、半径参数等。为了减少程序修改中的误输入,减少犯错的概率,可以预先对刀具设置一个理论上的安全值,并通过程序检查输入的刀具补偿值是否超出安全范围,利用 Z 轴对刀仪(图 6-39)、百分表等工具测量出机床附件头和刀具在 X、Y、Z 三个方向上的补偿值,再根据工件的工艺要求设置一个合理的刀具补偿安全值,最后进行编程。

1. 宏程序在刀具补偿参数中的应用原理

通过数控机床程序运行时的读取功能获得当前主轴上附件头和刀具的补偿值,并与安全值进行差异计算。将计算出的差异值与程序中设定的预警值进行比较并做出判断。当实际差异值超出预警值范围(即人工输入的补偿值有误时),可以设置程序运行结束并报警,不再执行加工动作并及时将错误信息反馈到机床显示器上,提示操作人员补偿值输入出现错误和错误产生的原因。若实际差异值处于预警值范围内时,加工程序会正常运行下去。

图 6-39 Z 轴对刀仪

2. 宏程序在工件零点设置中的应用原理

程序自动读取并记录上一工件和正在加工工件的工件坐标系偏置值,然后对上一工件和正在加工工件的工件坐标系偏置值进行比较,当数值相同时则表示工件零点同上一工件零点重合,即坐标系偏置值忘记输入。依据工装夹具中的定位基准对该工件坐标系偏置值的数值范围进行设定,并对输入的数值和安全值进行比较,若超出安全范围则表示坐标系偏置值设置错误。

6.13.2 宏程序在刀具参数中的应用案例

通过宏程序参数和系统参数进行刀具参数对比。如果对比误差在允许范围内就正常运行程序;如果超出规定值,就报警并显示报警信息。

例 6-15 以编辑 $\phi 32mm$ 的方肩铣刀为例,采用宏程序参数与系统刀具参数进行对比复查,检查刀具参数是否输入错误,以避免疏忽大意造成的安全质量事故。宏程序见表 6-29。

表 6-29 刀具参数对比宏程序

	程序内容	程序说明
N10	$TC_DP3[1, 2] = 499.88+191.102;	附件头长度补偿值+刀具长度补偿值
N20	$TC_DP4[1, 2] = 0;	延伸附件头在 X 方向上的补偿值
N30	$TC_DP5[1, 2] = 0;	延伸附件头在 Y 方向上的补偿值

(续)

程序内容		程序说明
N40	$TC_DP6[1,2] = 16.03;	半径补偿值,修改该值可控制φ50孔直径大小
N50	G54 G90 G17 G40;	调用G54工件坐标系,确定XY平面为加工平面
N60	T1D2;	1为刀具号,2为刀沿号
N70	R1 = $TC_DP3[$P_TOOLNO, $P_TOOL];	读取当前主轴上有效的刀具长度值
N80	R2 = 499.88+191.102;	191.102为理论上的安全长度值
N90	R3 = ABS(R1-R2);	刀具的实际长度值与安全长度值进行差值计算
N100	R3>0.2 GOTOF END123;	长度差异值大于预警值0.2时,程序跳转到N210并结束程序,显示报警信息
N110	R4 = $TC_DP6[1,2];	读取当前主轴有效的刀具半径值
N120	R5 = 16.05;	刀具对比值R5,赋值为16.05
N130	R6 = ABS(R4-R5);	刀具实际半径值与该刀具安全半径值进行对比计算
N140	R6>0.04 GOTOF END456;	半径差异值大于预警值0.04时程序跳转到N240并结束程序,显示报警信息
N150	G0 G90 X2217.877 Y412.0;	快速定位
N160	G0 X2217.877 Y412 Z280 S800 D2 M3;	快速定位,主轴正转
N170	……	加工程序省略
N180	……	加工程序省略
N190	G0 Z280;	快速抬刀至Z280位置
N200	M05 G153 G0 Z0 D0;	主轴停止,快速回到机床Z向原点
N210	END123:	刀具长度值设置超差后跳转目标标签
N220	MSG("刀具长度值设置错误");	显示器上显示报警信息
N230	M30;	程序结束
N240	END456:	刀具半径值设置超差后跳转目标标签
N250	MSG("刀具半径值设置错误")	显示器上显示报警信息
N260	M30;	程序结束

6.13.3 宏程序在坐标系设置中的应用案例

产品在加工之前需要设定零件坐标系或检查坐标系是否正确。设定坐标系时,可能由于操作人员的疏忽大意,会导致坐标系数值输入错误。数控加工中坐标系零点错误,就会造成产品报废或撞机等安全质量事故,虽然是偶发事件,但是在生产中要坚决杜绝。

例6-16 采用宏程序参数与系统参数进行对比复查,检查坐标系是否输入错误,以避免疏忽大意造成的安全质量事故。具体程序见表6-30。

表6-30 坐标系参数对比宏程序

程序内容		程序说明
N10	……	加工程序省略

(续)

程序内容		程序说明
N20	R88=1;	(G54=1/G55=2/G56=3……)
N30	R64=3334;	X中间值(每台机床按工装的实际情况设置)
N40	R65=40;	X变动范围(可根据实际情况设置)
N50	R74=2016;	Y中间值(每台机床按工装的实际情况设置)
N60	R75=20;	Y变动范围
N70	R84=712;	Z中间值(每台机床按工装的实际情况设置)
N80	R85=5;	Z变动范围
N90	R61=$P_UIFR[R88,X,TR];	R61=正在使用的X零点偏置
N100	R62=ABS(R61-R64);	R62=|R61-R64|
N110	IF R62>R65 GOTO XCW1;	当R62>R65,程序跳转至XCW1程序段
N120	IF R66==R61 GOTO XCW2;	当R66==R61,程序跳转至XCW2程序段
N130	R71=$P_UIFR[R88,Y,TR];	R71=正在使用的Y零点偏置
N140	R72=ABS(R71-R74);	计算R71-R74的差值
N150	IF R72>R75 GOTO YCW1;	当R72>R75,程序跳转至YCW1程序段
N160	IF R76==R71 GOTO YCW2;	当R76==R71,程序跳转至YCW2程序段
N170	R81=$P_UIFR[R88,Z,TR];	读取坐标系中Z的机床坐标
N180	R82=ABS(R81-R84);	计算R81-R84的差值
N190	IF R82>R85 GOTO ZCW1;	当R82>R85,程序跳转至ZCW1程序段
N200	IF R86==R81 GOTO ZCW2;	当R86==R81,程序跳转至ZCW2程序段
N210	……	加工程序省略
N220	……	加工程序省略
N230	R66=R61;	R66参数赋值到R61
N240	R76=R71;	R76参数赋值到R71
N250	R86=R81;	R86参数赋值到R81
N260	M00;	程序暂停
N270	M30;	程序结束,跳转至开始
N280	XCW1:MSG("X设置错误")/R62>R65/R62="<<R62<<"	MSG("X设置错误")显示报警
N290	STOPRE;	预处理停止
N300	GOTOF XCW1;	程序跳转至XCW1程序段
N310	XCW1:MSG("X设置错误")	MSG("X设置错误")显示报警
N320	M00;	程序暂停
N330	M30;	程序结束,跳转至开始
N340	XCW2;	MSG("X忘记设置")显示报警
N350	M00;	MSG("X忘记设置")显示报警
N360	M30;	程序结束,跳转至开始

(续)

程序内容		程序说明
N370	YCW1;	MSG("Y 设置错误")显示报警
N380	M00;	MSG("Y 设置错误")显示报警
N390	M30;	程序结束,跳转至开始
N400	YCW2;	MSG("Y 忘记设置")显示报警
N410	M00;	MSG("Y 忘记设置")显示报警
N420	M30;	程序结束,跳转至开始
N430	ZCW1;	MSG("Z 设置错误")显示报警
N440	M00;	MSG("Z 设置错误")显示报警
N450	M30;	程序结束,跳转至开始
N460	ZCW2;	MSG("Z 忘记设置")显示报警
N470	M00;	MSG("Z 忘记设置")显示报警
N480	M30;	程序结束,跳转至开始

大师经验谈

实际生产过程中,由于工件更换、刀具磨损和更换等原因经常需要重新设置刀具参数,频繁的人工设置经常会遇到机床操作者工件装夹错误、方向装反,以及设置工件坐标系零点和刀具补偿值出现输入错误值或忘记输入等现象,从而造成产品报废、机床撞机,甚至人身伤害等质量和安全事故。因此,机床操作人员必须在工件加工及机床调用刀具半径和长度补偿之前,根据工艺要求使用寻边器、对刀仪等工具,测量出工件零点、刀具长度和半径补偿值,然后把正确的数值输入到机床零点和刀具寄存器中,以补偿刀具在各方向上的尺寸变化并生产出合格的产品。

修改刀具参数及坐标设置是数控加工中的非常关键的步骤。在实际操作中,操作者每更换一次刀具,就应该对所有刀具的长度进行测量,修改刀具长度参数时要反复核对。在加工中装载刀具时,也需要对长度进行复验,并对刀具刀柄锥柄部分进行清洁,以保证刀具在锥孔中的位置精度,操作中要防止错拿刀具。坐标的零点偏置设定完后,尽可能的备份或者留下记录,便于后续的检查。

第 7 章
技能大师解决加工工艺难题

☺ 学习目标：
1. 熟悉各种特殊零件的加工工艺特征。
2. 掌握各种特殊零件的加工工艺难点及注意事项。
3. 掌握各种特殊零件的工艺难点解决措施。

7.1 西门子 840D 系统宏程序在生产中的应用

7.1.1 宏程序的应用技巧

在生产过程中，不可避免地会出现各种各样的质量问题，但通过分析发现有些质量问题是可以通过宏程序的控制来避免的。机床数据的检查工作是重复且烦琐的，经常还会出现检查不到位的情况，通过宏程序来自动检查，可以提高检查工作的效率和正确性；在相似图形和复杂图形的加工中，利用宏程序来编程，可以提高编程的效率，减小程序的长度，简化编程工作。

宏程序的主要特点有编程灵活、高效、快捷，除适合有插补指令的曲线编程外，还适合像图形一样，只是尺寸不同的系列零件的编程，以及工艺路径一样，只是位置参数不同的系列零件的编程。此外，宏程序也适合于对机床参数进行判断，如零点参数、R 参数、刀具参数等系统变量。现在大部分的机床由于内存受到限制和图样的不断变更，操作者也需要熟悉加工中需要的各种程序，自动编程由于程序语句非常多，程序容量大，程序修改麻烦，操作者读程序困难，所以在实际的应用中受到了很大的限制。手工编程程序容量小，查看、修改程序方便，实际生产中操作者运行手工编制的程序比较方便。

操作者在设定刀具参数、R 参数、零点参数等各种系统变量时，宏程序可以对所有的变量进行判断，增加了程序在运行过程中的安全性，降低了产品质量问题发生的概率；在数组的分析中，如果需要使用到数据中的部分值，利用宏程序的特有功能可以自动判断出最大值和最小值，节省了人工计算的时间和出错的概率。

在数控的精加工过程中，操作者通过对产品的实际测量后，把测量的值或测量后计算的值输入到数控机床中,这时经常由于输入错误或计算后输入错误的值导致产品铣伤,如果利用宏程序的判断功能,就可以避免一些因人为的操作导致的产品质量问题。宏程序对产品质量的提升可以起到很好的作用。

7.1.2 利用宏程序降低产品质量问题发生的概率

如图7-1所示,精加工过程中,操作者测量后补偿值错误造成了产品的铣伤。由于加工的部件比较大,加工的部位较多,精加工测量补值的位置多,所以出错的概率也大。同时由于产品的特殊性,一旦出现铣伤,面临的情况将是产品的报废。为了保证产品不铣伤,也为了避免后续产品在加工过程中再次发生类似的问题,可利用宏程序对操作者输入的数据进行判断。通过分析发现,操作者在加工产品的同一部位每次输入的测量值都差不多,变动在±5mm范围内。把操作者输入的精加工补偿值设定为R参数,在精加工动刀前运行宏程序,对操作者输入的R

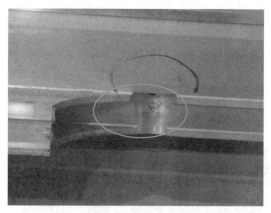

图7-1 产品铣伤

参数进行判断,看是否在设定范围内。如果在范围内,则程序继续运行进行加工;如果超出设定范围,则程序无法继续运行,程序跳转至输入补偿值的位置,操作者再次确认输入补偿值是否正确,修改至正确的补偿值后,程序可以继续运行。如果某些测量输入的值确实是超出范围的,则经过确认后,修改设定补偿值范围,运行完精加工程序后,再把设定补偿值范围修改回来,方便下次程序判断。精加工补偿值判断程序见表7-1。

表7-1 精加工补偿值判断程序

程序内容		程序说明
N1	RWR;	在判断超出范围时,输入的补偿值返回到的程序位置
N2	R102 = 0;	对输入补偿值的位置进行清零,避免漏输入补偿值
N3	STOPRE;	程序预读停止
N4	M0;* * * * CHECK Y = 5 AND THEN PUT IN R102 * * * *	程序停止,提醒操作者正确输入补偿值,标准为±5mm
N5	IF(R102 >= 10) OR (R102 <= 0) GOTOB RWR	利用宏程序对R参数进行判断,如果≥10或≤0,程序返回设置的输入补偿值的位置;如果不成立,则表示补偿正确,可以继续运行
N6	STOPRE;	程序预读停止

原来数控加工大部分的质量事故都是因为测量补偿值错误造成的,通过利用宏程序对输入的补偿值进行判断后,已无因为补偿值错误而产生的产品质量问题,规避了加工中很大的风险,使产品质量得到了显著的提升。

7.1.3 利用宏程序减少检查系统变量消耗的时间

在产品的加工中,尤其是大型的产品加工中,会用到各种各样的参数变量,如探测产品后,机床会利用 R 参数记录探针系统测量的数据,西门子机床的 R 参数(图 7-2)一般有近千个。

机床的刀具系统如图 7-3 所示。大型机床的刀具参数一般有 40~60 个刀位,一个产品用到的刀具约有 20 把,每个班次都需要对这些刀具的刀具参数进行检查。如果依靠人工进行检查,第一花费的时间比较多;第二查看的数据比较多,容易因检查不到位造成产品质量问题。如果利用宏程序对这些需要检查的参数进行自动检查,可以提高操作者的工作效率,避免检查不到位的情况。表 7-2 所列为 R 参数检查的宏程序,设定的范围是 R 参数在-5~5 有效,以 R0-R2 为例。

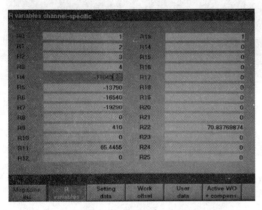

图 7-2　机床的 R 参数

图 7-3　机床的刀具系统

表 7-2　R 参数检查的宏程序

	程序内容	程序说明
N1	DEF REAL RPARA[4,1];	定义数组 RPARA[0,0]-[3,0]
N2	DEF INT NUMMER;	定义整数型变量 NUMMER
N3	RPARA[0,0]=1;R0;	R0 赋值到数组 RPARA[0,0]
N4	RPARA[1,0]=2;R1;	R1 赋值到数组 RPARA[1,0]
N5	RPARA[2,0]=3;R2;	R2 赋值到数组 RPARA[2,0]
N6	FOR NUMMER = 0 TO 3;	利用计数循环宏程序进行检查
N7	IF R[NUMMER]<=RPARA[NUMMER,0]+5;	如果 R0-R2≤RPARA[0,0]-[0,2]+5,则继续运行程序
N8	ELSE;	如果大于上述范围,则提示报警
N9	MSG("RDATE WORNG R"<<NUMMER<<" RPARAMETER WRONG-PLEASE CHECK");	报警信息(R 参数有错误请注意检查,可以提示具体哪个错误)
N10	M0;	程序停止
N11	ENDIF;	IF 循环结束

(续)

程序内容		程序说明
N12	STOPRE;	程序预读停止
N13	IF R[NUMMER]>=RPARA[NUMMER,0]-5;	如果R0-R2≥RPARA[0,0]-[0,2]-5,则继续运行程序
N14	ELSE;	如果小于上述范围,则提示报警
N15	MSG("RDATE WORNG R"<<NUMMER<<" RPARAMETER WRONG- PLEASE CHECK");	报警信息(R参数有错误请注意检查,可以提示具体哪个错误)
N16	M0;	程序停止
N17	ENDIF;	IF循环结束
N18	STOPRE;	程序预读停止
N19	ENDFOR;	FOR循环结束
N20	M30;	程序结束

先利用系统的功能指令"WRITE",把上一件产品探针记录在R参数内的数据,利用运行程序的方法备份写入到程序中,作为后续程序判断的基准。再通过宏程序逐个对实际机床的变量与备份的变量进行比较,如果超出设定的范围程序则自动报警,并提示操作者错误的位置;如果正确则可以继续运行后续的加工程序。用这样的方法来自动判断R参数是否正确可节约操作者的检查时间。刀具参数的检查原理也是一样的。

7.1.4 利用宏程序减少编程的工作量

大部件的加工过程中,常见的加工方式有铣削、钻削和镗孔。钻孔和镗孔由于系统开发了固定的循环,所以程序相对来说比较简单。铣削虽然也有部分固定循环,但是还没有那么全面,使用起来还是自己开发的宏程序比较方便。由于加工的部位多,编辑的程序也多,如果光靠简单的程序进行编辑,这样编辑的程序会较多,而且修改、编辑也比较麻烦。如图7-4所示,需要加工长长的C形槽,且每个C形槽加工后的长度是不一致的。如果利用简单的程序编程,那么每个C形槽都需要编辑一个程序,这样程序的语句就会很多。如果利用宏程序,把加工C形槽的长度设置成一个变量,其余的可以设置成常量,就可以很方便地解决编程复杂的难题。

从图7-5可以看出,C形槽的长短是不同的,但除长短不同之外,其余是一样的。所以可以利用这些特点进行宏程序的编辑。编辑好的C形槽(带长度变量)加工子程序见表7-3,然后把它带入主程序中,便可以完成加工。C形槽加工主程序见表7-4。

表7-3 C形槽加工子程序

程序内容		程序说明
N1	PROC MILL_C(REAL XXA, REAL XXB, REAL YY, REAL ZZ, INT RRA, INT RRB, INT FFF);	定义C形槽(带参数变量)的加工子程序
N2	G0 G40 X=(XXA+XXB)/2 Y=YY;	快速定位X至XXA和XXB的中间位置

(续)

	程序内容	程序说明
N3	G0 Z=ZZ+80;	快速定位 Z 轴安全高度
N4	G0 Y=YY-55;	快速定位 Y 轴安全位置
N5	G0 G41 X=XXA D1;	定位 X 轴加工位置,建刀补
N6	G1 Z=ZZ+R[RRA] F800;	定位 Z 轴加工位置
N7	G1 Y=YY+50 F=FFF/3;	Y 向切削
N8	G1 X=XXB Z=ZZ+R[RRB] F=FFF;	X 向和 Z 向切削
N9	G1 Y=YY-50 F=FFF/3;	Y 向切削
N10	G1 X=XXA Z=ZZ+R[RRA] F=FFF;	X 向切削至 A 点
N11	G1 Y=YY;	Y 向切削
N12	G0 Z=ZZ+260;	切削结束,抬主轴
N13	G0 G40 X=(XXA+XXB)/2 Y=YY;	取消刀补,X 轴回位
N14	M17;	子程序结束

图 7-4 待加工的大部件产品

图 7-5 加工完的大部件产品

表 7-4 C 形槽加工主程序

	程序内容	程序说明
N1	EXTERN MILL_C(REAL,REAL,REAL,REAL,INT,INT,INT);	引用外部子程序 MILL_C
N2	G0 G90 G557 D1 Z500;	设置零点,机床 Z 轴高度
N3	M3 S8000 M8;	开启主轴和切削液
N4	MILL_C(3020,2920,340,0,721,722,3200);	调用子程序,把变量参数输入
N5	G0 Z500;	机床回到安全位置
N6	M9 M5;	关闭切削液和主轴
N7	M30;	程序结束

7.2 铝合金底架高速加工工艺难点分析

7.2.1 学习目标与注意事项

1. 学习目标

1)能够在加工中心上运用高速加工工艺加工城轨车辆铝合金大型构架类零件,除零件尺寸精度、几何公差等要符合图样技术要求外,还应该熟悉如何提高加工效率。

2)能够编制数控加工程序,并在加工中心上加工城轨车辆铝合金底架。

3)能够编制用于自动记录切削时间的程序。

2. 注意事项

1) 工装设计注意刀具、夹具、工件不要产生干涉。
2) 使用高速刀路优化能有效提高加工效率和切削安全性。
3) 加工中,注意所选择的刀具要与程序所选刀具保持一致。
4) 对刀时要注意坐标系与程序中的工件坐标系一致。
5) 对刀后要及时验证对刀数值的正确性。
6) 选择合适的切削参数,杜绝粘刀或积屑瘤的出现。
7) 加工过程中要注意观察转速、进给速度,通过机床操作面板按钮及时做出调整。

7.2.2 工艺分析

如图 7-6 所示,此大部件长度为 19650mm。型材材质为 6061 铝合金,如此长的型材刚性小,焊接后扭曲变形大,装夹困难,加工时极易产生振动,并且要求保证较好的零件表面质量和尺寸精度,因此必须采用高速加工工艺。然而采用高速加工后,随之带来了刀具振动大而导致零件尺寸精度不高、表面粗糙度不好、切削时容易粘刀等一系列问题。

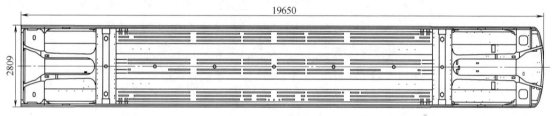

图 7-6 底架加工示意图

加工难点:

1) 铝合金底架加工通常采用高速加工机床进行加工,以提高加工效率,使用的润滑方式为微量润滑,选择合适的切削液显得尤为重要。
2) 在高速加工中,为抑制刀具振动,如何选择合适的刀具及刀具材料是很重要的。
3) 为确保最大的切削效率和在高速切削时加工的安全性,如何编制高速加工程序是编程的难点之一。
4) 在新产品研发加工过程中,验证工艺方法的同时还需收集零件每道工序的实际切削时间,如何高效地编制记录切削时间的数控程序也是编程中的难点。

7.2.3 切削加工工艺

(1) 高速加工机床　高速加工要求高速机床具备高性能的主轴单元和冷却系统、高刚性的机床结构、安全装置和监控系统,以及优良的静、动力特性等,该机床具有技术含量高、机床制造难度大等特点。高速加工机床的加工,选用的机床是德国生产大型龙门五轴加工中心 Fooke。这种机床具备了高速加工中对机床的所有要求,机床主轴转速高达 15000r/min,进给速度达到 40m/min,机床动态响应好,最关键的是,机床具备主轴油雾内冷却系统,切削液选用了美国 ITW 集团 ACCU-LUBE（阿库路巴）LB-6000 微量油气润滑油，微量的润滑油在刀具工作点形成薄薄的油膜，油膜具有很高的表面黏附强度。在工作过程中，润滑油的高润滑性可使刀片减少摩擦，降低切削应力，同时高压冷却技术可将切削液精准地导向实际切削区，更容易控制加工区域的温度，高压油雾冷却能有效降低切削中的刀具的温度，使得排屑更为顺畅。

（2）刀具材料选择　高速加工中的刀具在高温下进行切削工作，同时还要承受切削力、冲击和振动，因此要求刀具材料要具有足够的强度和韧性、高硬度、高耐磨性和热硬性等。同时，为了便于刀具的制造和成本控制，刀具材料还应具备良好的工艺性和经济性。常用的刀具材料有高速钢、硬质合金、金刚石和立方氮化硼等。在加工铝合金零件时，如果选用的刀具材料为硬质合金，虽然铝合金属于比较容易切削的材料，但是在高速加工中容易产生粘刀现象，为了避免这一问题，可采用非涂层刀具，因为非涂层刀具可以比涂层刀具做得更加锋利，切削铝合金时的切削力更小，切削过程更顺畅，因此可以有效地减少粘刀问题的产生。

（3）刀柄的选择　高速加工中的刀柄选择应适合机床高速、高效的特点，因此刀具在高速下进行切削加工应具备较高的系统精度和系统刚度、较好的动平衡性。刀具在高速切削加工条件下，微小的质量不平衡都会造成巨大的离心力，在加工过程中引起机床和刀具的急剧振动，造成机床和刀具的破坏，因此高速刀具系统的动平衡性显得尤为重要。为了提高刀具与刀柄的连接精度，采用热装式的刀具夹紧系统逐渐取代了弹簧夹紧、侧固等系统。如图 7-7 所示，数控刀柄具备了以下几个优点：很高的同心度、所传递的力矩为液压夹头或弹簧夹头的 2~4 倍、刀杆的动平衡性非常好。热胀系统通常都是利用热感应线圈使刀柄的夹持部分在短时间内加热，使刀柄内径随之扩张，此时立即把刀具装入刀柄内，而刀柄冷却收缩时，即可赋予刀具夹持面均匀的压力，从而产生很高的径向夹紧力，将刀具牢牢夹持住。因此，热胀系统是一种刀具与刀柄间不介入任何物质的热装式的刀具夹紧方法，它可解决高速加工中极为重要的平衡、振摆精度及夹持强度等问题。

图 7-7　数控刀柄

（4）高速刀路优化　为了能够确保最大的切削效率和在高速切削时加工的安全性，可使用 UGNX7.5 软件进行零件编程，生成刀具轨迹时应考虑以下几个方面：

1）采用较小的切削深度和切削宽度，同时采用很高的切削速度和进给速度，可以有效降低切削过程中的切削抗力。

2）应避免刀具轨迹中走刀方向的突然变化，以免因局部过切而造成刀具或机床的损坏；应保持刀具轨迹的平稳，避免突然加速或减速。

3）残料加工或清根加工是提高加工效率的重要手段，一般应采用多次加工或采用大刀具开粗来去除大部分余料，然后采用小刀具进行清角和精加工。此外，还应减少切削步距，以减小切削抗力。

4）刀路编辑、优化非常重要，为避免多余空刀，可通过对刀路镜像、复制、旋转等操作，避免重复计算；刀路裁剪功能也很重要，可通过精确裁剪减少空刀，提高效率，也可用于零件局部变化时的编程,此时只需修改变化的部分,无须对整个模型进行编程。

5)下刀或行间过渡部分应采用斜式下刀或圆弧下刀,避免垂直下刀直接扎入工件材料;行切的端点采用圆弧连接,避免直线连接;精加工时的起刀点应设在边线端点,而不是中点。

7.2.4 自动记录切削时间程序编制

西门子 840D 系统是西门子公司 20 世纪 90 年代推出的高性能数控系统,软件内容丰富,功能强大。它不仅装载了能够满足基本加工需求的基础指令,还附带大量的可编程系统变量,这些系统变量既可以实现灵活性编程,还可以衍生出强大的辅助功能。通过对 840D 系统中的时间变量进行编程,可实现自动记录切削时间并形成数据报表的功能。840D 系统常用时间变量见表 7-5。

表 7-5 840D 系统常用时间变量

变量名称	含义	参数	单位
$AN_SETUP_TIME	系统上电时间。系统按 default 上电时,清零	—	min
$AN_POWERON_TIME	系统上电时间。系统重启后,清零	—	min
$YEAR	系统时间:年	—	—
$MONTH	系统时间:月	—	—
$DAY	系统时间:日	—	—
$HOUR	系统时间:小时	—	—
$MINUTE	系统时间:分	—	—
$SECOND	系统时间:秒	—	—
$AC_OPERATING_TIME	自动方式下,NC 程序自动运行累计时间。系统上电,清零	MD 27860 $MC_PROCESS_TIMER:Bit0 = 1 激活功能	s
$AC_CYCLE_TIME	NC 程序执行时间。程序启动时,清零	MD 27860 $MC_PROCESS_TIMER:Bit1 = 1 激活功能	s
$AC_CUTTING_TIME	程序切削累计时间(插补运动),快速运动除外。系统按 default 上电时,清零	MD 27860 $MC_PROCESS_TIMER:Bit2 = 1 激活功能	s

(1)WRITE 编程指令 WRITE 的功能是编写文件,将数据编写进入指定文件的尾端。

1)格式:WRITE(VAR INT ERROR,CHAR[160]FILENAME,CHAR[200]STRING)

2)说明:ERROR——返回的错误可变函数。0:没有错误;1:不允许的路径;2:找不到路径;3:找不到文件;4:文件类型不正确;10:文件已满;11:文件正在使用;12:无自由的来源;13:无访问权;20:其他错误。

FILENAME——在文件名中编写字符串。可以路径和文件辨识符号规定文件名称。路径名称须为绝对,即以"/"开始。若文件名称没有一个定义域辨识符号(_N_),会按规则加上去;若文件没有辨识符号(_MPF,_SPF)时,会自动在文件名称上加_MPF;若文件没有规定路径时,会储存在目前的目录(=选定程序的目录)中。文件名称最多可为32位,路径长度最多为128位。

STRING——编写文句。之后在内容加上"LF;",即以一个字符加长文句。

(2)WRITE 编程案例　在工件加工程序的首尾端添加一个记录时间的程序,在这里应用 \$AC_OPERATING_TIME 和 \$AC_CUTTING_TIME 两个参数记录时间较为合适,由于城轨车体车间数控机床加工过程中会存在复位重新启动程序的情况,因此 \$AC_CYCLE_TIME 变量没有参考应用价值,编程案例见表7-6。

表7-6　编程案例

程序内容	程序说明
DEF INT ERROR;	定义 ERROR 整数型变量
WRITE(ERROR,"/_N_WKS_DIR/_N_00TIME_WPD/00TIME","*****************");	将*****************写入程序_N_WKS_DIR/_N_00TIME_WPD/00TIME.MPF中,用以分隔上次记录
WRITE(ERROR,"/_N_WKS_DIR/_N_00TIME_WPD/00TIME","DPNUMBER:"<<R999);	将当前加工的零件编号写入程序_N_WKS_DIR/_N_00TIME_WPD/00TIME.MPF中
WRITE(ERROR,"/_N_WKS_DIR/_N_00TIME_WPD/00TIME","END_TIME:");	将"END_TIME:"写入程序_N_WKS_DIR/_N_00TIME_WPD/00TIME.MPF中
WRITE(ERROR,"/_N_WKS_DIR/_N_00TIME_WPD/00TIME",<< \$A_YEAR<<"/"<< \$A_MONTH<<"/"<< \$A_DAY<<"/"<< \$A_HOUR<<":"<< \$A_MINUTE);	将当前系统的年/月/日/小时/分写入程序_N_WKS_DIR/_N_00TIME_WPD/00TIME.MPF中
WRITE(ERROR,"/_N_WKS_DIR/_N_00TIME_WPD/00TIME",<< \$AC_OPERATING_TIME);	将 NC 程序自动运行累计时间写入程序_N_WKS_DIR/_N_00TIME_WPD/00TIME.MPF中
WRITE(ERROR,"/_N_WKS_DIR/_N_00TIME_WPD/00TIME",<< \$AC_CUTTING_TIME);	将程序切削累计时间(插补运动)写入程序_N_WKS_DIR/_N_00TIME_WPD/00TIME.MPF中
M17;	子程序结束

7.3　箱体类零件加工

7.3.1　箱体类零件的技术特点

箱体类零件是机器或部件中常见的一种零件,它将机器或部件中的齿轮、轴等相关零件连成一体,并使之保持正确位置。箱体类零件结构相对复杂,壁薄且壁厚不均,通常有很多装配孔,大多作为轴承的支撑孔,加工精度要求较高。箱体类零件上的装配参考面、定位基准面等会对零件精度、机器使用性能、装配精度等产生直接影响。

典型箱体类零件在孔加工工艺过程中,非常注重定位孔、支撑孔的具体精度和尺寸,并对不同位置的同类功能孔提出了明确要求。比如,对轴承安装孔加工工艺技术要求主要是对尺寸标准的要求。如果两个安装孔之间的重合度出现问题,则在机器运行过程中会出现局部振动问题，进而严重影响零部件精度和使用寿命。特别是机床轴承孔，一般而言，尺寸精度会直接决定零部件的具体加工精度。需要注意的是，减速器等箱体零件对同轴度、定位孔精度、相邻定位孔相互位置精度等的要求比较严格。如果相互位置的精准度比较低，则会直接影响齿轮啮合的情况，导致齿轮受力不均匀，甚至影响齿轮的使用寿命。如果同轴度精度未达到标准要求，则在整机装配过程中会出现空隙较大或齿轮装配不上等问题，较低的装配精度也会影响齿轮的运转，降低机器的工作精度，缩短机器的使用寿命。箱体支撑孔与基准面之间的平行度标准较高，且与固定端面的垂直度标准要求比较严格。

7.3.2 箱体类零件的加工案例

1. 概述

电力机车交流真空断路器是电力机车上一个重要的电气部件，它担负着整车与接触网之间的电气引入、退出，同时用于过载和短路保护。联轴箱与垂直绝缘子连接，固定水平绝缘子，保持真空开关管动触头轴承在联轴箱内部进行机械运动，是断路器上一个重要部件，其质量的好坏，直接影响断路器能否正常工作。联轴箱是整个真空断路器零部件加工制造中比较复杂，技术要求比较高的零件之一，如图 7-8 所示。

联轴箱的工艺流程按照工序分散—工序集中—工序分散的加工原则，在车床上加工端面 $\phi 241$mm 和定位基准孔 $\phi 149_{0}^{+0.03}$mm 后，留 1mm 精铣加工余量，为后续加工创造条件。车工序加工完后，使用工序集中在保证联轴箱加工精度的前提下，完成联轴箱的加工，减少工序时间，提高生产率。由于该工件加工部分多，加工精度高，所以在工序集中加工原则的基础上，充分发挥四轴卧式加工中心功能强大的加工技术优势，每道工序包含尽可能多的加工内容，尽量简化工艺流程，减少装夹次数。通过数铣工序设计和数铣夹具设计制作两套专用的数铣夹具，简单进行工件的找正，以缩短辅助时间，保证批量加工出合格产品。

图 7-8　联轴箱实物

2. 联轴箱的图样分析

联轴箱毛坯材料为 ZL104 铸造铝合金，联轴箱是箱式结构，需要加工的部位很多，要加工 6 个面，各个面上的孔、槽、凸台、攻螺纹等加工内容很多，壁厚不均，如图 7-9 所示。联轴箱工作时要求强度高、刚性好，受到冲击不变形，还要具备耐磨性、气密性、耐蚀性等。联轴箱加工尺寸精度、表面粗糙度、几何公差要求很严格。在零件加工时应采取措施，合理选择毛坯类型和加工余量，正确制订加工方案，选用功能强大、精度等级较高的四轴卧式加工中心。正确选择刀具结构、几何参数、刀具材料和切削用量。采用适用的夹具，保证联轴箱的加工中尺寸精度、表面粗糙度和几何公差都要符合图样规定和要求。

3. 联轴箱的加工工艺分析

联轴箱加工工序：铸造毛坯→T6 固溶强化→划线→过程检查→车加工→数铣加工→钳工精整→气密性试验→终端检验→表面处理→检查→入库。

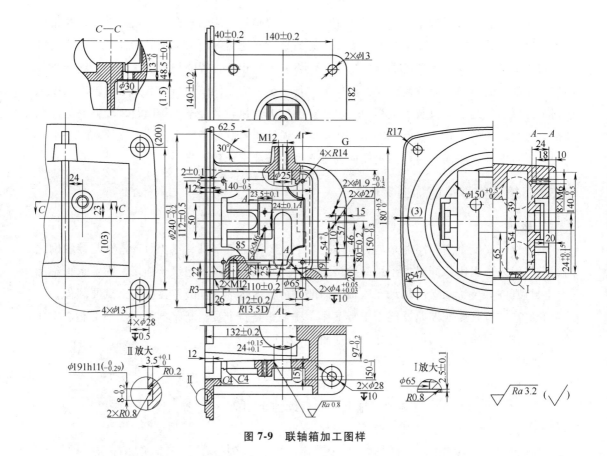

图7-9 联轴箱加工图样

（1）数铣工序分析　联轴箱端面有圆弧台，内孔底部有平台和安装孔需要加工，两侧面安装位置和盖板安装孔也需要加工，整个联轴箱加工部分很多，特别是其中4个腰槽孔的几何公差和尺寸精度要求高，表面粗糙度值为$Ra0.8\mu m$。

在普通机床上完成多道工序加工，工序分散，必须增加多种工艺装备来完成，由于工序分散，加工基准的选择较多，会造成位置变化，达不到加工要求。又因多次分散加工，多次装卸，需要的辅助时间多，造成工作效率不高，产品质量也不易控制。因此可将多道加工工序集中在一台卧式加工中心机床上加工完成。

（2）联轴箱数铣加工变形产生的原因及防止措施　联轴箱壁厚不均匀，硬度低、强度低、刚性差。数铣加工时，因受夹紧力、切削力、内应力的重新分布及切削热等作用，零件易变形，直接影响到零件的尺寸精度，几何公差及表面粗糙度。因此，在联轴箱的数铣加工中，对变形的控制是整个加工工艺过程的一个重点，应采取以下工艺措施：

① 工件分粗铣、精铣。粗铣后再精铣，可消除粗铣产生内应力引起的变形。

② 增大装夹接触面积，使压紧力落在刚性较好的部位。在压紧螺杆与工件接触的部分安装一个大面积的软压铁。联轴箱的刚性差，若压紧方法不当，则会引起工件加工后出现形状误差。例如，用压杆的端面直接压在联轴箱顶部，压紧后联轴箱的被压部分发生变形，加工的零件达到图样要求，待加工完松开压紧螺杆后，由于弹性变形恢复，几何公差和尺寸精

度达不到技术要求。为了减小这种变形，可采用增大接触压紧面积的软压铁压紧联轴箱，并使压紧力的作用点落在刚性较好的左右两个 140mm×140mm 的壁筐上。

③ 选用合理刀具的几何参数。适当增大前角、主偏角、刃倾角，减小刀尖圆弧半径，降低切削力，并使刀具保持锐利状态，减小工件变形。

④ 减小铣削力的影响。由于数控机床传动进给机构是无间隙的滚珠丝杠，使用顺铣可以减小铣削力。另外，选择合适的铣削用量对铣削力影响也很大，经现场验证，铸铝的每齿进给量为 0.08~0.15mm，铣削速度可达 200~300m/min，铣削热变形随着走刀次数的增多或铣削余量的减小而减小。粗加工产生的变形可在精加工中得到纠正。

⑤ 充分加注切削液。在铣削时，还要充分加注切削液，使加工的热尽量快点散出去，防止工件热变形。

⑥ 加工环境温度保持在20°左右。

4. 数铣加工过程

数铣加工分为两道工序，先用联轴箱车加工好的端面 $\phi241$mm 为安装面，$\phi149_{0}^{+0.03}$mm 孔为定位基准，装夹、找正好工件，对联轴箱基准面进行加工，同时应保证联轴箱基准面与安装垂直绝缘子面位置正确，保证联轴箱基准面与垂直绝缘子安装面的平行度公差为 0.2mm，然后按此面加工的方法再去加工另外 3 个面的轮廓特征。调换夹具，以数铣加工好的联轴箱基准面和其上两个 $\phi13_{0}^{+0.02}$mm 的孔作为后续加工的基准，精铣法兰盘平面 $240_{-0.2}^{-0.1}$mm、$R600$mm 圆弧台、端面槽及孔底部分轮廓，精镗 $\phi150_{0}^{+0.03}$mm 孔到规定尺寸。旋转工作台180°再加工另外一个面的轮廓特征。

(1) 联轴箱一工序加工步骤　联轴箱一工序工装如图 7-10 所示，该夹具采用基准重合的原则，选择同一个基准定位，工件的位置精度更加容易得到保证。

1) 用联轴箱 $\phi241$mm 端面为安装面，$\phi149_{0}^{+0.03}$mm 孔为定位基准，以 O 点为编程零点。

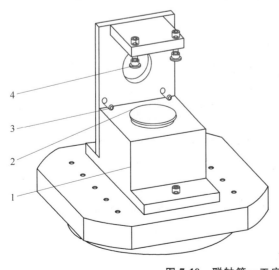

图 7-10　联轴箱一工序工装图

1—夹具体　2—定位盘　3—辅助支撑　4—软压垫

用 90°角尺的一条边靠紧夹具体正前面，另一条边找正工件，使工件左右对称，然后压紧工件顶部，再拧紧夹具背部的两个顶紧螺栓。

① 安装数铣夹具，铣夹具定位盘中心与工作台旋转中心同轴，且找平夹具上表面。

② 工件以 $\phi 241$mm 端平面为安装面，$\phi 149_{0}^{+0.03}$mm 为定位基准，用 90°角尺找正 188mm×182mm 平面沿 X 方向的间隙在 0.2mm 之内，铣平面（188mm×182mm），保持平面到中心的距离 80mm±0.2mm。

③ 钻 $\phi 65$mm 孔，深 65mm。

④ 钻、镗 $\phi 80.5_{0}^{+0.05}$mm 台阶孔，深 2.5mm±0.1mm。

⑤ 钻 $\phi 25$mm 孔，深 $150_{-0.3}^{0}$mm。

⑥ 钻铰 $2\times\phi 13_{0}^{+0.02}$mm 通孔（定位基准孔），保持两通孔距 $\phi 65$mm 孔中心的距离为 70±0.02mm。

⑦ 钻底孔 $2\times\phi 10.3$mm，深 25mm，保持距离（40mm±0.2mm 及 140mm±0.2mm）。

⑧ 攻螺纹 2×M12，深 20mm。

2）机床暂停，工作台水平方向旋转 180°。

① 铣凸台 $\phi 30$mm 平面，保持距平面（188mm×182mm）（基准 B 面）尺寸为 $180_{0}^{+0.50}$mm，表面粗糙度为 $Ra1.6\mu$m。

② 钻通凸台处底孔 $\phi 10.3$mm。

③ 攻螺纹 M12。

3）机床暂停，工作台水平方向旋转 90°。

① 铣内腔 $140_{-0.5}^{0}$mm×$140_{-0.5}^{0}$mm 和铣 $4\times R14$mm 圆弧，且深都为 10mm。

② 钻 4×M6 螺纹底孔 $\phi 5$mm，深 24mm［保持距 188mm×182mm 平面（B 基准面）边距为 22mm 且孔距为（112mm±0.5mm）×(112mm±0.2mm)］。

③ 钻铰 $\phi 4_{+0.03}^{+0.05}$mm 孔深为 10mm。

④ 铣圆弧 $R13.5$mm，宽 15mm，圆弧边距中心 $75_{-0.5}^{0}$mm。

⑤ 距端平面 $\phi 240_{-0.2}^{-0.1}$mm 尺寸为 110mm±0.2mm，铣腰槽 $24_{+0.1}^{+0.15}$mm，且槽中心距为 54_{0}^{+1}mm，内槽表面粗糙度为 $Ra0.8\mu$m。

⑥ 以 $\phi 240_{-0.2}^{-0.1}$mm 轴线（距 188mm×182mm 平面为 80mm±0.2mm）及其边距 62.5mm 定腰槽中心，对称铣 $24_{+0.10}^{+0.15}$mm 半圆弧腰槽，槽表面粗糙度为 $Ra0.8\mu$m。

⑦ 铣凸台平面，深度为 10mm（相对内腔平面 $140_{-0.5}^{0}$mm×$140_{-0.5}^{0}$mm），保持凸台宽 23.5mm±0.1mm。

⑧ 钻 4×M6 螺纹底孔 $\phi 5$mm，保持孔距 24mm±0.1mm 及边距 85mm。

⑨ 攻螺纹 4×M6，深 20mm。

4）机床暂停，工作台水平方向旋转 180°。

① 铣内腔 $140_{-0.5}^{0}$mm×$140_{-0.5}^{0}$mm 和铣 $4\times R14$mm 圆弧，且深都为 10mm。

② 钻 4×M6 螺纹底孔 $\phi 5$mm，深 24mm，保持距 188mm×182mm 平面（B 基准面）边距

为22mm且孔距分别为112mm±0.5mm和112mm±0.2mm。

③ 钻铰 $\phi 4^{+0.05}_{+0.03}$mm 孔，深为10mm。

④ 铣圆弧 $R13.5$mm，宽15mm，圆弧边距中心 $75^{0}_{-0.5}$mm。

⑤ 距端平面 $\phi 240^{-0.1}_{-0.2}$mm 尺寸为 110mm±0.2mm，铣腰槽 $24^{+0.15}_{+0.1}$mm，且槽中心距为 54^{+1}_{0}mm，内槽表面粗糙度为 $Ra0.8\mu$m。

⑥ 以 $\phi 240^{-0.1}_{-0.2}$mm 轴线（距 188mm×182mm 平面为 80mm±0.2mm）及其边距 62.5mm 定腰槽中心，对称铣 $24^{+0.15}_{+0.1}$mm 半圆弧腰槽，槽表面粗糙度为 $Ra0.8\mu$m。

⑦ 铣凸台平面，深度为 10mm（相对内腔平面 $140^{0}_{-0.5}$mm×$140^{0}_{-0.5}$mm），保持凸台宽 23.5mm±0.1mm。

⑧ 钻 4×M6 底孔 $\phi 5$mm，保持孔距 24mm±0.1mm 及边距 85mm。

⑨ 攻螺纹 4×M6，深 20mm。

（2）联轴箱二工序加工步骤　联轴箱二工序工装如图 7-11 所示。调换夹具，将工件基准面 B 的两个 $\phi 13^{+0.02}_{0}$mm 的孔与夹具上的圆柱销和菱形销配合在一起，基准面 B 放在夹具的定位面上，拧紧两块压板的压紧螺母压紧工件。该夹具采用了两孔一面的定位方法，大平面限制了 $\vec{X}$、$\vec{Y}$ 和 $\vec{Z}$ 的三个自由度，圆柱销可以限制两处自由度，即 $\vec{X}$ 和 $\vec{Y}$，菱形销限制了 $\vec{Z}$，就形成了一个完全定位，防止工件向任一方向移动或转动，使工件在夹具中有一个准确的位置，最终保证了工件各个加工部分的位置精度。

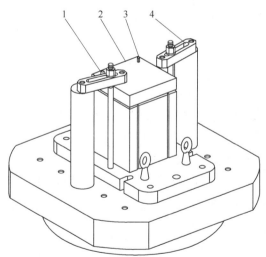

图 7-11　联轴箱二工序工装图
1—圆柱销　2—夹具体　3—菱形销　4—压紧装置

① 安装数铣夹具，校正铣夹具定位轴中心与工作台旋转中心同轴，校平夹具上表面，以 2×$\phi 13^{+0.02}_{0}$mm 孔及夹具上表面定位、装夹。

② 首先校正 $\phi 149^{+0.03}_{0}$mm 孔误差在 0.03mm 之内，以此为原点编程，铣圆台

$\phi240_{-0.2}^{-0.1}$mm 外圆，深度为 2mm±0.1mm。

③ 铣圆弧台 R600mm 周边，深度为 5mm±0.1mm。

④ 铣端面槽 191mm±0.1mm，槽宽 8mm±0.1mm，槽深 3.5mm±0.05mm。

⑤ 精镗内孔 $\phi150_0^{+0.03}$mm，深度 12mm±0.2mm。

⑥ 铣内腔凸台面，深 132mm±0.2mm，距 188mm×182mm 平面（B 基准面）135mm±1mm。

⑦ 钻 4×ϕ13mm 通孔，保持孔距为 200mm。

在数铣加工中应注意：编程时要考虑加工的夹具、工件、刀具等的位置和高度，避免机床、零件、刀具、辅具之间的干涉、碰撞。选择合理的进刀路线、缩短进给时间。根据产品结构、加工部位、刀具确定合理的切削参数，优化数控工艺，提高产品质量。加工中应对各个加工尺寸进行检查，发现加工的实测尺寸有误差，及时调整程序和更换磨损的刀具。

5. 案例小结

通过对箱体类零件联轴箱图样进行分析后，合理划分工件的加工工序，能够在保证完成加工任务的前提下，尽可能地减少加工工序，在数铣两道工序上设计了两套实用的加工专用夹具，提高加工效率和质量，有效控制加工成本。联轴箱经过正确的工艺分析和合理的工序安排后，能够保证各个加工部分顺利进行，经过三维坐标检测，零件的表面粗糙度、尺寸精度和几何公差均能达到图样设计要求，满足了新一代电力机车的使用要求。

7.4 细长杆类零件的加工

7.4.1 细长杆的技术特点和加工难点

1. 细长杆的技术特点

细长杆是根据实际长径比与材料极限长径比的大小关系来判定（长径比也叫柔度）的，即实际长径比<材料极限长径比为短杆，反之则为细长杆。材料极限长径比是由欧拉公式计算的，这个值只跟材料有关，如 Q235 钢的极限长径比为 90∶1～110∶1。由于细长杆的刚性非常差，在加工的过程中受到机床精度、刀具的几何角度、切削力、切削热及振动等因素的影响，极易使工件产生变形，产生直线度、圆柱度等加工误差，致使产品难以满足图样上的几何精度和表面质量等技术要求。长径比值越大，加工难度越大。

2. 细长杆的加工难点

1）由于长径比值大，工件在铣削时，受到切削力的影响，极易使工件产生弯曲变形，从而影响加工精度和表面粗糙度。

2）工件在加工过程中产生的振动及受到产品自重等因素的影响，会造成工件圆柱度和表面粗糙度难以满足加工要求。

3）加工过程中产生的切削热会造成工件长度变长，在顶尖顶住工件的情况下，会使工件发生弯曲变形，从而影响加工质量。

7.4.2 细长杆的加工案例

1. 技术特点分析

细长杆的刚性较差，同时在加工过程中因受到机床、刀具、切削液等众多因素的影响，极易使工件产生曲腰鼓形、多角形、竹节形等缺陷，特别是在磨削淬火调质加工过程中，由于磨削时产生切削热，更加容易引起工件变形，因此如何有效地解决上述问题，是加工细长零件的关键。

基于细长杆的加工特点和技术特点，加工细长杆时需要注意下列问题：

1）加工中心（四轴）调整。加工中心（四轴）A 轴母线与 A 轴尾座中心线的同轴度误差应小于 0.02mm。

2）工件的装夹。一般在加工中心上铣削细长杆时，都采用"一夹一顶"的装夹方式，如果工件精度要求较高，还需在工件上添加辅助支撑架（避免加工时发生变形）。用卡盘装夹工件时，卡爪夹持工件长度不宜超过 15mm，如果条件允许，最好在卡爪与工件之间套入一个开口套（避免夹伤工件表面）。在用尾座顶尖顶工件进行粗加工时，宜采用弹性顶尖，当工件因受到切削热而伸长时，顶尖能轴向伸缩，以尽可能地减少工件的弯曲变形。

3）刀具的选择。加工刚性较差的材料时，为了减小切削力，应尽可能选择较为锋利的刀具，且刀具的刀尖圆弧角不宜过大。

4）切削用量。铣削细长杆时，为了减小切削力，粗加工一般采用"小吃深、大进给"的加工方式来进行切削用量的设定（即较小的背吃刀量配合较大的进给量）。

2. 工艺分析

（1）分析零件　图 7-12 所示的细长杆零件图，其毛坯为 Q235 钢的圆柱棒料，硬度值为 130HBW。

（2）分析加工难点

1）由于该细长杆的长径比达到 60∶1，导致刚性极差，在切削抗力和切削热的作用下容易产生振动与弯曲变形，造成刀具和零件的相对运动准确性被破坏，致使加工时出现"振刀"现象，加工精度、表面粗糙度很难保证。

2）螺旋槽的程序编制。

（3）应对措施

1）经过分析发现，产生以上问题的主要原因：零件细长、刚性差，在加工中心（四轴）上加工时，虽然采用一头用卡爪夹持，尾部用尾顶尖顶紧，增加辅助支撑架的方式装夹工件，但需要铣削的螺旋槽在细长杆的中部，由于铣削螺旋槽的刚性不够，工件会发生轻微振动，致使刀具容易崩刃，表面质量较差。为了解决铣削过程中的刚性问题，在加工工序上进行调整，即车床加工（加工外圆和一个台阶）—加工中心加工（四轴，加工螺旋槽、键槽、螺纹孔等）—车床加工（加工另一个台阶）。车床进行车削加工时，只车削零件外圆和一个台阶，接着用加工中心（四轴）进行铣削，这样增加了铣削时零件的刚性，铣削完成后，再利用车床对另一个台阶进行加工。

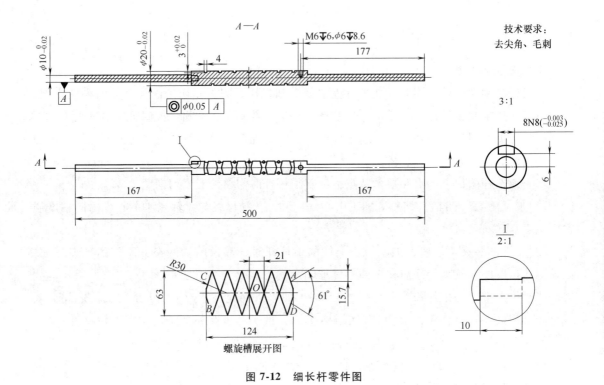

图 7-12 细长杆零件图

2）对于螺旋槽的程序，可以采用宏程序的方法来进行编制。数控系统为用户配备了强有力的类似于高级语言的宏程序功能，用户可以使用变量进行算术运算、逻辑运算和函数的混合运算，此外宏程序还提供了循环语句、分支语句和子程序调用语句，有利于编制各种复杂的零件加工程序，减少乃至免除手工编程时烦琐的数值计算，并精简程序量。宏程序指令既适合抛物线、椭圆、双曲线等没有插补指令的曲线编程，也适合图形一样，只是尺寸不同的系列零件的编程，还适合工艺路径一样，只是位置参数不同的系列零件的编程。

大师经验谈

在工序安排上，虽然多了一次从加工中心（四轴）转到车床的工序，增加了加工时间，但可有效增加加工时零件的刚性，加工的表面质量、刀具的使用寿命及铣削螺旋槽的加工效率都得到较大提高。如果对批量零件进行加工，提高铣削螺旋槽的加工效率，每件零件的加工时间不但没有增加，反而有所减少，零件质量也可得到很好的保证。

（4）工步设计　加工工步及所用刀具见表 7-7。

表 7-7　加工工步及所用刀具

工步	工步名称	刀具	说明
1	产品装夹	—	一夹一顶
2	螺旋槽	φ4mm 平底铣刀	加工螺旋槽
3	粗加工	φ6mm 平底铣刀	粗加工 U 形槽
4	精加工	φ6mm 平底铣刀	精加工 U 形槽
5	定位孔	B6.3 中心钻	钻引孔

(续)

工步	工步名称	刀具	说明
6	钻孔	φ5mm 钻头	钻 φ5mm 孔
7	倒角	φ8mm×45°倒角刀	
8	攻螺纹	M6 丝锥	

3. 选择刀具

选择的切削刀具及其材料见表 7-8。

表 7-8 切削刀具及其材料

刀具号	刀具规格	材料
T01	φ4 平底铣刀	硬质合金
T02	φ6 平底铣刀（粗）	硬质合金
T03	φ6 平底铣刀（精）	硬质合金
T04	B6.3 中心钻	高速钢
T05	φ5 钻头	硬质合金
T06	φ8×45°倒角刀	高速钢
T07	M6 丝锥	高速钢

4. 确定切削用量

切削参数见表 7-9。

表 7-9 切削参数

序号	刀具规格	转速/(r/min)	背吃刀量/mm	进给速度/(mm/min)
1	φ4 平底铣刀	3500	0.2	1000
2	φ6 平底铣刀（粗）	3000	0.5	1200
3	φ6 平底铣刀（精）	4000	4	300
4	B6.3 中心钻	1000	1	60
5	φ5 钻头	2000	3	150
6	φ8×45°倒角刀	1000	1	100
7	M6 丝锥	100	—	100

5. 螺旋槽的程序编制

（1）加工原理　对于螺旋槽零件的加工，可以在加工中心（四轴）上用 A 轴和 X 轴的联动进行铣削。如图 7-13 所示，螺旋槽零件中，有两段旋转方向相反的螺旋线，两端是用圆弧过渡而成的往返螺旋槽。中间两段螺旋槽可以用两轴联动很容易就能达到这种效果，而两端连接处的圆弧部分就是加工的难点了。这里介绍用宏程序编程解决这个难题的方法。

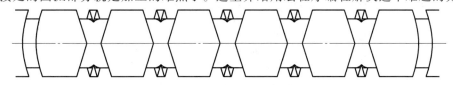

图 7-13　螺旋槽零件图

在加工中心（四轴）上，用 A 轴上的自定心卡盘卡紧零件的一端，另一端用顶尖顶紧。以工件的中心作为 X、Y 轴的零点，以工件的上表面作为 Z 轴的零点。把加工螺旋槽时的刀路展开后，得到图 7-14。

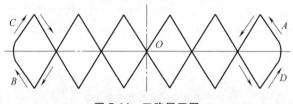

图 7-14　刀路展开图

首先把刀具定到点 A 处，沿着箭头的方向按 A→B→C→D→A 的顺序加工。当 A 轴转过 12 圈，即工具回到点 A 时，可以利用宏程序的循环指令循环加工或调用子程序加工，直到加工完成螺旋槽规定的深度为止。

（2）宏程序的编制　在直径为 20mm 的圆柱上加工螺旋槽展开得到图 7-15 所示的图形。展开后得到 Y 轴的长度为 63mm，即圆柱的周长。X 轴的长度为 124mm，过渡圆弧的夹角为 61°。

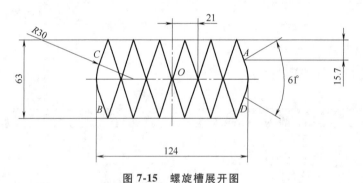

图 7-15　螺旋槽展开图

由图 7-16 可知，螺旋槽的螺距为 21mm。X 轴与 A 轴的进给速度和坐标值的计算方法为：当 A 轴转一周时，铣刀在 X 方向也刚好进给一个螺距。因点 A 对应 Y 轴的坐标是 15.7mm，如图 7-15 所示，点 O 到点 A 在 X 方向的距离和 Y 轴坐标转换成 A 轴坐标的方法如下：

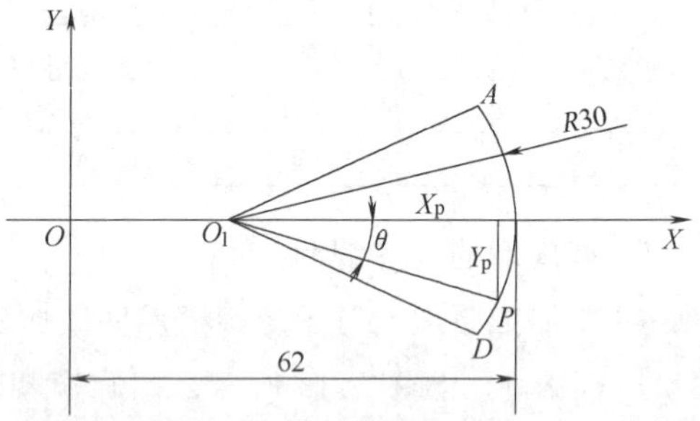

图 7-16　螺距计算

$$\alpha = 1080° - \frac{360°}{\pi D} Y_P = 1080° - \frac{360°}{3.14 \times 20\text{mm}} \times 15.7\text{mm} = 990°$$

$$X = \frac{990°}{\frac{360°}{21\text{mm}}} = 57.75\text{mm}$$

那么，点 A 到点 B 转过的角度为 1980°，X 轴移动的位置从 +57.75mm 到 -57.75mm。

点 A 至点 D 是一段圆心角为 30°的圆弧，P 是在圆弧上的任意一点，与 X 轴的夹角为 θ。那么点 P 的参数方程为

$$X_P = R\cos\theta$$

$$Y_P = R\sin\theta$$

由于 $Y_P = R\sin\theta$ 需要把 Y_P 转换成 A 轴的坐标值：

$$A = \frac{360°}{\pi D}Y_P$$

根据图 7-16 可得出，中点到圆心的距离为 32mm，点 A 的 A 轴角度 α 为 990°，所以点 P 的坐标值为

$$X_P = 32 + R\cos\theta$$

$$\alpha_P = 990° + \frac{90° - 360°}{\pi D}Y_P$$

为了使程序编制简单、方便，需采用数控系统（FANUC 0i）的循环语句（WHILE 语句）。其编程格式为

WHILE［条件表达式］DO m

……（加工程序）

END m

该程序是通过以 X 轴移动距离作为变量，来达到循环的效果。为了编程方便，以下程序从点 A 开始加工，A 轴以点 A 为零点。A 轴每次递增的角度为 90°，通过图形计算得出 X 轴每次递增的距离为 1/4 个螺距。螺旋槽的加工程序见表 7-10。

表 7-10 螺旋槽加工程序

	O0001 程序内容	程序说明
N10	（铣削螺旋槽）	注意：在每段程序开头用括号备注加工信息，机床运行时会自动跳过括号里内容，在实际加工时可以快速判断此段程序的加工信息
N20	G91 G28 Z0;	Z 轴返回机械零点
N30	M06 T01;	调用 T01 号刀具
N40	M11;	A 轴松开
N50	G54 G40 G90 G0 X0 Y0 A0;	程序开始，定位于 G54 原点
N60	G0 G43 H01 Z50;	建立刀具长度补偿，Z 轴快速定位
N70	S3500 M3;	主轴正转，转速为 3500r/min
N80	#6 = 1980;	以点 A 为零点，到点 B 的角度
N90	#7 = 32;	原点到 R30 圆弧的圆心距离
N100	#8 = −57.75;	点 B 的 X 坐标
N110	#9 = 61/2;	R30.5 的圆心角除以 2
N120	#10 = 3;	螺旋槽的槽深
N130	#12 = 21/4;	A 轴转 90°时，X 轴的移动量

(续)

O0001 程序内容		程序说明
N140	G0 X57.75;	刀具快速定位到点 A
N150	M08;	切削液打开
N160	#11=0.2;	自变量#11,赋予第一刀初始值
N170	WHILE[#11LE#10] DO2;	如果#11≤#10,则循环 2 继续
N180	G1 Z-#11 F50;	Z 方向下降到当前加工深度
N190	G92 A0;	重新定义 A 轴零点
N200	#1=90;	自变量#1,赋予第一次转动的角度
N210	#2=52.5;	自变量#2,赋予第一刀初始值
N220	WHILE[#2GE#8] DO1;	如果#2≥#8,则循环 1 继续
N230	G1 X#2 A#1 F1000;	开始加工,进给到指定位置
N240	#1=#1+90;	自变量#1 每次递增 90
N250	#2=#2-#12;	自变量#2 每次递减#12
N260	END1;	循环 1 结束
N270	#3=#9;	自变量#3,赋予初始值
N280	WHILE[#3GE-#9] DO1;	如果#3≥-#9,则循环 1 继续
N290	#4=-#7-30*cos[#3];	R30 圆弧任意角度 X 坐标值
N300	#13=30*sin[#3];	R30 圆弧任意角度 Y 坐标值
N310	#5=#6+90-360/[3.14*20]*#13;	Y 坐标值转换成 A 轴角度
N320	G01 X#A#5;	按坐标点开始走刀
N330	#3=#3-1;	自变量#3 每次递减 1
N340	END1;	循环 1 结束
N350	G92 A0;	重新定义 A 轴零点
N360	#1=90;	自变量#1,赋予第一次转动的角度
N370	#2=-52.5;	自变量#2,赋予第一刀初始值
N380	WHILE[#1LE-#8] DO1;	如果#1≤-#8,则循环 1 继续
N390	G1 X#2 A#1;	开始加工,进给到指定位置
N400	#1=#1+90;	自变量#1 每次递增 90
N410	#2=#2-#12;	自变量#2 每次递减#12
N420	END1;	循环 1 结束
N430	#3=#9;	自变量#3,赋予初始值
N440	WHILE[#3GE-#9] DO1;	如果#3≥-#9,则循环 1 继续
N450	#4=32.2+30*cos[#3];	R30 圆弧任意角度 X 坐标值
N460	#13=30*sin[#3];	R30 圆弧任意角度 Y 坐标值
N470	#5=#6+90-360/[3.14*20]*#13;	Y 坐标值转换成 A 轴角度
N480	G1 X#4 A#5;	按坐标点开始走刀
N490	#3=#3-1;	自变量#3 每次递减 1

(续)

	O0001 程序内容	程序说明
N500	END1;	循环1结束
N510	#11=#11+0.5;	自变量#11每次递增0.5
N520	END2;	循环2结束
N530	G0 Z50;	抬刀,刀具走到绝对坐标Z 50处
N540	M09;	切削液关闭
N550	M05;	主轴停止转动
N560	M10;	A轴夹紧
N570	(粗加工U形槽)	备注加工信息
N580	G91 G28 Z0;	Z轴返回机械零点
N590	M06 T02;	调用T02号刀具
N600	M11;	A轴松开
N610	G54 G40 G90 G0 X0 Y0;	程序开始,定位于G54原点
N620	G0 A90;	A轴快速定位旋转90°
N630	M10;	A轴夹紧
N640	G0 G43 H02 Z50;	调用刀具长度补偿,Z轴快速定位
N650	S3000 M3;	主轴正转,转速为3000r/min
N660	M08;	切削液打开
N670	G0 X-90 Y0;	快速定位至起刀点
N680	#1=10;	Z方向起刀值
N690	#2=6;	轮廓最终铣削深度Z值
N700	#3=0.5;	Z方向每层切削量
N710	WHILE[#1GT#2] DO1;	如果#1>#2,则循环1继续
N720	#1=#1-#3;	自变量#1每次递减#3
N730	G01 Z#1 F1200;	Z方向下降到当前加工深度
N740	G01 G41 D02 X-85 Y-4;	建立刀具半径补偿
N750	G01 X-76;	注意:
N760	G03 Y4 R4;	这里X方向U形槽边界坐标为-83,为了避免留有残料,故多加工2mm
N770	G01 X-85;	
N780	G01 G40 X-90 Y-4;	取消刀具半径补偿
N790	END1;	循环1结束
N800	G0 Z50;	抬刀,刀具走到绝对坐标Z 50处
N810	M09;	切削液关闭
N820	M05;	主轴停止转动
N830	(精加工U形槽)	备注加工信息
N840	G91 G28 Z0;	Z轴返回机械零点
N850	M06 T03;	调用T03号刀具

(续)

	O0001 程序内容	程序说明
N860	M11;	A 轴松开
N870	G54 G40 G90 G0 X0 Y0;	程序开始,定位于 G54 原点
N880	G0 A90;	A 轴快速定位旋转 90°
N890	M10;	A 轴夹紧
N900	G0 G43 H03 Z50;	调用刀具长度补偿,Z 轴快速定位
N910	S4000 M3;	主轴正转,转速为 4000r/min
N920	M08;	切削液打开
N930	G0 X-90 Y0;	快速定位至起刀点
N940	#1=10;	Z 方向起刀值
N950	#2=6;	轮廓最终铣削深度 Z 值
N960	#3=4;	Z 方向每层切削量
N970	WHILE[#1GT#2] DO1;	如果#1>#2,则循环 1 继续
N980	#1=#1-#3;	自变量#1 每次递减#3
N990	G01 Z#1 F1200;	Z 方向下降到当前加工深度
N1000	G01 G41 D03 X-85 Y-4;	建立刀具半径补偿
N1010	G01 X-76;	注意:精加工时,采用顺铣能获得更好的表面质量
N1020	G03 Y4 R4;	
N1030	G01 X-85;	
N1040	G01 G40 X-90 Y-4;	取消刀具半径补偿
N1050	END1;	循环 1 结束
N1060	G0 Z50;	抬刀,刀具走到绝对坐标 Z 50 处
N1070	M09;	切削液关闭
N1080	M05;	主轴停止转动
N1090	(钻引孔)	备注加工信息
N1100	G91 G28 Z0;	Z 轴返回机械零点
N1110	M06 T04;	调用 T04 号刀具
N1120	M11;	A 轴松开
N1130	G54 G40 G90 G0 X0 Y0 A0;	程序开始,定位于 G54 原点
N1140	M10;	A 轴夹紧
N1150	G0 G43 H04 Z50;	调用刀具长度补偿,Z 轴快速定位
N1160	S1000 M3;	主轴正转,转速为 1000r/min
N1170	M08;	切削液打开
N1180	G81 X177 Y0 Z9 R13 F60;	调用钻孔循环指令 G81
N1190	G80;	取消钻孔循环指令
N1200	M09;	切削液关闭
N1210	M05;	主轴停止转动

(续)

O0001 程序内容		程 序 说 明
N1220	（钻孔）	备注加工信息
N1230	G91 G28 Z0;	Z 轴返回机械零点
N1240	M06 T05;	调用 T05 号刀具
N1250	M11;	A 轴松开
N1260	G54 G40 G90 G0 X0 Y0 A0;	程序开始，定位于 G54 原点
N1270	M10;	A 轴夹紧
N1280	G0 G43 H05 Z50;	调用刀具长度补偿，Z 轴快速定位
N1290	S2000 M3;	主轴正转，转速为 2000r/min
N1300	M08;	切削液打开
N1310	G81 X177 Y0 Z0 R13 Q3 F150;	调用钻孔循环指令 G81
N1320	G80;	取消钻孔循环指令
N1330	M09;	切削液关闭
N1340	M05;	主轴停止转动
N1350	（倒角）	备注加工信息
N1360	G91 G28 Z0;	Z 轴返回机械零点
N1370	M06 T06;	调用 T06 号刀具
N1380	M11;	A 轴松开
N1390	G54 G40 G90 G0 X0 Y0 A0;	程序开始，定位于 G54 原点
N1400	M10;	A 轴夹紧
N1410	G0 G43 H06 Z50;	调用刀具长度补偿，Z 轴快速定位
N1420	S1000 M3;	主轴正转，转速为 1000r/min
N1430	M08;	切削液打开
N1440	G81 X177 Y0 Z9 R13 F100;	调用钻孔循环指令 G81
N1450	G80;	取消钻孔循环指令
N1460	M09;	切削液关闭
N1470	M05;	主轴停止转动
N1480	（攻螺纹）	备注加工信息
N1490	G91 G28 Z0;	Z 轴返回机械零点
N1500	M06 T07;	调用 T07 号刀具
N1510	M11;	A 轴松开
N1520	G54 G40 G90 G0 X0 Y0 A0;	程序开始，定位于 G54 原点
N1530	M10;	A 轴夹紧
N1540	G0 G43 H07 Z50;	调用刀具长度补偿，Z 轴快速定位
N1550	M08;	切削液打开
N1560	S100 M3;	主轴正转，转速为 100r/min
N1570	G84 X177 Y0 Z1.5 R13 F100;	调用攻螺纹循环指令 G84

(续)

O0001 程序内容		程序说明
N1580	G80;	取消钻孔循环指令
N1590	M09;	切削液关闭
N1600	M05;	主轴停止转动
N1610	M30;	程序结束,主轴停止返回到程序头

6. 案例小结

本案例介绍了细长杆在加工中心（四轴）上的加工过程，主要加工要素（螺旋槽、U形槽、钻孔及攻螺纹），以及宏程序在 FANUC 系统中的应用。通过此工件的加工，初学者可以了解加工中心（四轴）的工作形式，并深入了解和巩固宏程序编程的方法，以及细长杆类零件在加工中心（四轴）上的装夹方式。

7.5 铝合金车体大部件的参数化编程工艺

7.5.1 概述

随着我国高速动车制造技术的发展，快速运行的车辆对车体制造的要求也越来越苛刻。为了更好地满足客户对产品的需求，提高产品质量，高速动车的大部件采用整体焊接、整体加工的工艺思路越来越成熟。怎样在大部件焊接件上高精度、快速地加工出符合要求的产品，直接考验着数控人员的编程能力和操作技巧。下面将以高速动车的关键大部件——铝合金整体大侧墙（以下简称大侧墙）的加工为例，浅析西门子 840D 系统中具有参数传送的子程序，怎样在高速动车的关键大部件上实现模块化加工。

高速动车的大侧墙对数控加工的要求十分严格，大侧墙的加工具有加工量大、结构重复、具有一定的模块化等特点。目前大侧墙在大型龙门式加工中心（五轴）Fooke 机床上进行加工，数控系统为西门子 840D，同时具备 RMP60 探头的测量系统。利用西门子 840D 系统具有参数传送的子程序功能并结合 RMP60 探头的测量功能，可以更加快速、便捷地完成大侧墙的加工，使产品加工更具模块化。

7.5.2 具有参数传送的子程序

1. 子程序的功能

从本质上说，主程序与子程序没有区别，一个子程序的结构与一个零件主程序是一样的，它由带运行指令和开关指令的 NC 程序段组成。子程序中包含了要多次运行的工作过程或者工作步骤。它的优点是进行总是反复出现的加工步骤时，在子程序中只需要编程一次。如某个确定的轮廓总是反复出现，在编写出此轮廓的子程序之后，利用坐标系偏移、旋转指令等方法即可批量加工出所有的轮廓。

2. 具有参数传送的子程序的功能

具有参数传送的子程序以词汇 PROC 标识启动程序，程序在运行过程中会自动调用在子程序中设定的参数（最多可设立 127 个参数，参数与参数之间使用逗号隔开），它使子程序的功能更加多样化。正因为它具备子程序的基本功能，所以在主程序正在使用参数工作时，一样也可以使用子程序中计算的数值或赋值。为此，在调用具有参数传送的子程序时，可以将主程序中现有的参数值传送给子程序的正式参数，并在子程序中执行处理。

3. 参数传送的方式

具有参数传送的子程序参数传送的方式有仅值的传送（按值调用）和以数据交换传送（参考调用）两种。

1）仅值的传送（call by value），所传送的参数在执行子程序过程中会改变，但对主程序没有影响，如图 7-17 所示，其工作模式为主程序赋值→子程序执行→执行完毕→向主程序申请新的赋值。

2）数据交换传送（call by reference），所传送的参数在执行子程序过程中会改变，且对主程序产生影响，如图 7-18 所示，其工作模式为主程序赋值→子程序执行→执行完毕→和主程序交换新的赋值。

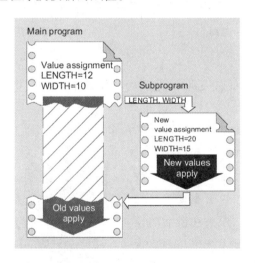

图 7-17 仅值的传送

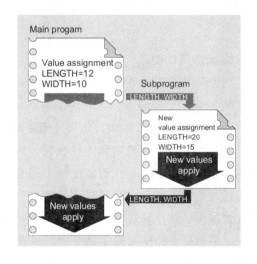

图 7-18 数据交换传送

4. 调用方法

在调用具有参数传送的子程序时，必须在主程序之前使用调用指令 EXTERN，同时说明子程序名称，并且按照传送顺序说明变量类型。在主程序中，通过说明程序名和参数传送调用子程序，在参数传送时就可以直接传送变量或者值。

具有参数传送的子程序举例：EXTERN NAME（TYP1, TYP2, TYP3, …）或者 EXTERN NAME（VAR TYP1, VAR TYP2, …），见表 7-11。

表 7-11　具有参数传送的子程序举例

程序内容	程序说明
N0010　EXTERN RAHMEN(REAL,REAL,REAL)	说明子程序名称为 RAHMEN
……　　　……	……
N0040　RAHMEN(15.3,20.2,5)	调用名称为 RAHMEN 的带参数传送的子程序

7.5.3 大侧墙产品加工分析

高速动车大侧墙的加工要素主要分为 C 形槽、端部门立柱焊接口、显示屏接口、窗户等部分。

根据图 7-19 可知,大侧墙中的 C 形槽及窗户口部分形状轮廓基本一致,只有局部的尺寸不同,因此,此区域可以作为一个基本单元进行编程和加工,同时配合不同的测量程序及测量补偿值进行加工,这就使得具有参数传送的子程序可以很好地运用在大侧墙的加工中。

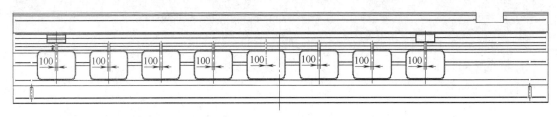

图 7-19　大侧墙示意图

1. 大侧墙的测量

因大侧墙的板材在组焊之后会产生不可控的焊接变形,为了更加精确的加工,引入 RMP60 探头的测量技术。

RMP60 探头(图 7-20)作为机床测量系统的关键部位,可用于在多用途机床、加工中心等设备上进行工件检测和工件找正,探头可在加工过程中进行尺寸测量,根据测量结果自动修改加工路径,提高加工精度,使得数控机床既是加工设备,又兼具测量机的某种功能。探头主要由接触发式探头、信号传输系统和数据采集系统组成。探头在激活的模式下,一旦探头接触到固定物体时,探头就会发出无线电信号,探头信号在传输到设备控制系统后,经 CNC 后置处理,配合测量系统相应的测量程序,可以在产品上自动提取实际值或者理论值的相对值,并将其记录在"R 值"中,以便于查看和调用。

在大侧墙 C 形槽加工中,在每一段 C 形槽的起始点和终点测量出两个数据,并将数据带入到加工的程序中作为补偿值,可以极大地降低人工测量失误和劳动强度。

图 7-20　RMP60 探头

2. 大侧墙的加工编程

因为引入了具有参数传送的子程序,所以 C 形槽的加工程序将变得十分的直观和简单。

（1）单段 C 形槽的具有参数传送的子程序以及说明　如图 7-19 和图 7-21 所示，大侧墙由窗户和 C 形槽组成一个基本单元，按照一定的间隔排列，同时 C 形槽的坐标位置都已标注。正是因为这种特殊的结构，可将 C 形槽的加工建立成一个模块化的具有参数传送的子程序。建立好子程序之后，在主程序中调用这个子程序，就能够更加方便地加工 C 形槽。

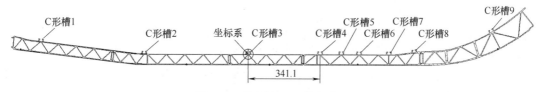

图 7-21　大侧墙 C 形槽示意图

编写具有参数传送的子程序首先要确认子程序中所需要的参数（变量）：第一，加工的位置，即 C 形槽的起始坐标、终点坐标；第二，所选用的切削参数；第三，其他辅助参数，例如由于大部件的焊接变形较大，用到的 RMP60 探头所测量的补偿值等。然后根据这些数据写出具有参数传送的子程序中所需要的参数（变量），见表 7-12。

表 7-12　单段 C 形槽的具有参数传送的子程序以及说明

	程序内容	程序说明
N0010	PROC MILLC（REAL XXA, REAL XXB, REAL YY, REAL ZZ, INT RRA, INT RRB, INT FFF）;	建立一个名称为"MILLC"的具有参数传送的子程序,同时定义 7 个基本参数 "REAL XXA"表示 C 形槽 X 方向的起始点 XXA(真数) "REAL XXB"表示 C 形槽 X 方向的终点 XXB(真数) "REAL YY"表示 C 形槽 Y 方向的坐标 YY(真数),一般取 C 形槽 Y 方向的终点值 "REAL ZZ"表示 C 形槽 Z 方向的坐标 ZZ(真数) "INT RRA"表示 C 形槽 X 方向的起始点的补偿 R 值 RRA(整数) "INT RRB"表示 C 形槽 X 方向的终点的补偿 R 值 RRB(整数) "INT FFF"表示 C 形槽的切削速度 FFF(整数)
N0020	DEF REAL Toolradius;	定义一个名称为"Toolradius"的实数作为刀具半径补偿,这里一般不使用刀具半径补偿,而是将刀具半径计算到加工长度中去
N0030	Toolradius = $TC_DP6[8,1];	将 8 号刀具的半径补偿值赋值到"Toolradius"中
N0040	G0 X = XXA + Toolradius Y = YY+60;	快速移动到起始点 X 方向和 Y 方向的安全位置
N0050	G0 Z = ZZ+100;	快速移动到起始点 Z 方向的安全位置
N0060	G1 Z = ZZ + R [RRA] F = FFF/2;	以工进速度移动到 C 形槽起始点位置,同时加入 C 形槽 X 方向的起始点的补偿 R 值 RRA
N0070	G1 Y = YY−30 M8;	以工进速度 Y 方向切削,同时开启切削液,−30 是为了将 C 形槽端部完全铣平
N0080	G1 Y = YY F = FFF;	以工进速度回到 Y 方向中点进行切削
N0090	G1 X = XXB-Toolradius Z = ZZ+ R[RRB];	以工进速度移动到 C 形槽终点位置,同时加入 C 形槽 X 方向的终点的补偿 R 值 RRB

(续)

	程序内容	程序说明
N0100	G1 Y=YY+30;	以工进速度 Y 方向切削并将 C 形槽端部完全铣平
N0110	G1 Y=YY-30;	
N0120	G0 Z=ZZ+200 M9;	快速移动到起始点 Z 方向的安全位置,关闭切削液
N0130	M17;	子程序结束

（2）批量调用 C 形槽的具有参数传送的子程序以及说明　批量调用具有参数传送的子程序,需要在主程序中赋予每一段 C 形槽的加工参数,然后利用具有参数传送的子程序功能,将参数传递到子程序中,这样就使得子程序能够在不同的位置,模块化的加工出不同长度的 C 形槽,见表 7-13。

表 7-13　批量调用 C 形槽的具有参数传送的子程序以及说明

	程序内容	程序说明
N0010	EXTERN MILLC (REAL, REAL, REAL, REAL, INT, INT, INT);	调用名称为"MILLC"的具有参数传送的子程序
N0020	T8;	调用 8 号刀具,ϕ50mm 的铣刀,并根据机床特性使 A、C 轴处于加工角度
N0030	M6;	
N0040	G0 A0 C0;	
N0050	G0 G90 G555 G64 D1 Z300;	调用加工坐标系;
N0060	M3 S8000;	主轴正转,转速为 8000r/min
N0070	TRANS X=-520 Y=341.1;	坐标系偏移到第 4 个 C 形槽的中心位置
N0080	X0 Y0;	快速移动到待加工 C 形槽的安全位置
N0090	G0 Z300;	
N0100	MILLC (-50,50,0,0,200,201,3000);	加工第 4 个 C 形槽 "REAL XXA"表示 C 形槽 X 方向的起始点,这里传递的参数为 X 起始坐标-50 "REAL XXB"表示 C 形槽 X 方向的终点,这里传递的参数为 X 终点坐标 50 "REAL YY"表示 C 形槽 Y 方向的坐标,这里传递的参数为 Y 方向坐标 0 "REAL ZZ"表示 C 形槽 Z 方向的坐标,这里传递的参数为 Z 方向坐标 0 "INT RRA"表示 C 形槽 X 方向的起始点的补偿 R 值,这里传递的参数为 R 值 200 "INT RRB"表示 C 形槽 X 方向的终点的补偿 R 值,这里传递的参数为 R 值 201 "INT FFF"表示 C 形槽的切削速度,这里传递的参数为切削速度 3000
N0110	MILLC (-50,50,100,0,202,203,3000);	加工第 5 个 C 形槽,调用第 5 个 C 形槽的补偿值 R202,R203
N0120	MILLC (-50,50,180,0,204,205,3000);	加工第 6 个 C 形槽,调用第 6 个 C 形槽的补偿值 R204,R205
……	……	……
N0140	M30;	主程序结束

大师经验谈

本文通过分析高速动车铝合金车体大部件的结构特点以及加工要求,通过寻找产品中结构相同的"模块",介绍利用西门子 840D 系统中参数传递子程序功能,以大侧墙 C 形槽加工为例,讲述了铝合金车体大部件数控加工中的测量补偿、子程序编程、子程序参数传递等,使得编写修改加工程序、固定走刀路线、循环加工更加的便捷、高效,具备"模块化"的属性。这种"模块化"的编程加工技术同样能够在船舶、航天航空等领域的大部件加工中运用。

7.6 动车组车辆铝合金型材加工

7.6.1 学习目标与注意事项

1. 学习目标

1)熟悉在加工中心上加工铝合金型材,除零件尺寸精度、几何公差等要符合图样技术要求外,还应该熟悉提高加工效率的方法。

2)能够编制数控加工程序并在加工中心上加工长大类铝合金型材。

2. 注意事项

1)工装设计时,注意刀具、夹具、工件不要产生干涉。

2)加工中,注意所选择的刀具要与程序所选刀具及其安装位置保持一致。

3)对刀时,要注意与程序中的工件坐标系一致。

4)对刀后,要及时验证对刀数值的正确性。

5)应选择合适的切削参数,杜绝粘刀或产生积屑瘤等现象。

6)加工过程中要注意观察转速、进给速度,通过机床操作面板按钮及时做出调整。

7.6.2 工艺分析

1. 工艺难点分析

某铝合金长梁加工件如图 7-22 所示,由图 7-22 可见型材的长度达到 21868mm,壁厚基本上都为 3mm 左右,如此长的型材刚性极差,并且工件形状复杂,对工装设计、如何控制加工中的振颤、设计合理的加工工艺方案等提出极大的考验。

2. 加工难点分析

此长梁型材分别加工成如图 7-22 中所示的 3 个不同截面,不同的形状截面所需加工的部位不同,3mm 壁厚且悬伸超高的筋板,加工时的振动势必会很大,原加工工艺是将所需要去除的部分全部采用铣削的方式进行去除。由于加工时的振动对刀具、机床、工件影响非常之大,最常见的就是铝合金型材出现振动开裂现象,从而出现产品报废,因此如何抑制加工时的振动是一个加工难点。

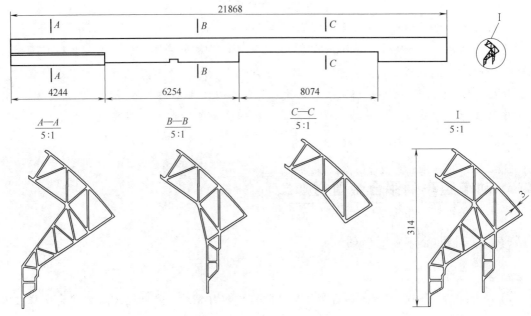

图 7-22 某铝合金长梁加工件

7.6.3 工装设计

1. 加工特征与型材结构分析

工装设计首先从分析加工特征和型材结构开始入手。如图 7-23 所示,利用主流的三维设计软件 NX7.5 设计了一套长梁专用加工工装,将工装设计成利用型材本身的两个面作为工装 Y 向的定位面,这样工装无须设计 Y 向推块,在有效降低工装制作成本的同时,可以有效减少工装的装夹时间。三维工装设计在设计之初有可以论证各零部件的组装性和工装设计的可行性的优势,此类设计方式在铝合金型材加工中有很好的借鉴意义,可以推广至其他型材的加工中。

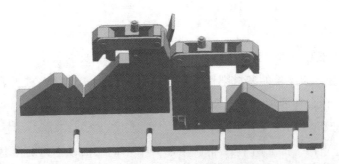

图 7-23 三维工装图

从图 7-23 上可以分析得出,工件装夹非常牢靠,定位准确。图中右侧是型材加工的第一工位,用于加工空调板悬挂位置,从图上可以看出,加工空调板悬挂位置时的工件装夹恰到好处,定位准确,根据不同种类的长梁产品可加工不同的位置。图中左侧是型材加工的第二工位,用于加工受电弓板悬挂位置,由于空调板悬挂位置在第一工位已加工掉大部分,此工位主要以长梁本身的斜面进行定位,而此处的支撑主要考虑的是工件吊装和夹紧时的工件稳固性,如果此位置不加以支撑,工件在此工位吊装时会发生倾倒。

2. 加工工艺分析

工件加工工艺的改进,从图7-24可以清晰地看到,改进后的加工方式是采取铣刀和锯盘整体加工落料的方式进行。首先在右侧第一工位上用 $\phi500mm$ 的锯盘把大部分的毛坯锯切下来,再采用铣刀进行精加工,这种方式有效避免了粗加工铣削时刚性不足的缺点,然后在第二工位上选用了一个长柄的 $\phi32mm$ 可转位立铣刀进行整体落料加工,利用五轴数控机床可以轻松转到所需位置进行铣削,越靠近装夹定位点,刚性越好,从而振动越小。改进后的切削方式恰好满足了这种要求,从而有效避免了加工时的振动,保证了产品的质量。

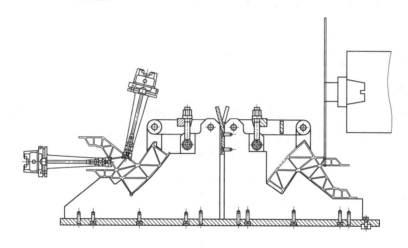

图7-24 加工示意图

3. 总体工序安排

第一工位工序:端部锯切加工(定总长)→锯切落料加工→底面粗加工→底面精加工。
第二工位工序:零点找正→铣削落料加工→底面粗加工→底面精加工。

7.6.4 刀具选择

端面锯切加工和锯切落料加工用 $\phi500mm$ 锯盘,底面粗、精加工用 $\phi50mm$ 立铣刀,铣削落料加工用 $\phi32mm$ 立铣刀。具体的刀具参数见表7-14。

表7-14 刀具参数

刀具号	刀具名称及规格	数量	加工要素	刀具半径
T1	$\phi500mm$ 锯盘	1	端面锯切加工和锯切落料加工	250mm
T2	$\phi50mm$ 立铣刀	1	底面粗、精加工	25mm
T3	$\phi32mm$ 立铣刀	1	铣削落料加工	16mm

7.6.5 切削用量的确定

图 7-24 所示加工件的切削用量，见表 7-15。

表 7-15 切削用量

加工内容	切削用量		
	背吃刀量/mm	转速/(r/min)	进给速度/(mm/min)
端部锯切	100	2000	1500
中部锯切落料	50	2000	1000
精加工	5	12000	3600
ϕ32mm 立铣刀铣削落料	10	12000	2000

7.7 城轨车辆构架加工工艺难点

7.7.1 构架装夹及加工工艺难点分析

1. 构架装夹分析

城轨车辆构架通常为焊接结构件，制动器安装孔和牵引拉杆座及电动机悬挂座等部位是生产中的重点和难点，上述部位与行车制动的稳定性及后工序电动机安装的准确性有着密切关系。其技术含量高，表面结构要求高，加工部位结构刚性差，加工余量大且焊接变形后厚度不均匀，给实际加工带来了操作难题，这就要求构架在装夹定位时应方便快捷、定位可靠、装夹牢靠，加工时产生的振动应尽可能小，工件受切削力不能产生位移等。

由于生产现场并行生产的车型多，因此机床需要经常更换产品，而每种车型的装夹位置和方式又有所不同，因此加工构架的夹具适宜选择通用类夹具，如螺杆、压板、调整垫铁、侧顶等。其灵活多变、适用范围广，各车型间可通过调节尺寸通用，可大大缩短生产准备周期，还可以大大减少存放专用夹具的库房面积，简化管理工作等。

构架的实际装夹及工装布局如图 7-25 和图 7-26 所示，采用可调整垫铁对高度方向定位，

图 7-25 构架实际装夹图

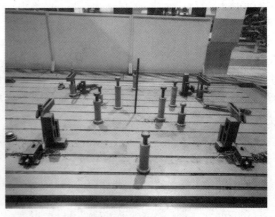

图 7-26 工装布局图

实际加工时按照划线工序的高度线调平构架。X、Y 向的定位采用可调节的侧顶，依照划线工序得到的直线调直构架。各个压紧点和加工部位的下方都有支撑，防止构架压紧受力后变形和加工时产生振动。在构架调平、校直后先对各压紧点螺母预紧，再顶上各个活动支撑，最后反复对构架进行对角压紧。

2. 加工工艺难点分析

（1）难点1：制动器安装孔高度尺寸易超差　某构架需进行单梁体加工，其中制动器安装孔加工在此工序完成。在构架组焊后，为了保证该孔的 Z 向三坐标检测尺寸 99±1mm，需以其中心为基准，向上抬 99mm 作为 Z 向基准线。但由于梁体加工，构架划线、加工、校线、调平等过程中均存在一定的误差，且各工序构架调平的基准不统一，误差累积大，故制动器安装孔高度尺寸易超差。

（2）难点2：牵引座平面加工刚性差，加工效率低　牵引座平面的加工，若以往加工工艺经验，则采用 φ630mm 三面刃铣刀盘加工，如图7-27所示。由于加工部位为两块厚度约16mm，悬伸长度约220mm 的悬伸薄筋板，其结构刚性差，加工时会产生振刀，加工后的表面结构达不到图样要求。且加工为断续切削，加工时冲击力大，机床负载大，对机床损害大，附件头键槽易磨损，甚至会打断键。刀盘大且重，操作者在装卸刀盘时劳动强度大。

图 7-27　三面刃铣刀盘加工

（3）难点3：牵引座孔精度高，且内侧面孔无正常下刀空间　由于牵引座 φ42H8mm 孔精度高，加工部位空间狭小，进刀和加工不便，此处下刀空间 $L_1 = 386.5$mm，而现场实际机床附件头宽度 $L_2 = 205$mm，两块筋板距 $L_3 = 180$mm（理论要求刀具的最短进刀距离），$L_4 = 40$mm（最短刀柄的长度）。由于 $L_2 + L_3 + L_4 > L_1$，因此普通整体刀具根本无法下刀加工，如图7-28所示。

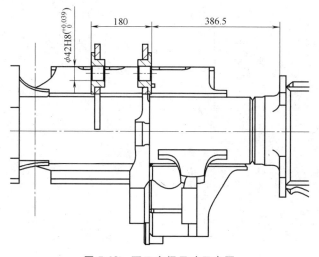

图 7-28　下刀空间尺寸示意图

7.7.2 各加工难点的解决方法

1. 制动器安装孔高度尺寸易超差的解决方法

1）侧梁体加工时，用顶尖在制动器安装孔的中心水平位置打上深约 0.5mm 的样冲眼和十字直线，如图 7-29 所示，用顶尖在制动器安装孔打样冲眼和十字直线。

2）构架划线工序、构架加工工序和构架调平，均以上述样冲眼和十字线为基准，从而保证了三者基准一致，降低了各工序的制造误差，如图 7-30 所示。

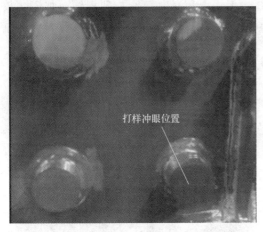

图 7-29　画线、打样冲眼的位置

图 7-30　制动安装孔

2. 牵引座平面的刚性差，加工效率低的解决方法

加工此部位的刀具由 φ630mm 三面刃刀盘改为 φ66mm 螺旋铣刀，采用高速分层切削法进行加工，如图 7-31 所示。由于采用"小吃深、大进给"（"轻车、快跑"）的粗加工模式，大大降低了机床负载，减少了对机床的损害。粗加工后再利用 φ63mm 的整体合金铣刀精铣（图 7-32），加工出来尺寸精度和表面结构完全符合图样要求。

图 7-31　采用高速分层切削法进行加工

图 7-32　整体合金铣刀精铣

3. 牵引座孔精度高,且内侧面孔无正常下刀空间的解决方法

(1) 牵引座 $\phi42H8mm$ 外侧孔的加工方法

1) 先利用普通 $\phi30mm$ 键槽铣刀将外侧孔铣至尺寸 $\phi41mm$,如图 7-33 所示。

2) 再利用精镗刀对孔试切合格后,精镗到尺寸 $\phi42H8mm$,如图 7-34 所示。

图 7-33 $\phi30mm$ 键槽铣刀粗铣外侧孔

图 7-34 精镗外侧孔至 $\phi42H8mm$

(2) 牵引座内侧孔无下刀空间的解决方法 只有对刀具进行改进才能解决这一难点,因此决定采用刀杆与刀头拆分与组合的形式来加工该内侧孔。定制的加工 $\phi42H8mm$ 外侧孔的接长刀具,刀柄和刀杆为一整体(图 7-35),刀头可拆卸。由于现场实际附件头宽度 $L_2 = 205mm$,刀柄与刀杆长度 $L_4 = 130mm$,因此 $L_2 + L_4 = 335mm < L_1$(极限下刀值 386.5mm),刀头长度 $L_5 = 95mm$(可从 100mm 内挡穿过)(图 7-36),可以满足下刀加工的要求。

图 7-35 刀柄和刀杆为一整体

图 7-36 利用加长刀柄和刀头组合加工内侧孔

（3）牵引座 φ42H8mm 外侧孔精度的保证　由于加工部位刚性差且刀具悬伸长，而孔的精度要求高，因此工步描述为：用 φ32mm 方肩铣刀插铣→用 φ38mm 粗镗刀粗镗→用 φ41mm 半精镗刀精镗→用 φ42mm 精镗刀精镗至要求尺寸。换刀具只需拆卸刀头，可换刀头，如图 7-37 所示。

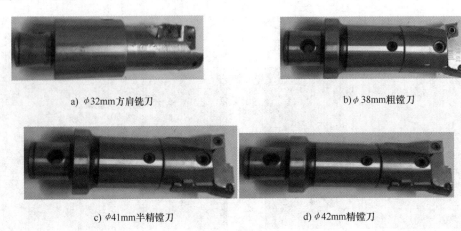

a) φ32mm 方肩铣刀　　b) φ38mm 粗镗刀

c) φ41mm 半精镗刀　　d) φ42mm 精镗刀

图 7-37　可换刀头

7.7.3　宏程序的优化

牵引拉杆座平面采用高速分层切削法进行加工，即"小吃深、大进给"（"轻车快跑"）的粗加工模式，表 7-16 仅列出了部分程序，其余程序类似，仅改变了个别坐标数字。

表 7-16　案例宏程序

	O0001 程序内容	程序说明
N10	M00 X1 QYLGZD=66;	加工部位及刀具信息
N20	G117 C54;	选择待旋转工件坐标系
N30	G118 B0 X465 Z170;	坐标转换固定指令
N40	#2214=264;	刀具长度信息
N50	#1=66.2/2;	刀具半径信息
N40	G43 G00 Z50 H14;	建立刀具长度
N50	M3 S800 F1000;	转速、进给信息
N60	#2=4;	对加工量进行赋值
N70	X-[208-40-#2-#1];	计算 X 轴坐标
N80	Z-65;	Z 轴下刀
N90	Y90;	Y 向进刀
N100	WHILE[#2GE0]DO1;	循环语句
N110	X-[208-40-#2-#1];	计算 X 轴坐标
N120	G01 Y-65;	Y 向进刀
N130	G91 X2;	X 相对进刀
N140	G90 G0 Y90;	Y 绝对移动
N150	#2=#2-0.5;	加工量 0.5mm
N160	END1;	循环结束
N170	G53 G90 G0 Z0;	抬刀至安全高度
N180	M05;	主轴停止
N190	M30;	程序结束

第3篇 试题指南篇

第 8 章
数控加工中心试题指南

☺ 学习目标：
1. 掌握数控铣床及加工中心的基础知识。
2. 掌握零件的装夹、刀具参数的选用。
3. 掌握金属材料、机械制图的基础知识。
4. 掌握数控铣床及加工中心的实操知识。

8.1 高级工试题

8.1.1 填空题

1. 当图形较小难以绘制细点画线时，可用_____代替细点画线。
2. 通常标题栏应位于图框的_____，并且看图方向应与标题栏的方向一致。
3. 用剖切面将零件剖开后的剖视图称为____。
4. 当机件具有倾斜机构，且倾斜表面在基本投影面上投影不能反映实体形状，可采用____表达。
5. 钢是碳含量在_____之间的铁碳合金。
6. W18Cr4V 表示_____系高速钢。
7. Q235 的钢材厚度或直径不大于 16mm 时的屈服强度为_____MPa。
8. 低碳钢加工前一般采用_____热处理以提高机械加工性能。
9. 淬火钢中温回火后得到的组织为_____。
10. 铁是碳含量大于_____的铁碳合金。
11. 根据黄铜中所含合金元素种类的不同，黄铜分为_____。

12. 交流电的简写为_____。
13. 1A = _____μA。
14. 变压器的最主要部件是_____和绕组。
15. 热继电器可用于电动机_____。
16. 步进电动机的角位移与_____成正比。
17. 机床坐标系的原点称为_____。
18. 液压传动系统中，采用_____可以防止灰尘的进入。
19. 挤压丝锥不开容屑槽，也不开切削刃，它是用_____原理加工螺纹的。
20. 双刃镗刀有两个切削刃，背向力互相抵消不易产生_____。
21. 常用的刀具材料有高速钢、_____、陶瓷材料和超硬材料四类。
22. 在立式铣床上利用回转工作台铣削工件的圆弧面时，应转动_____来找正圆弧面中心与回转工作台中心重合。

23. 滚压加工后的形状精度和位置精度主要取决于_____工序。

24. 一般情况下，根据零件的精度要求，结合现有工艺条件并考虑加工经济精度的因素来选择_____。

25. 如果在一道工序中只要求加工面本身余量均匀，这时可以_____基准。

26. 测量孔的深度时，应选用_____尺。

27. 乳化液是乳化油用_____稀释而成的。

28. 工件向不平行于任何基本投影面的平面上投影得到的视图称为_____。

29. 机械加工中的预备热处理方法有退火、正火、调质和_____处理四种。

30. 一个自由物体共有_____个自由度。

31. 以毛坯尚未经加工过的表面作基准，这种定位基准被称为_____基准。

32. 加工时，铣刀直径选得大可_____。

33. 圆弧插补时，通常把与时钟走向一致的圆弧叫_____。

34. 按控制运动的方式分类，数控机床可分为点位控制、直线控制和_____等三种。

35. 为了提高零件的加工精度，对刀点应尽量选在零件的设计基准或_____上。

36. 数控机床坐标系三坐标轴 X、Y、Z 及其正方向用_____判定。

37. 数控机床的混合编程是指_____和增量值编程的混合。

38. 在数控编程时，是按照_____来进行编程的，无须按照刀具在机床中的具体位置。

39. 数控机床有着不同的运动方式，编写程序时，规定刀具_____的方向为正。

40. FANUC 系统中，子程序出现 M99 程序段，则表示_____。

41. 数控机床中，用代码_____表示直线插补。

42. 数控机床中，用代码_____表示逆时针圆弧插补。

43. 刀具位置补偿包括_____和刀具长度补偿。

44. 对刀是数控加工中最重要的工作内容，其准确性将直接影响零件的_____。

45. 在数控加工中，刀具刀位点相对于工件运动的轨迹称为_____。

46. 首件试切加工时应尽量_____快速进给速度。

47. 使用宏程序时，数值可以直接指定或用_____指定。

48. 带有中心孔的平底头型立铣刀，因有中心孔定位，故_____。

49. 顺铣时，铣刀的旋转方向和切削的进给方向是_____的。

50. 采用 FANUC 系统进行轮廓加工编程时，顺圆插补指令是_____。

51. 标准中心钻保护锥部分的圆锥角大小为_____。

52. 铰孔时对孔的轴线偏斜精度的纠正能力_____。

53. 麻花钻的切削几何角度最不合理的切削刃是_____。

54. 用百分表或千分表测量零件时，测量杆必须_____于被测量表面。

55. 游标卡尺是一种测量长度、深度和_____的量具。

56. 数控铣床的日常维护、保养，一般情况下是由_____来进行的。

57. 数控铣床开机后，操作者在确认机床无异常后，先_____，待润滑情况及各部位正常后方可工作。

58. 数控铣床的机械结构较传统铣床的机械结构_____、部件精度高，但对维护提出了更高的要求。

59. 故障排除后，应按_____消除软件报警信息显示。

60. 数控系统的软件报警有来自 NC 的报警和来自_____的报警。

61. 割视图可分为全剖视图、_____和局部剖视图。

62. 绘制机械图样时，可见轮廓线用_____

表示。

63. 公差值永远_____零。

64. 国家标准规定了基孔制和_____两种基准制。

65. 基孔制的孔是配合的基准件，称为____。

66. 基准轴代号为_____。

67. 金属材料通常分为黑色金属和_____两大类。

68. 钢和铸铁主要是由____两种元素组成。

69. 钢和铸铁的区别在于_____的多少。

70. 钢按化学成分分类，可分为碳素钢和____。

71. 金属材料的力学性能是指金属在_____作用时表现出来的性能。

72. 金属材料抵抗冲击载荷作用而不破坏的能力称为_____。

73. 布氏硬度的符号为_____。

74. 退火的目的是_____钢的硬度。

75. 数控系统简称_____系统。

76. 计算机数控系统简称_____系统。

77. 数控机床是指应用_____对加工过程进行控制的机床。

78. 数控机床按进给伺服系统类型分类，可分为开环控制、_____、闭环控制数控机床。

79. CNC装置的工作是在硬件的支持下，执行_____的全过程。

80. 加工中心的导轨常用滚动导轨和_____导轨。

81. 刀具切削性能的优劣，主要取决于刀具切削部分的_____。

82. 铣刀按基本型式分为_____和面铣刀。

83. 单刃镗刀一般均有_____装置。

84. 丝锥的工作部分由切削部分和_____部分组成。

85. 刀具由开始切削到磨钝为止的切削总时间称为_____。

86. 国标相应标准规定，加工中心使用的锥柄号为BT40、BT45、_____号圆锥柄。

87. 高浓度乳化液主要起_____作用。

88. 加工余量可分为_____和双边余量。

89. 平面类零件加工时一般只需_____坐标联动即可加工出来。

90. 丝锥加工螺纹的过程叫_____。

91. 轮廓铣削精加工时要尽量采用_____铣的方法。

92. 选择定位基准要遵循_____原则。

93. 用已加工过的表面作为定位基准时，此定位基准称为_____。

94. 工件最多只能有_____个自由度。

95. 如果工件的6个自由度都被限制则称为_____定位。

96. 定位误差由_____误差和基准位移误差两部件组成。

97. 设计图样上采用的基准称为_____。

98. 工艺过程中采用的基准称为_____。

99. 能实现主轴定向停止的辅助功能指令是_____。

100. X坐标轴为水平方向，且_____于Z坐标轴。

101. 准备功能又叫_____指令。

102. G指令分为模态指令和_____指令。

103. 非模态G指令，只在写有该命令的程序段中才_____。

104. 采用绝对尺寸编程时用_____指令。

105. G17选择的是_____平面。

106. 可以实现直线插补的G功能指令是____。

107. 刀具长度补偿取消指令是_____。

108. 刀具半径右补偿指令是_____。

109. 无条件停止指令是_____。

110. 主轴正转指令是_____。

111. 主轴停止的指令是_____。

112. 圆弧插补参数I、J、K是_____到圆心的矢量坐标。

113. 圆弧插补如用半径编程时，角度大于180°时半径R应取_____值。

114. ALARM指示灯亮说明机床有_____。

115. RESET是_____键。

116. 刀具可用两种方法移动到原点：_____和自动原点复归。

117. 游标卡尺读数时，应先读_____再读小数。

118. 内径千分尺的刻度标尺递增方向与外径千分尺相_____。

119. 数控系统硬件故障是指只有更换_____，故障才能排除。

120. 偏心轴属于_____类找正器。

8.1.2 选择题

1. 机件图形按正投影法绘制并采用（　　）投影法。
   A. 第一角　　　　　B. 第二角
   C. 第三角　　　　　D. 第四角

2. 基准轴的代号为（　　）。
   A. H　　B. G　　C. h　　D. g

3. 布氏硬度的符号是（　　）。
   A. HBW　B. HR　C. HV　D. HM

4. 数控机床是装备了（　　）的机床。
   A. 数控装置　　　　B. 数控系统
   C. 继电器　　　　　D. 软件

5. 在一个程序段中同时出现同一组的若干个G指令时（　　）。
   A. 计算机只识别第一个G指令
   B. 计算机只识别最后一个G指令
   C. 计算机无法识别
   D. 计算机可以全部识别

6. 可用作直线插补的准备功能代码是（　　）。
   A. G01　B. G02　C. G03　D. G04

7. 零件三视图中，最常用的基本视图是（　　）。
   A. 主视图、俯视图、左视图
   B. 主视图、仰视图、左视图
   C. 后视图、俯视图、右视图
   D. 后视图、俯视图、左视图

8. 垂直于螺纹轴线的视图中表示牙底的细实线只画约（　　）圈。
   A. 1/3　B. 1/2　C. 3/4　D. 4/5

9. 尺寸标注时，默认长度单位是（　　）。
   A. μm　B. mm　C. cm　D. m

10. 圆弧标注时，小于半圆标注半径，数字前加（　　）。
    A. R　B. r　C. Φ　D. ϕ

11. 过盈配合时，孔的公差带（　　）。
    A. 在轴的公差带之上
    B. 在轴的公差带之下
    C. 既可在轴公差带之上，又可在轴公差带之下
    D. 与轴的公差带相互交叠

12. 非金属材料的剖面符号为（　　）。
    A.　　B.　　C.　　D.

13. 下列符号中哪个是形状公差符号（　　）。
    A.　　B. //　　C.　　D. ⊥

14. 一般情况下多以（　　）作为判别金属强度高低的指标。
    A. 抗拉强度　　　B. 抗弯强度
    C. 抗压强度　　　D. 抗剪强度

15. 金属抵抗局部变形、压痕或划痕的能力称为（　　）。
    A. 强度　　　　　B. 硬度
    C. 塑性　　　　　D. 韧性

16. 退火是指将钢件加热到适当温度，保持一定时间，然后（　　）的热处理工艺。
    A. 随炉冷却　　　B. 在空气中冷却
    C. 在水中冷却　　D. 在油中冷却

17. 正火是指将钢件加热到适当温度，经过保温，然后（　　）的热处理工艺。
    A. 随炉冷却　　　B. 在空气中冷却
    C. 在水中冷却　　D. 在油中冷却

18. 自动换刀装置简称（　　）。
    A. ATC　B. APC　C. ISO　D. EIA

19. 计算机字节的基本单位是（　　）。
    A. B　B. K　C. M　D. G

20. 由于工业生产会产生大量的有毒、有害气体进入大气层，造成大气污染，其中（　　）可造成大气污染。
    A. 氮气　　　　　B. 二氧化碳
    C. 二氧化硫　　　D. 氩气

21. 低档数控机床最多联动轴数为（　）。
   A. 1根　　　　　　　B. 2~3根
   C. 4~5根　　　　　　D. 5根以上

22. CNC装置是数控机床的（　）。
   A. 主体　　　　　　　B. 辅助装置
   C. 进给装置　　　　　D. 核心

23. 内装PLC从属于（　）。
   A. 驱动装置　　　　　B. 进给装置
   C. 数控装置　　　　　D. 辅助装置

24. 数控机床的进给系统由NC发出指令，通过伺服系统最终由（　）来完成坐标轴的移动。
   A. 电磁阀　　　　　　B. 伺服电动机
   C. 变压器　　　　　　D. 测量装置

25. 直流主轴电动机的尾部一般都同轴安装（　）作为速度反馈元件。
   A. 测速发电机　　　　B. 旋转变压器
   C. 编码器　　　　　　D. 速度继电器

26. 主轴采用数字控制时，系统参数可用（　）设定，从而使调整操作更方便。
   A. 指令　　　　　　　B. 电位器
   C. 数字　　　　　　　D. 模拟信号

27. 闭环控制方式的位移测量元件常采用（　）。
   A. 光栅　　　　　　　B. 旋转变压器
   C. 测速发电机　　　　D. 光电式脉冲编码器

28. 旋转变压器是（　）测量元件。
   A. 速度　　　　　　　B. 直线位移
   C. 角位移　　　　　　D. 计数

29. 脉冲编码器把机械转角变成（　），是一种常用的角位移传感器。
   A. 电脉冲　　　　　　B. 电压
   C. 电流　　　　　　　D. 正弦波

30. 在现代数控机床中，一般都采用（　）使主轴定向。
   A. 机械挡块　　　　　B. 能耗制动
   C. 电气方式　　　　　D. 模拟信号

31. 从刀具寿命方面考虑，选择粗加工切削用量时，应选择尽可能大的（　），从而提高切削效率。
   A. 背吃刀量　　　　　B. 进给速度
   C. 切削速度　　　　　D. 主轴转速

32. 标准高速钢麻花钻的螺旋角一般在（　）范围内。
   A. 10°~20°　　　　　B. 18°~30°
   C. 30°~45°　　　　　D. 35°~50°

33. 标准高速钢麻花钻的横刃斜角为（　）。
   A. 25°~30°　　　　　B. 30°~40°
   C. 40°~50°　　　　　D. 50°~55°

34. 加工中心选择刀具时应尽量使刀具的规格（　）机床规定的直径、长度、重量。
   A. 小于　　　　　　　B. 等于
   C. 大于　　　　　　　D. 接近于

35. 以下对刀方法中，不需要辅助设备的对刀方法为（　）。
   A. 机内对刀法　　　　B. 机外对刀法
   C. 测量法　　　　　　D. 切削法

36. 孔深与直径之比大于（　）的孔称为深孔。
   A. 3　　B. 5　　C. 10　　D. 100

37. 在加工中心上加工工件时，应遵守（　）定位原则。
   A. 6点　　B. 5点　　C. 4点　　D. 3点

38. 为增大力臂，保证夹紧可靠，压板螺栓应（　）。
   A. 尽量靠近垫铁
   B. 尽量靠近工件和加工部件
   C. 在垫铁与工件的中间部位
   D. 紧靠工件和加工部件

39. 长V形铁限制了（　）个自由度。
   A. 1　　B. 2　　C. 3　　D. 4

40. 在铣削加工中，为了使工件保持良好的稳定性，应选择工件上（　）表面作为主要定位面。
   A. 任意面　　　　　　B. 所有面
   C. 最小面　　　　　　D. 最大面

41. 加工中心（　）的特点决定了其一次装夹经多次换刀可完成多工序的加工。
   A. 工序集中　　　　　B. 工序分散
   C. 加工精度高　　　　D. 生产率高

42. 铣削平面零件的外表面轮廓时，常采用沿零件轮廓曲线的延长线切向切入和切出零件表面，以便于（　　）。

　　A. 提高效率　　　　B. 减少刀具磨损

　　C. 提高精度　　　　D. 保证零件轮廓光滑

43. 周铣时用（　　）方式进行铣削，铣刀的寿命较高，获得加工面的表面粗糙度值也较小。

　　A. 对称铣　B. 逆铣　C. 顺铣　D. 立铣

44. 用直齿圆柱铣刀铣削平面时，切削的刃长（　　）销削宽度。

　　A. 大于或等于　　　B. 等于

　　C. 小于　　　　　　D. 大于

45. 影响数控加工切屑形状的各要素中（　　）影响最大。

　　A. 切削速度　　　　B. 进给量

　　C. 背吃刀量　　　　D. 主轴转速

46. 在加工脆性材料时产生的切屑是（　　）。

　　A. 带状切屑　　　　B. 节状切屑

　　C. 粒状切屑　　　　D. 崩碎切屑

47. 钻削时的切削热大部分由（　　）传播出去。

　　A. 刀具　B. 工件　C. 空气　D. 切屑

48. 编排数控机床加工工序时，为了提高加工精度，采用（　　）。

　　A. 一次装夹、多工序集中法

　　B. 流水线作业法

　　C. 工序分散加工法

　　D. 精密专用夹具

49. 程序编制中，首件试切的作用是（　　）。

　　A. 检验零件图样的正确性

　　B. 检验零件工艺方案的正确性

　　C. 检验程序单或控制介质的正确性，并检查是否满足加工精度要求

　　D. 仅检验数控穿孔带的正确性

50. 数控机床程序中，零点是在（　　）坐标系中给出的。

　　A. 机床　B. 工件　C. 局部　D. 绝对

51. 铰孔的加工精度很高，因此可纠正（　　）精度。

　　A. 位置　B. 形状　C. 尺寸　D. 同轴度

52. 粗实线一般应用在（　　）。

　　A. 可见轮廓线

　　B. 可见过渡线、齿轮的齿根线

　　C. 尺寸线、可见轮廓线

　　D. 可见过渡线

53. 表面粗糙度 $Ra \leqslant 0.01\mu m$ 时，经济加工方法为（　　）。

　　A. 镜面磨削　　　　B. 超精研

　　C. 抛光　　　　　　D. 激光加工

54. 评定表面粗糙度的参数主要有高度参数（　　）和间距参数 S、S_m。

　　A. Ra　　B. Rz、Ry　C. S　　D. S_m

55. 工具钢的分类（　　）。

　　A. 碳素工具钢　　　B. 渗碳钢

　　C. 高速工具钢　　　D. 合金工具钢

56. 金属的工艺性能包括（　　）和切削加工性能等。

　　A. 铸造性能　　　　B. 锻造性能

　　C. 焊接性能　　　　D. 热处理性能

57. 渗碳工件最终热处理步骤有（　　）。

　　A. 渗碳　　　　　　B. 淬火

　　C. 高温回火　　　　D. 低温回火

58. 下列属于有色金属的有（　　）。

　　A. 有色纯金属　　　B. 有色合金

　　C. 有色材料　　　　D. 有色材质

59. 组合机床是由（　　）组成。

　　A. 专用部件　　　　B. 组合部件

　　C. 通用部件　　　　D. 特殊零件

60. 机床的性能指标包括（　　）和表面粗糙度等。

　　A. 转动功能　　　　B. 主轴材料

　　C. 工艺范围　　　　D. 加工精度

61. 数控机床的主要特点有（　　）。

　　A. 高柔性

　　B. 高精度

　　C. 高效率

　　D. 大大减轻了操作者的劳动强度

62. 数控机床为避免运动部件运动时的爬行现

象，可通过减少运动部件的摩擦来实现，如采用（　　）和静压导轨等。

A. 滚珠丝杠螺母副　　B. 滚动导轨
C. 滑动轴承　　　　　D. 气动轴承

63. 数控系统中，常用的位置检测装置有（　　）。

A. 旋转变压器　　　　B. 感应同步器
C. 光栅尺　　　　　　D. 行程开关

64. 影响刀具寿命的主要因素有：工件材料、（　　）。

A. 刀具材料　　　　　B. 刀具几何参数
C. 切削用量　　　　　D. 环境温度

65. 数控机床对刀具材料的基本要求是有高的（　　）。

A. 硬度　　　　　　　B. 耐磨性
C. 热硬性　　　　　　D. 强度和韧性

66. 硬质合金是一种（　　），抗弯强度较高的刀具材料。

A. 耐磨性好　　　　　B. 耐热性差
C. 高耐热性　　　　　D. 抗冲击

67. 数控铣床适合加工（　　）零件。

A. 平面类　　　　　　B. 曲面类
C. 变斜角类　　　　　D. 回转类

68. 按铣削时的进给方式，可将铣床夹具分为（　　）。

A. 直线进给式　　　　B. 圆周进给式
C. 靠模进给式　　　　D. 组合进给式

69. 铣床夹具的作用有（　　）。

A. 提高零件加工效率
B. 提高产品表面粗糙度
C. 扩大铣床工艺范围
D. 降低毛刺产生

70. 工件以平面定位，常用的定位元件有（　　）。

A. 支承钉　　　　　　B. 支承板
C. 可调支承　　　　　D. 辅助支承

71. 组成夹紧装置的有（　　）。

A. 定位装置　　　　　B. 夹紧元件
C. 中间传力机构　　　D. 力源装置

72. 夹紧力大小要适中，既要保证工件在加工过程中（　　），又不得使工件产生变形和损伤工件表面。

A. 不移动　　　　　　B. 不转动
C. 不变热　　　　　　D. 不振动

73. 游标卡尺是用来测量（　　）及凹槽等相关尺寸的量具。

A. 外尺寸　　　　　　B. 内尺寸
C. 盲孔　　　　　　　D. 斜度

74. 车间常用的指示式量具有（　　）等。

A. 百分表　　　　　　B. 千分表
C. 杠杆百分表　　　　D. 内径百分表

75. 游标万能角度尺有Ⅰ型和Ⅱ型两种，分别可测量（　　）。

A. 0°～350°　　　　　B. 0°～320°
C. 0°～360°　　　　　D. 0°～330°

76. 数显高度尺允许接触到的物质有（　　）。

A. 酒精　　B. 水　　C. 防锈油　　D. 清洁布

77. 下列配件中属于数显游标卡尺的有（　　）。

A. 指针表盘　　　　　B. 数字显示屏
C. 高精度齿条　　　　D. 量爪

78. 机床润滑油脂包括（　　）。

A. 液压油　　　　　　B. 液压导轨油
C. 乳化液　　　　　　D. 润滑油（脂）

79. 滑动轴承的润滑油黏度低，同时具备良好的（　　）。

A. 抗挥发　　　　　　B. 抗氧化
C. 抗磨性　　　　　　D. 防锈性

80. 数控机床常用的导轨有（　　）。

A. 静压导轨　　　　　B. 滑动导轨
C. 滚动导轨　　　　　D. 齿轮导轨

81. 通常合成油分为（　　）。

A. PAO 类　　　　　　B. 矿物油
C. 酯类　　　　　　　D. XHVI 类

82. 金属切削加工中，常用的切削液可分为（　　）三大类。

A. 水溶液　　　　　　B. 乳化液
C. 切削油　　　　　　D. 磨削液

83. 切削液的作用有（　　）。

A. 冷却作用　　　　B. 润滑作用
C. 清洗作用　　　　D. 防锈作用

84. 切削液的选择一般要考虑（　　）。

A. 环境温度　　　　B. 加工性质
C. 刀具材料　　　　D. 工件材料

85. 切削液的使用方法有（　　）。

A. 蘸滴法　　　　　B. 浇注法
C. 倾倒法　　　　　D. 喷雾冷却法

86. 加工中心对结构的要求有（　　）等。

A. 具备高的静刚度
B. 具备高的动刚度
C. 热变形小
D. 运动件间的摩擦小并消除传动系统间隙

87. 按用途和加工方法分，加工中心常用刀具可分为（　　）等。

A. 车削刀具　　　　B. 钻削刀具
C. 铣削刀具　　　　D. 镗削刀具

88. 铣削刀具可分为（　　）等。

A. 面铣刀　　　　　B. 立铣刀
C. 键槽铣刀　　　　D. 成型铣刀

89. 加工中心用麻花钻，其工作部分由（　　）等组成。

A. 切削部分　　　　B. 导向部分
C. 刀柄　　　　　　D. 拉钉

90. 麻花钻的导向部分起（　　）等作用。

A. 导向　　　　　　B. 修光
C. 排屑　　　　　　D. 输送切削液

91. 常用丝锥有（　　）等。

A. 手用丝锥　　　　B. 机用丝锥
C. 螺母丝锥　　　　D. 挤压丝锥

92. 加工中心的刀具系统由（　　）等组成。

A. 工作头　　　　　B. 刀柄
C. 拉钉　　　　　　D. 接长杆

93. 安装刀具时，刀杆伸出量过长，切削时容易产生（　　）。

A. 崩刀
B. 变形
C. 振动
D. 被加工表面的粗糙度不好

94. 机外对刀仪可测量刀具的（　　）。

A. 长度　　　　　　B. 半径
C. 直径　　　　　　D. 角度

95. 水溶性切削液主要成分是水，还可加入（　　）。

A. 防锈剂　　　　　B. 清洗剂
C. 油性添加剂　　　D. 颜料

96. 机床夹具按通用化程度可分为（　　）等。

A. 通用夹具　　　　B. 专用夹具
C. 成组可调夹具　　D. 组合夹具

97. 能限制2个自由度的定位元件是（　　）。

A. 支承板　　　　　B. 短圆柱销
C. 长V形架　　　　D. 圆锥销

98. 当夹持工件时，需同时检验（　　），既要顾及工件的刚性，又要防止过度夹持造成的夹持松脱因素。

A. 夹持方法　　　　B. 夹持部位
C. 夹持压力　　　　D. 夹持角度

99. 工艺过程能改变生产对象的（　　）等。

A. 形状　　　　　　B. 尺寸
C. 相对位置　　　　D. 性质

100. 切削用量要素是（　　）。

A. 背吃刀量　　　　B. 切削速度
C. 切削轨迹　　　　D. 进给量

8.1.3 判断题

1. 轴类零件的直径用 $S\phi$ 表示。（　　）

2. 当不同图线互相重叠时，应按粗实线、细虚线、细点画线的先后顺序只绘制前面一种图线。（　　）

3. 图样中符号 $\sqrt{Rz\max\ 0.2}$ 表示的含义为轮廓的最大高度的最大值为 $0.2\mu m$。（　　）

4. 局部视图中，用波浪线表示某局部结构与其他部分断开。（　　）

5. Q235低碳钢试件为塑性材料，其 σ-ε 曲线包含四个阶段，即弹性阶段、屈服阶段、强化阶段及缩颈阶段。（　　）

6. 为了消除中碳钢焊接件的焊接应力，一般要进行完全退火。（　　）

7. 在生产中，习惯把淬火和高温回火相结合的热处理方法称为调质处理。（   ）

8. 轴承合金用于生产滚珠轴承。（   ）

9. $1\mu V = 10^3 mV$。（   ）

10. 变压器按用途分类有电力变压器、互感器、特种变压器。（   ）

11. 低压刀开关的主要作用是检修时实现电气设备与电源的隔离。（   ）

12. 数控机床所加工的轮廓，只与所采用程序有关，而与所选用的刀具无关。（   ）

13. M02是程序加工完成后，程序复位，光标能自动回到起始位置的命令。（   ）

14. 机床油压系统过高或过低可能是因油压系统泄漏造成的。（   ）

15. 制造较高精度、切削刃形状不是十分复杂并用于切削钢材的刀具时，材料可选用硬质合金。（   ）

16. 键槽铣刀不适宜做轴向进给。（   ）

17. 用立铣刀切削平面零件外部轮廓时，铣刀半径应大于零件外部轮廓的最小曲率半径。（   ）

18. 三面刃铣刀有三个切削刃同时参加切削，排屑条件好，因此齿数较多。（   ）

19. 用面铣刀铣平面时，铣刀刀齿虽参差不齐，但对铣出平面的平面度没有影响。（   ）

20. 刀具前角越大，切屑越不易流出，切削力越大，刀具的强度越高。（   ）

21. 为满足精加工质量，精磨的余量为2mm。（   ）

22. 铰孔的切削速度与钻孔的切削速度相等。（   ）

23. 刀具直径为8mm的高速钢立铣刀铣削铸铁件时，主轴转速为1100r/min，切削速度为27.6mm/min。（   ）

24. 对于位置精度要求较高的工件，不宜采用组合夹具。（   ）

25. 装卡工件时应考虑使夹紧力靠近支撑点。（   ）

26. 阿贝原理是长度测量中的一个基本原则。这个原理是：在长度测量中，观测点应与基准线重合或在其延长线上，则测量准确，反之则测量不准确。（   ）

27. 读数时，应水平持握游标卡尺，并朝亮光的方向，使视线尽可能地和表盘垂直，以免由于视线歪斜而引起读数误差。（   ）

28. 外径千分尺的测量力为5～10N由测力装置决定，使用时最多转动三圈即可。（   ）

29. 目前，所有的成品润滑油都是由基础油和添加剂组成。其中，基础油占70%以上；添加剂占40%以下。（   ）

30. 黏度变化越小的，黏度指数越小，黏温性能越好。（   ）

31. 组织进行危险源辨识和风险评价时应考虑人的行为能力和其他因素。（   ）

32. 在有可追溯性要求时，公司应控制和记录产品的唯一性标识。（   ）

33. 质量方针和质量目标必须纳入组织编制的质量手册。（   ）

34. 基准可以分为设计基准与工序基准两大类。（   ）

35. 组合夹具是一种标准化、系列化、通用化程度较高的工艺装备。（   ）

36. 刀具主切削刃上磨出分屑槽的目的是改善切削条件，提高刀具寿命，可以通过增加切削用量，提高生产率。（   ）

37. 切屑在形成过程中往往塑性和韧性提高，脆性降低，使断屑形成了内在的有利条件。（   ）

38. 同一零件在各剖视图中的剖面线方向和间隔应一致。（   ）

39. 采用削边销代替普通销定位主要是为了避免欠定位。（   ）

40. 一般都是直接用设计基准作为测量基准，因此应尽量用设计基准作为定位基准。（   ）

41. 通常用球刀加工比较平滑的曲面时，表面粗糙度的质量不会很高，这是因球刀尖部的切削速度几乎为零造成的。（   ）

42. 圆弧插补用I、J来指定圆时，I、J取值取决于输入方式是绝对方式,还是增量方式。
(   )

43. 加工表面上残留面积越大,高度越高,则工件表面粗糙度越大。(   )

44. 指令 G71、G72 的选择主要看工件的长径比,长径比小时要用 G71。(   )

45. 螺纹切削指令 G32 中的 R、E 是指螺纹切削的退尾量,一般以增量方式指定。(   )

46. G96 S300 表示消除恒线速,机床的主轴每分钟旋转 300 转。(   )

47. 钻孔固定循环指令为 G98,固定循环取消指令为 G99。(   )

48. 一个完整的零件加工程序由若干程序段组成,一个程序段由若干代码字组成。(   )

49. G68 可以在多个平面内做旋转运动。
(   )

50. M02 是程序加工完成后,使程序复位,光标能自动回到起始位置的指令。(   )

51. 孔加工自动循环中,G98 指令的含义是使刀具返回初始平面。(   )

52. 孔加工自动循环中,G99 指令的含义是使刀具返回参考平面。(   )

53. G97 S1500 表示取消恒线速,机床的主轴每分钟旋转 3000 转。(   )

54. 钻孔固定循环指令为 G80,固定循环取消指令为 G81。(   )

55. G55 中设置的数值是机床坐标系的原点。
(   )

56. 用机械手来进行换刀的称为自动换刀系统。
(   )

57. 刀具预调仪上预调的刀具必须是可调刀具。
(   )

58. 定位后的工件在夹具中的位置是唯一的。
(   )

59. 工件定位时必须将 6 个自由度都限制住。
(   )

60. 所谓行切法,是指刀具与零件轮廓的切点轨迹是一行一行平行,而行间的距离是按零件加工精度要求确定的。(   )

61. 球头铣刀、鼓形刀、锥形铣刀常被用于立体型面和变斜角轮廓外形的加工。(   )

62. 铣削运动方向与工件进给运动方向相反称之为顺铣。(   )

63. 对于没有硬皮的工件,只要机床进给驱动工作台进给运动的螺旋副有消除间隙的机构时,就应采用顺铣。(   )

64. 镗孔只能提高孔的尺寸精度,不能纠正和提高孔的位置度。(   )

65. 加工通孔时,为使切屑不至于损伤已加工表面,丝锥的容屑槽应右旋。(   )

66. 主运动是切下切屑的最基本运动。(   )

67. 加工中心的机床坐标系是机床固有的坐标系,但没有固定的坐标原点。(   )

68. 机床坐标系的原点位置是在各坐标轴的反向最大极限处。(   )

69. 加工中心设置工件坐标系时,可以将坐标原点设置在工件之外。(   )

70. ISO 标准规定,确定加工中心坐标系及各轴方向时,一律认为工件静止,刀具运动。
(   )

71. 地址符 N 与 L 作用是一样的,都是表示程序段。(   )

72. 主程序与子程序的内容相同,但两者的程序格式应不同。(   )

73. 子程序不仅能从零件程序中调用,还能从其他子程序中调用。(   )

74. 同一组的 M 功能指令不应同时出现在同一个程序段内。(   )

75. G40 的作用是取消刀具半径补偿。(   )

76. G43 在编程时只可作为长度补偿使用,不可作他用。(   )

77. 圆弧插补参数 I、J、K 是圆弧终点到圆心的矢量坐标。(   )

78. M19 在编程使用过程中能将主轴定向在一个规定的方向上。(   )

79. 在加工一个精度要求高的整圆时,可以利用圆弧插补加角度、半径编程。(   )

80. 执行 M00 指令后,所有存在的模态信息保

持不变。（　　）

81. G01、G02、G03、G04 都是模态指令。（　　）

82. 固定循环的参数都是固定的。（　　）

83. 标准坐标的原点（$x=0$，$y=0$，$z=0$）的位置是任意的。（　　）

84. 寸制和米制之间既可通过机床参数画面进行切换，也可通过 G 指令进行切换。（　　）

85. 执行 G00 X0 Y0；G00 X100 Y50；指令和执行 G00 X0 Y0；G01 X100 Y50；指令时，刀具的运行轨迹相同。（　　）

86. 数控机床开始加工工件前，若某轴在回零点位置前已处在零点位置，必须先将该轴移动到距离原点 50mm 以外的位置，再进行手动回零点。（　　）

87. 按试运转按键后，按键灯亮。"手动进给率"功能被"快速进给率"功能取代，进给速率均由"快速进给率"控制。（　　）

88. 摇动加工中心脉冲电手轮时，可感受机床的负载和摩擦阻力。（　　）

89. 为了保证测量精度，量表齿杆的夹紧力越大越好。（　　）

90. 内径千分尺结构原理同外径千分尺相同。（　　）

91. 在机械的主功能、动力功能、信息处理功能和控制功能上引用电子技术，并将机械装置和电子设备软件技术有机地结合起来，构成一个完整的系统，称为机电一体化。（　　）

92. 间隙配合时孔的公差带在轴的公差带之上。（　　）

93. 公差值越大，加工就越容易。（　　）

94. 表面粗糙度指零件加工表面的光亮度。（　　）

95. 铜、铝及其合金的加工性普遍比钢料好。（　　）

96. 适当提高材料的硬度有利于获得好的加工表面质量。（　　）

97. 调质处理一般安排在粗加工之后，精加工之前。（　　）

98. 生产经营单位的安全员对本单位的安全生产工作全面负责。（　　）

99. 加工中心采用的是笛卡儿直角坐标系，各轴的方向是用右手来判定的。（　　）

100. 在编制加工程序时，程序段号可以不写或不按顺序书写。（　　）

8.2　技师试题

8.2.1　填空题

1. 14Cr17Ni2、1Cr28（在用非标牌号）属于难切削的_____不锈钢。

2. 在轮廓控制中，为了保证一定的_____和编程方便，通常利用刀具长度和半径补偿功能。

3. 机床面板上，用英文 MDI 表示_____。

4. 精加工时，应选择较小切削深度、进给量，_____的切削速度。

5. 钻头是用于在实体材料上钻削出通孔或_____，并能对已有孔进行扩孔的刀具。

6. 锯片铣刀可以用于加工_____和切断工件，其圆周上有较多的刀齿。

7. 与轴承配合的轴或轴承座孔的公差等级与轴承精度有关。与 P0 级精度轴承配合的轴，其公差等级一般为 IT6，轴承座孔一般为_____。

8. 设备三级保养包括_____、一级保养和二级保养。

9. 数控铣床的润滑系统在机床整机中占有十分重要的位置，它不仅具有润滑作用，而且还具有_____。

10. 一般数控铣床的进给传动，是采用交流伺服电动机通过联轴器带动_____丝杠进行的。

11. 压力继电器是利用液体的压力来启闭电气触点的液压电气转换元件。当系统压力达到压力继电器的调定值时，发出_____，用于安全保护、控制执行元件的顺序动作、泵的启闭等。

12. 滚珠丝杠螺母副按其中的滚珠循环方式可分为_____两种。

13. 存储器用的电池应定期检查和更换，主要是为了防止_____丢失。

14. 测量直线运动的检测工具有，标准长度刻线尺、_____、测微仪、光学读数显微镜及激光干涉仪等。

15. 在零件图上标注尺寸，必须做到正确、完整、清晰、_____。

16. 零件的互换性是指同一批零件_____和辅助加工就能顺利装到机器上去并能满足机器的性能要求。

17. 机械中常见的孔与轴的配合性质有____、过渡配合和过盈配合三种。

18. 剖视图的种类可分为全剖视图、_____视图和局部剖视图。

19. 将零件向不平行于基本投影面的平面投射所得的视图称为_____。

20. 画剖视图时，剖面区域的轮廓形状的线型为_____。

21. 剖视图主要用于表达零件的_____结构形状。

22. 可以实现无切削的毛坯种类是_____。

23. 工件放在真空炉中淬火可以防止氧化和_____。

24. 在普通黄铜中加入其他合金元素形成的合金称为_____。

25. 正火能够代替中碳钢和低碳合金钢的_____，改善组织结构和切削加工性。

26. 图样技术要求中"热处理：C45"表示_____硬度为45HRC。

27. 对于碳的质量分数不大于0.5%的碳钢，一般采用_____为预备热处理。

28. 金属粉末注射成型技术是将现代塑料喷射成型技术引入_____领域而形成的一门新型粉末冶金技术。

29. 合金钢按主要用途可分为合金结构钢、合金工具钢和_____三大类。

30. 合金刃具钢分为低合金刃具钢和_____两类。

31. 三相对称电压就是三个频率相同、幅值相等、相位互差_____的三相交流电压。

32. 三相交流异步电动机分为笼型和_____。

33. 1969年美国_____公司研制成功了世界上第一台可编程序逻辑控制器。

34. 数控机床坐标系三坐标轴 X、Y、Z 及其正方向用右手定则判定，X、Y、Z 各轴的回转运动及其正方向 +A、+B、+C 分别用_____螺旋法则判断。

35. 数控机床的精度检查，分为几何精度检查、定位精度检查和_____精度检查。

36. 数控机床程序编制的方法有自动编程和_____。

37. 在精铣内外轮廓时，为改善表面粗糙度，应采用_____的进给路线加工方案。

38. 钨钴钛类硬质合金，对冷热和冲击的敏感性较强，当环境温度变化较大时会产生_____。

39. 刃倾角是主切削刃与基面之间的夹角。对细螺旋齿铣刀来说，刃倾角等于刀齿的_____。

40. 铣削成型面时，铣削速度应根据铣刀切削部位_____处的切削速度进行选择。

41. 硬质合金可转位铣刀使用的四边形和三角形刀片有带后角和不带后角两种，不带后角的刀片用于_____铣刀。

42. 右螺旋槽铰刀切削时向后排屑，适用于加工_____。

43. 铣削加工时，切削厚度随刀齿所在位置不同而_____。

44. 浮动镗刀能自动补偿_____，因而加工精度较高。

45. 水基切削液以冷却为主，油基切削液以_____为主。

46. 润滑油闪点根据其测定方法不同分为开口闪点和_____两种。

47. 切削加工中最常用的切削液有非水溶性和_____两大类。

48. 乳化液是乳化油用_____稀释而成的。

49. 慢速切削要求切削液的润滑性要强，一般来说，切削速度低于30m/min时使用_____。

50. 数控铣床的进给驱动系统中将信号转换、

传递、放大的装置是_____。

51. 冷硬铸铁硬度很高，毛坯表面粗糙，并存在砂眼、气孔等铸造缺陷，加工余量较大，粗加工时一般切削深度选得_____。

52. 能消除工件6个自由度的定位方式，称为_____定位。

53. 刀具寿命是指刀具在两次重磨之间_____的总和。

54. 刀具磨损到一定程度后需要刃磨或换新刀，需要规定一个合理的磨损限度，即为_____。

55. 在数控编程时，使用刀具半径补偿指令后，就可以按工件的_____进行编程，而不需按照刀具的中心线运动轨迹来编程。

56. 按_____的方式分类，数控机床可分为点位控制、直线控制和轮廓控制等三种。

57. 数控机床的坐标系采用右手笛卡儿直角坐标系。它规定_____X、Y、Z三者的关系及其正方向用右手定则来判定。

58. 为了提高零件的_____，对刀点应尽量选在零件的设计基准或工艺基准上。

59. 数控机床坐标系三坐标轴X、Y、Z及其_____用右手定则判定。

60. 编程时可将_____的程序编成子程序。

61. 在数控编程时，按照_____原点来进行编程，而不需按照刀具在机床中的具体位置。

62. 数控机床有着不同的运动方式，编写程序时，一律假定工件不动，刀具运动，并规定刀具_____工件的方向为正。

63. 数控机床中，用大字英文字母_____表示程序段号。

64. 空运行的作用主要是用来进行_____时，为避免刀具X轴或Z轴和机床本体发生碰撞所使用的一种检验程序的方法。

65. 在固定循环返回动作中，用G98指定刀具返回_____。

66. 在修改参数前必须进行_____，防止系统调乱后不能恢复。

67. 与系统功能有关的_____直接决定了系统的配置和功能，设定错误可能会导致系统功能的丧失。

68. 宏程序编程也称_____。

69. 面铣刀切削力的方向会随着_____的不同发生很大的变化。

70. 绘制机械图样时，螺纹的牙顶线用_____表示。

71. 绘制机械图样时，局部剖视图用_____分界。

72. 具有过盈（包括最小过盈等于零）的配合称为_____。

73. 机器或零件在装配或加工过程中，由相互连接且相互影响的尺寸构成的封闭尺寸组称作_____。

74. 铸铁是碳的质量分数大于_____的铁碳合金。

75. 数控机床按数控装置类型可分为硬件式和_____。

76. G00 X __ Y __ 对_____指令而言是指刀具移动距离。

77. 当采用展开画法时应标注_____。

78. 相配合的孔与轴的尺寸代数差为负值，称为_____。

79. 一直线对另一直线或一平面对另一平面的倾斜程度，称为_____。

80. 材料在拉断前所能承受的最大应力称为_____。

81. 柔性制造系统的英文简称是_____。

82. PL梯形图是指按指定的_____从梯形图开头至顺序结束执行，当执行至顺序结束时，又返回开头处，再从头执行。

83. 当进给系统不安装位置检测器时，该系统称为_____控制系统。

84. 直线感应同步尺和长光栅属于_____的位移测量元件。

85. 步进电动机是将电脉冲信号转换成_____的变换驱动部件。

86. 直流主轴电动机的过载能力大多以载荷的_____为指标。

87. 进给系统的传动间隙，多指_____。

88. 硬质合金可转位车刀刀片有制成带后角而不带前角的，多用于_____车刀。

89. 标准麻花钻头的端面刃倾角越接近钻芯，其刃倾角_____。

90. 自动换刀装置主要组成部分是刀库、_____、驱动机构等。

91. 编程所给的刀具移动速度，是各坐标的_____速度。

92. 通规应等于或接近工件的_____。

93. 止规应等于或接近工件的_____。

94. 液压泵可将驱动部件的机械能转化为_____。

95. 气动执行元件可将压缩空气的压力能转换为_____。

96. 铣刀直径增大，切削厚度_____，切削热减小。

97. 用切削锥很小的铰刀，加工薄壁的韧性材料，铰后孔因_____而缩小。

98. 加工盲孔时，为避免切屑阻塞于孔底，丝锥的容屑槽方向应取_____。

99. 镗孔不仅能将已有预制孔进一步扩大，达到一定的尺寸精度、形状精度和表面粗糙度，而且还能纠正和提高孔的_____。

100. 所谓行切法就是用刀具的轮廓和切削轨迹近似逼近所加工的表面，是一种_____加工方法。

8.2.2 选择题

1. 选择机械制图缩小的比例（　　）。
   A. 1∶1　　　　　　　B. 2.5∶1
   C. 1∶1.5　　　　　　D. 3∶2

2. 铣削特殊形面的特型铣刀，前角一般为（　　），铣刀修磨后要保持前角不变，否则会影响其形状精度。
   A. 0°　　B. −5°　　C. 5°　　D. 10°

3. 在装配图上分析零件时，首先应当研究主要零件，根据零件编号按（　　）找到零件的图形。
   A. 装配关系　　　　　B. 相互连接尺寸

   C. 尺寸线　　　　　　D. 指引线

4. ALTER 用于（　　）已编辑的程序号或程序内容。
   A. 插入　　　　　　　B. 修改
   C. 删除　　　　　　　D. 清除

5. 下列指令中，（　　）指令是指定 ZX 平面的。
   A. G18　B. G19　C. G17　D. G20

6. 下列指令中，（　　）指令为模态 G 指令。
   A. G03　B. G27　C. G52　D. G92

7. M06 表示（　　）。
   A. 刀具锁紧状态指示　B. 主轴定向指示
   C. 换刀指示　　　　　D. 刀具交换错误警示

8. 英文缩写 CNC 是指（　　）。
   A. 计算机数字控制装置
   B. 可编程序控制器
   C. 计算机辅助设计
   D. 主轴驱动装置

9. 球头刀等步距加工半球面时，表面粗糙度最差的地方是（　　）。
   A. 顶部　　　　　　　B. 底部
   C. 45°处　　　　　　D. 60°处

10. 设备点检表的编制应根据设备进行分类，依据设备的（　　）、操作规程等，制订详细的点检周期、点检内容。
    A. 说明书　　　　　　B. 工艺文件
    C. 质量保证书　　　　D. 合同

11. 目前，数控铣床油液润滑系统一般采用（　　）系统。
    A. 连续供油　　　　　B. 间歇供油
    C. 变量供油　　　　　D. 变频供油

12. 每个完整的尺寸一般由尺寸界线、尺寸数字、尺寸线终端、（　　）组成。
    A. 分界线　　　　　　B. 轮廓线
    C. 尺寸线　　　　　　D. 粗实线

13. 基本公差用以确定公差带相对于零线的位置，一般为（　　）零线的那个偏差。
    A. 相交　B. 远离　C. 重合　D. 靠近

14. 滚动轴承 φ30mm 的内圈与 φ30k6mm 的轴

颈配合形成（　　）。

A. 间隙配合　　　　B. 过盈配合

C. 过渡配合　　　　D. 无法配合

15. 局部放大图的标注中，若被放大的部分有几个，应用（　　）数字编号，并在局部放大图上方标注相应的数字和采用的比例。

A. 希腊　　　　　　B. 阿拉伯

C. 罗马　　　　　　D. 中文

16. 下列说法中错误的是（　　）。

A. 局部放大图可画成断面图

B. 局部放大图应尽量配置在被放大部位的附近

C. 局部放大图与被放大部分的表达方式无关

D. 绘制局部放大图时，可以不用细实线圈出被放大部分的部位

17. 剖切位置用剖切符号表示，即在剖切平面的起止处各画一条（　　），此线尽可能不与形体的轮廓线相交。

A. 长粗实线　　　　B. 短粗实线

C. 短细实线　　　　D. 长细实线

18. 结构钢中有害的元素是（　　）。

A. 锰　　B. 硅　　C. 磷　　D. 铬

19. 属于冷作模具钢是（　　）。

A. Cr12　　　　　　B. 9SiCr

C. W18Cr4V　　　　D. 5CrMnMo

20. 可锻铸铁中硅的质量分数为（　　）。

A. 1.2%～1.8%　　B. 1.9%～2.6%

C. 2.7%～3.3%　　D. 3.4%～3.8%

21. 钢经过淬火热处理可以（　　）。

A. 降低硬度　　　　B. 提高硬度

C. 降低强度　　　　D. 提高塑性

22. 化学热处理是将工件置于一定的（　　）中保温，使一种或几种元素渗入工件表面，改变其化学成分，从而使工件获得所需组织和性能的热处理工艺。

A. 耐热材料　　　　B. 活性介质

C. 冷却介质　　　　D. 保温介质

23. 聚乙烯塑料属于（　　）。

A. 热塑性塑料　　　B. 冷塑性塑料

C. 热固性塑料　　　D. 热柔性塑料

24. 不能做刀具材料的是（　　）。

A. 碳素工具钢　　　B. 碳素结构钢

C. 合金工具钢　　　D. 高速钢

25. 硬质合金的特点是耐热性（　　），切削效率高，但刀片强度、韧性不及工具钢，焊接刃磨工艺性较差。

A. 好　　B. 差　　C. 一般　　D. 不确定

26. 碳的质量分数在 0.25%～0.60% 之间的碳素钢为（　　）。

A. 低碳钢　　　　　B. 中碳钢

C. 高碳钢　　　　　D. 灰铸铁

27. 若要求三相负载中各相电压均为电源相电压，则负载应接成（　　）。

A. 三角形联结　　　B. 星形无中线

C. 无答案　　　　　D. 星形有中线

28. 6kW 的三相异步电动机应联结成（　　）。

A. 三角形　　　　　B. 无答案

C. 星形　　　　　　D. 正方形

29. 利用简易编程器进行 PLC 编程、调试、监控时，必须将梯形图转化成（　　）。

A. C 语言　　　　　B. 指令语句表

C. 功能图编程　　　D. 高级编程语言

30. 数控铣床坐标命名规定，工作台纵向进给方向定义为（　　）轴，其他坐标及各坐标轴的方向按相关规定确定。

A. X　　B. Y　　C. Z　　D. C

31. 物体通过直线、圆弧、圆及样条曲线等来进行描述的建模方式是（　　）。

A. 实体建模　　　　B. 线框建模

C. 表面建模　　　　D. 三维建模

32. 刀库回零时，（　　）回零。

A. 可从两个方向　　B. 无答案

C. 可从任意方向　　D. 只能从一个方向

33. 辅助功能指令 M05 代表（　　）。

A. 主轴顺时针旋转　B. 主轴逆时针旋转

C. 主轴断开　　　　D. 主轴停止

34. 切削用量的选择原则是：粗加工时，一般（　　），最后确定一个合适的切削速度 v。

A. 应首先选择尽可能大的背吃刀量 a_p，其次选择较小的进给量 f

B. 应首先选择尽可能小的背吃刀量 a_p，其次选择较大的进给量 f

C. 应首先选择尽可能大的背吃刀量 a_p，其次选择较大的进给量 f

D. 应首先选择尽可能小的背吃刀量 a_p，其次选择较小的进给量 f

35. 钻削时的切削热大部分由（　　）传散出去。

A. 刀具　　B. 工件　　C. 切屑　　D. 空气

36. 工件的材料是钢，要加工一个槽宽为 12F8mm 深度为 3mm 的键槽，键槽侧面表面粗糙度为 $Ra1.6$，下面方法中，最好的是（　　）。

A. 用 φ6mm 键槽铣刀一次加工完成

B. 用 φ6mm 键槽铣刀分粗、精加工两遍完成

C. 用 φ5mm 键槽铣刀沿中线直切一刀，然后精加工两侧面

D. 用 φ5mm 键槽铣刀顺铣一圈一次完成

37. 通常用球刀加工比较平滑的曲面时，表面质量不会很高，这是因为（　　）造成的。

A. 行距不够密

B. 步距太小

C. 球刀切削刃不太锋利

D. 球刀尖部的切削速度几乎为零

38. 选择粗基准时，重点考虑如何保证各加工表面（　　），使不加工表面与加工表面间的尺寸和位置符合零件图要求。

A. 对刀方便　　B. 切削性能好

C. 进/退刀方便　　D. 有足够的余量

39. 在数控加工中，刀具补偿功能除对刀具半径进行补偿外，在用同一把刀进行粗、精加工时，还可进行加工余量的补偿。设刀具半径为 r，精加工时半径方向的余量为 Δ，则粗加工走刀的半径补偿量为（　　）。

A. $r+\Delta$　　B. r

C. Δ　　D. $2r+\Delta$

40. 铣削平面零件的外表面轮廓时，常采用沿零件轮廓曲线的延长线切向切入和切出零件表面，以便于（　　）。

A. 提高效率　　B. 减少刀具磨损

C. 提高精度　　D. 保证零件轮廓光滑

41. 极压添加剂含有（　　）等有机化合物。

A. 钾　　B. 砷　　C. 硅　　D. 硫

42. 下面哪一个不是质量管理体系审核的依据（　　）。

A. ISO 9001 标准和法律法规

B. 质量管理体系

C. ISO 9004 标准

D. 合同

43. 重要环境因素是指具有或可能具有（　　）。

A. 环境影响的环境因素

B. 潜在环境影响的环境因素

C. 较大环境影响的环境因素

D. 重大环境影响的环境因素

44. 从根本上消除或降低职业健康安全风险的措施可以是（　　）。

A. 对与风险有关的活动制定程序，并保持实施

B. 建立并保持程序，用于工作场所、过程、装置、机械、运行程序和工作组织的设计

C. 建立应急准备与响应计划和程序

D. 对职业健康安全绩效进行常规监视和测评

45. 对于拟定的纠正和预防措施，在实施前应先进行（　　）。

A. 向相关方通报　　B. 预评审

C. 风险评价　　D. 协商交流

46. 选择加工表面的设计基准作为定位基准称为（　　）。

A. 基准统一原则　　B. 互为基准原则

C. 基准重合原则　　D. 自为基准原则

47. 为保证工件各相关面的位置度，减少夹具的设计与制造成本，应尽量采用（　　）的方法。

A. 基准统一　　B. 互为基准

C. 自为基准　　D. 基准重合

48. 通常夹具的制造误差应是工件在该工序中允许误差的（　　）。

A. 1倍到2倍　　　　B. 1/10到1/100
C. 1/3到1/5　　　　D. 0.5

49. 在夹具中,（　　）装置用于确定工件在夹具中的位置。
A. 定位　　B. 夹紧　　C. 辅助　　D. 调整

50. 在刀具材料中,（　　）的耐热性最高。
A. 金刚石　　　　　B. 高速钢
C. 硬质合金　　　　D. 陶瓷

51. 在切削加工时,切削热可以通过（　　）进行传递热量。
A. 工件　　　　　　B. 周围介质
C. 刀具　　　　　　D. 丝杠

52. 铣削过程中所用的切削用量称为铣削用量,铣削用量包括铣削宽度（　　）。
A. 铣削深度　　　　B. 转速
C. 铣削速度　　　　D. 进给量

53. 切削塑性材料时,切削层的金属往往要经过挤压（　　）。
A. 滑移　　B. 挤裂　　C. 切离　　D. 脱落

54. 刀具磨钝标准有（　　）。
A. 超精加工磨钝标准　B. 粗加工磨钝标准
C. 精加工磨钝标准　　D. 以上都是

55. 高速切削时应使用（　　）类刀柄。
A. BBT　　B. HSK　　C. KM　　D. CAPTO

56. 目前的刀具涂层技术有（　　）。
A. PVD　　B. 电镀　　C. CVD　　D. 极光

57. 切削液的使用方法有（　　）。
A. 蘸滴法　　　　　B. 浇注法
C. 倾倒法　　　　　D. 喷雾冷却法

58. 皂基脂的稠化剂常用（　　）等金属皂。
A. 镁　　B. 锂　　C. 钛　　D. 铝

59. 非皂基脂的稠化剂采用（　　）。
A. 石墨　　B. 炭黑　　C. 石棉　　D. 硫

60. GB 501-65是按稠化剂组成分类的,即分为（　　）。
A. 皂基脂　　　　　B. 烃基脂
C. 无机脂　　　　　D. 有机脂

61. 下列不能同时承受径向力和轴向力的轴承是（　　）。

A. 滚针轴承　　　　B. 角接触轴承
C. 推力轴承　　　　D. 圆柱滚子轴承

62. 数控铣床常用的夹具种类有（　　）。
A. 组合夹具　　　　B. 专用铣削夹具
C. 多工位夹具　　　D. 气动夹具

63. 影响难加工材料切削性能的主要因素包括：硬度高、塑性和韧性大等物理学性能,但不包括（　　）内容。
A. 铣床承受切削力大　B. 加工硬化现象严重
C. 工件导热系数低　　D. 切屑变形大

64. 一般机床夹具主要由（　　）等部分组成。根据需要夹具还可以含有其他组成部分,如分度装置、传动装置等。
A. 定位元件　　　　B. 夹紧元件
C. 对刀元件　　　　D. 夹具体

65. 夹具装夹方法是靠夹具将工件（　　）,以保证工件相对于刀具、机床的正确位置。
A. 定位　　　　　　B. 夹紧
C. 保持水平　　　　D. 保持垂直

66. 已加工工件出现下列哪种现象,则说明刀具已经钝化（　　）。
A. 表面粗糙度明显增大
B. 工件尺寸超差
C. 切削温度上升
D. 加工表面上出现亮带

67. 铣刀切削部分的材料应具备的性能：高硬度（　　）。
A. 足够的强度和韧性　B. 高耐磨性
C. 高耐热性　　　　　D. 良好的工艺性

68. CNC数控主要优点是（　　）。
A. 灵活性大
B. 容易实现多种复杂功能
C. 可靠性好
D. 使用维修方便

69. 刀具半径补偿可用（　　）指令。
A. G31　　B. G03　　C. G41　　D. G42

70. 目前零件加工程序的编程方法主要有（　　）。
A. 手工编程　　　　B. 参数编程
C. 宏指令编程　　　D. 自动编程

71. 按刀具相对工件运动轨迹来分，数控系统可分为（　　）。

A. 点位控制系统　　　B. 直线控制系统

C. 轮廓控制系统　　　D. 空间控制系统

72. 与 G00 属同一模态组的有（　　）。

A. G80　　B. G01　　C. G82　　D. G03

73. FANUC 系统中，关于指令 G53 下面说法不正确的有（　　）。

A. G53 指令后的 X、Y、Z 值为机床坐标系的坐标值

B. G53 指令后的 X、Y、Z 值都为负值

C. G53 指令后的 X、Y、Z 值可用绝对方式和增量方式来指定

D. 使用 G53 指令前机床不需要回一次参考点

74. 不是取消刀具补偿的指令是（　　）。

A. G40　　B. G80　　C. G50　　D. G49

75. 数控铣床程序指令包括（　　）等基本指令。

A. 坐标指令　　　　B. 插补指令

B. 坐标平面指令　　D. 进给速度指令

76. 下列选项中哪些是安装或拆卸铣刀时必须注意的事项（　　）。

A. 虎钳擦拭干净

B. 床台须放置软垫保护

C. 主轴须停止

D. 刀柄与主轴内孔须擦拭干净

77. 空运行只能检验加工程序的路线，不能直观地看出零件的（　　）。

A. 精度　　　　　　B. 工件几何形状

C. 表面粗糙度　　　D. 程序指令错误

78. 新程序第一次加工时，可以使用（　　）功能检验程序中的指令是否错误。

A. 选择停止　　　　B. 机械锁定

C. 超程实验　　　　D. 空运行

79. 数控铣床一般由（　　）部分组成。

A. 控制介质　　　　B. 数控装置

C. 伺服系统　　　　D. 机床本机

80. 用户在使用机床的过程中，通过参数的设定，来实现对 PLC、伺服驱动、加工条件、（　　）等方面的设定和调用。

A. 刀具损耗　　　　B. 机床坐标

C. 操作功能　　　　D. 数据传输

81. 刀具长度补偿量和刀具半径补偿量由程序中的（　　）代码指定。

A. H　　B. T　　C. G　　D. D

82. 以下适合加工中心加工的零件为（　　）。

A. 周期性重复投产的零件

B. 装夹困难的零件

C. 形状复杂的零件

D. 多工位和工序可集中的零件

83. 数控编程中的变量按作用域可分为（　　）。

A. 局部变量　　　　B. 全局变量

C. 系统变量　　　　D. 公共变量

84. 尖齿铣刀在后刀面上磨出一条窄的刃带以形成后角，尖齿铣刀的齿背有（　　）等形式。

A. 直线　　　　　　B. 曲线

C. 子午线　　　　　D. 折线

85. 铣刀刀片每一次切入工件时，切削刃都要承受冲击载荷，载荷大小取决于（　　）。

A. 切屑的横截面　　B. 工件材料

C. 切削类型　　　　D. 工件夹紧力大小

86. 铣削加工中是采用顺铣还是逆铣，对工件表面粗糙度有较大的影响，确定铣削方式应根据（　　）等条件综合考虑。

A. 工件的加工要求　B. 材料的性质

C. 材料的状态　　　D. 使用的机床及刀具

87. 粗加工平面轮廓时，通常可以选用（　　）的方法。

A. Z 向分层粗加工　B. 面铣刀去余量

C. 使用刀具半径补偿　D. 插铣

88. 常用于空间曲面加工的刀具有（　　）。

A. 球头铣刀　　　　B. 铰刀

C. 鼓形刀　　　　　D. 锯片铣刀

89. 进行曲面的粗、精加工时，可选择（　　）的走刀方式。

A. 环切　　B. 行切　　C. 内切　　D. 外切

90. 常用的钻头主要有（　　）、扁钻、深孔

钻和套料钻等。
A. 麻花钻　　　　B. 立钻
C. 中心钻　　　　D. 偏心钻

91. 丝锥为一种加工内螺纹的刀具，可以分为（　　）多种类型。
A. 直刃丝锥　　　B. 斜刃丝锥
C. 渐开线丝锥　　D. 螺旋丝锥

92. 在深槽的数控铣削加工时，往往可能会出现振动。振动会使圆周刃铣刀的吃刀量不均匀，且切扩量比原定值增大，影响到（　　）。
A. 加工精度　　　B. 刀具使用寿命
C. 切削速度　　　D. 进给速度

93. 三面刃铣刀常用于加工各种（　　），其两侧面和圆周上均有刀齿。
A. 沟槽　　　　　B. 轮廓面
C. 台阶面　　　　D. 曲面

94. 加工 $\phi25H7$mm 的孔，采用钻、扩、粗铰、精铰的加工方案，钻、扩孔时的不合理的尺寸为（　　）。
A. $\phi23$mm、$\phi24.9$mm　B. $\phi23$mm、$\phi24.8$mm
C. $\phi15$mm、$\phi24.8$mm　D. $\phi15$mm、$\phi24.9$mm

95. 加工装夹在铣床工作台上的夹具时，夹具安装配合表面的平面度，不允许（　　）。
A. 中间凹心　　　B. 中间凸心
C. 对角凹　　　　D. 对角凸

96. 平面的质量主要从（　　）两个方面来衡量。
A. 垂直度　　　　B. 平行度
C. 平面度　　　　D. 表面粗糙度

97. 一个完整的测量过程应包括被测对象、计量单位、（　　）四个要素。
A. 检验方法　　　B. 测量方法
C. 测量精度　　　D. 测量条件

98. 高度游标卡尺的主要用途是（　　）。
A. 测量高度　　　B. 测量深度
C. 划线　　　　　D. 测量外径

99. 数控铣床操作人员应熟悉所使用机床的规格，如（　　），还应了解各油标的位置及使用何种牌号润滑油等。
A. 主轴转速范围　B. 进给速率范围
C. 机床行程范围　D. 工作台承载能力

100. 数控机床维护操作规程包括（　　）。
A. 工时的核算
B. 机床操作规程
C. 设备运行中的巡回检查
D. 设备日常保养

8.2.3 判断题

1. 测绘时应用螺纹千分尺侧螺纹中径，其测量方法属于间接测量。（　　）

2. 电主轴是将机床主轴与主轴电动机融为一体的高新技术产品。（　　）

3. 组合夹具是由一套完全标准化的元件，根据工件的加工要求拼装成的不同结构和用途的夹具。（　　）

4. 造成定位误差的原因有两个：一是由于定位基准与设计基准不重合，二是由于定位副制造误差而引起定位基准的位移。（　　）

5. 由一套预制的标准元件及部件，按照工件的加工要求拼装组合而成的夹具，称为组通用夹具。（　　）

6. 程序段 G00 X100 Y50; 和程序段 G28 X100 Y50; 中的 X、Y 值都为目标点的坐标值。（　　）

7. 数控加工程序中，每个程序段必须编有程序段号。（　　）

8. 数控铣床主轴上，铣刀的悬伸量尽可能达到最短，可以提高加工系统的刚性。（　　）

9. 采用立铣刀加工内轮廓时，铣刀直径应大于工件内轮廓最小曲率半径的2倍。（　　）

10. 键槽铣刀上有通过中心的端齿，因此可轴向进给。（　　）

11. 一些已受外部尘埃、油雾污染的电路板和接插件，不允许采用专用电子清洁剂喷洗。（　　）

12. 在液压系统的维护与保养时，要严格执行日常点检制度，检查系统的泄漏、噪声、振动、压力、温度等是否正常。（　　）

13. 数控铣床参考点是数控机床上固有的机械原点，该点到机床坐标原点在进给坐标轴方向上的距离可以在机床出厂时设定。（　　）

14. 点检定修制提出设备的"四保持"是指：保持设备的外观整洁，保持设备的结构完整，保持设备的性能和精度，保持设备的自动化程度。（　　）

15. 设备保养维护的"四会"是指：对设备会观察、会清理、会清洁、会排除一般故障。（　　）

16. 油雾、灰尘甚至金属粉末一旦落在数控系统内的电路板或者电子器件上，容易引起元器件间绝缘电阻下降，甚至导致元器件及电路板损坏。（　　）

17. 数控铣床超程报警解除后，应重新进行手动返回参考点操作。（　　）

18. 油脂润滑不需要润滑设备，不需要经常添加和更换润滑脂，工作可靠，维护方便，与油液润滑相比，摩擦阻力大。（　　）

19. 步进电动机的电源是脉冲电源，不能直接接交流电。（　　）

20. 滚珠丝杠副消除轴向间隙的目的主要是减小摩擦力矩。（　　）

21. 数控铣床的定位精度与机床的几何精度不同，不会对机床切削精度产生较大影响。（　　）

22. 每个尺寸一般只标注一次，并应标注在最能清晰反映该结构特征的视图上。（　　）

23. 上极限尺寸一定大于公称尺寸，下极限尺寸一定小于公称尺寸。（　　）

24. 圆柱度和同轴度都属于形状公差。（　　）

25. 某一尺寸后标注 E 表示其遵守包容原则。（　　）

26. 局部剖视图既能表达内部形状，又能保留零件的某些外形。（　　）

27. 三视图是利用正投影的方法将物体投影到 V、H、W 三平面上所得视图的总称。（　　）

28. 剖切符号标明剖切位置的方法是用细实线画在剖切位置的开始和终止处。（　　）

29. 局部剖视图主要用于表达机件的局部内部结构或不宜采用全剖视图或半剖视图的地方，如孔、槽等。（　　）

30. 数控系统参数对数控机床非常重要，不可以随意更改。（　　）

31. 在面铣时，应使用一把比切削宽度大约大30%的铣刀并且将铣刀轴线位置与工件的中心保持完全一致，切削效果才会最好。（　　）

32. 插补法加工圆时，如果两半圆错开，则表示两轴速度增量不一致。（　　）

33. 产生节状切屑时，切削力波动小，加工表面光洁。（　　）

34. 粗加工塑性材料，为了保证刀头强度，铣刀应取较小的后角。（　　）

35. 无论加工内轮廓或者外轮廓，刀具发生磨损时都会造成零件加工产生误差。（　　）

36. 铣削平面轮廓零件外形时，要避免在被加工表面范围内的垂直方向下刀或抬刀。（　　）

37. 球头铣刀、鼓形刀、锥形铣刀常被用于立体行面和变斜角轮廓外形的加工。（　　）

38. 加工表面上，若残留面积越大、高度越高，则工件表面粗糙度越大。（　　）

39. 刃磨质量对铣刀寿命有较大影响。刀齿表面粗糙度值小，刃口光滑程度高，不但可以提高铣刀寿命，而且可以减小工件表面粗糙度。（　　）

40. 插铣法又称为 Z 轴铣削法，对于难加工材料的曲面加工、切槽加工，以及刀具悬伸长度较大的加工，插铣法的加工效率远远高于常规的端面铣削法。（　　）

41. 一般铰刀的前角为 0°。（　　）

42. 铰刀的齿槽有螺旋槽和直槽两种。其中直槽铰刀切削平稳、振动小、寿命长、铰孔质量好，尤其适用于铰削轴向带有键槽的孔。（　　）

43. 在数控铣床上，用立铣刀在工件上铣一个正方形凹槽，如果使用的铣刀直径比原来减小 1mm，则计算加工后的正方形槽尺寸将增大 1mm。（　　）

44. $\phi40H7/n6$ 配合性质是间隙配合。（　　）

45. 要求轴可在孔中转动时，都选用间隙配合，要求间隙比较大时，应选 H11/c11 配合。（　　）

46. 轴承端盖上各个连接孔的位置度，应采用独立公差原则。（   ）

47. 切削参数中进给量对产生切屑瘤影响最大。（   ）

48. 某圆柱面的径向圆跳动误差要求为 0.05mm，则该圆柱面的圆度误差理论上应该大于等于 0.05mm。（   ）

49. 数控铣床对工作台面及台面上 T 形槽进行几何精度检测的原因是，工作台面及定位基准 T 形槽都是反映工件定位或工件夹具的定位基准。（   ）

50. 数控机床所加工的轮廓，只与所采用的程序有关，而与所选用的刀具无关。（   ）

51. 确定走刀路线时应寻找最短加工路线，减少空走刀时间，提高效率。（   ）

52. 半剖视图既可表达工件的内部形状，也可反映工件的外形。（   ）

53. 过渡配合时，孔的公差带与轴的公差带相互交叠。（   ）

54. 理论上，将碳的质量分数在 2.11% 以下的合金称为铸铁。（   ）

55. 生产经营单位的安全员应对本单位的安全生产工作全面负责。（   ）

56. 安全规程具有法律效应，对严重违章而造成损失者给予批评教育、行政处分或诉诸法律处理。（   ）

57. 触电急救时，首先要尽快使触电者脱离电源，然后根据触电者的具体情况进行相应救治。（   ）

58. 对于机械伤害的防护，最根本的是将其全部运动零件进行遮挡，从而消除身体的任何部位与之接触的可能性。（   ）

59. 数控机床按功能水平分类可分为：金属切削类、金属成型类、特种加工类。（   ）

60. 同时控制两个或两个以上的坐标运动，即不断控制刀具相对于工件的移动轨迹方式，称作连续轨迹控制。（   ）

61. 驱动装置是数控机床指挥机构的驱动部件。（   ）

62. 选择粗基准时，同一尺寸方向上允许重复使用。（   ）

63. 取刀具远离工件的方向为 Z 坐标的正方向。（   ）

64. 程序段号也是加工步骤的标记。（   ）

65. 编制加工程序时，寸制和米制可以混合使用。（   ）

66. 一个单节即是一个完整指令。（   ）

67. 当被剖部分的图形面积较大时，可以只沿轮廓周边画出剖面符号。（   ）

68. 标注角度时，尺寸线为同心弧，角度数字一律沿圆弧方向标出。（   ）

69. 外表面的工序尺寸取下偏差为零。（   ）

70. 零件设计图样中，一般把最主要的尺寸作为封闭环。（   ）

71. 圆度公差是同一正截面上，直径差为公差值的两同心圆之间的区域。（   ）

72. 一般情况下多以抗压强度作为判断金属强度高低的指标。（   ）

73. 合金工具钢和碳素工具钢因其耐热性差只能用于手工工具。（   ）

74. 退火和正火的目的都是为了增加钢的硬度。（   ）

75. 刀具、量具加工一定需要进行热处理。（   ）

76. 闭环控制系统定位准确，但如果刚度匹配不恰当，则整个系统稳定性较差。（   ）

77. 为保证机床导轨的正常工作，导轨的滑动表面之间应保持适当的间隙。间隙过大，会降低导向精度，引起加工质量等问题。（   ）

78. 数控机床每一个坐标方向都由单独的伺服电动机驱动。（   ）

79. NC 系统中，插补全部由硬件完成。（   ）

80. 插补功能对系统控制精度和速度的影响很小。（   ）

81. 交流伺服电动机的转子惯量比直流电动机大，动态响应较差。（ ）

82. 直流主轴电动机在基本速度以上时属于恒功率范围，采用改变电枢电压来进行调速。（ ）

83. 电气方式的主轴定向控制，就是利用装在主轴上的位置编码器或磁性传感器作为反馈部件，由它们输出信号，使主轴准确地停在规定的位置上。（ ）

84. 可编程序控制器主要靠运行存储于内存中的程序，进行信息变换，以实现对机床的控制。（ ）

85. PLC梯形图从开始至结束的执行时间随着梯形图的步数而变化，若步数越少，则处理时间越长，信号响应越慢。（ ）

86. 刀具切削性能主要取决于刀具长短。（ ）

87. 镗刀可在实体材料上加工出孔。（ ）

88. 金属陶瓷刀因脆性较大，加工时易产生积屑瘤。（ ）

89. 标准麻花钻的螺旋角过大，钻头的强度会大大减弱，散热条件也会变坏。（ ）

90. 硬质合金铣刀前角小于高速钢铣刀前角。（ ）

91. 用双刃镗刀是为了消除镗孔时背向力对镗杆的影响。（ ）

92. 双刃镗刀及多刃镗刀在孔的加工精度上同铰刀类似。（ ）

93. 金刚石刀具加工钢、铁零件的性能比陶瓷刀具要好。（ ）

94. 无论什么刀具，它们的切削部分总是近似的，以外圆车刀的切削部分为基本形态。（ ）

95. 一般地说，水溶液的冷却性能最好，油类的冷却性能最差。（ ）

96. 加工铜、铝及其合金应选用含硫切削液。（ ）

97. 数控机床的润滑系统形式有定量式集中润滑泵和电动间歇润滑泵等，其中前者用得较多。（ ）

98. 液压系统的控制部分作用是用来带动运动部件，将液体压力转变成使工作部件运动的机械能。（ ）

99. 进给量F指令后可以后缀小数数值。（ ）

100. 刀具（或工作台）运动轨迹的坐标值是相对于某一固定的编程坐标原点计算的坐标系称为绝对坐标系。（ ）

8.2.4 简答题

1. 什么是刀具磨钝标准？刀具寿命是如何定义的？

2. 滚珠丝杠副进行预紧的目的是什么？常见的预紧方法有哪几种？

3. 数控铣削时选择对刀点的原则是什么？

4. 滚珠丝杠螺母副中何为内循环和外循环方式？

5. NC机床对数控进给伺服系统的要求有哪些？

6. 采用夹具装夹工件有何优点？

7. 什么是六点定位？

8. 在机械制造中使用夹具的目的是什么？

9. 确定铣刀进给路线时，应考虑哪些问题？

10. 圆柱铣刀主要几何角度包括哪几部分？

11. 夹紧工件时，确定夹力方向应遵循哪些原则？

12. 什么叫逐点比较插补法？一个插补循环包括哪些节拍？

13. 什么是刀具长度补偿？

14. 在数控加工中，一般钻孔固定循环由哪6个顺序动作构成？

15. 何谓机床坐标系和工件坐标系？

16. 根据用途、结构和使用方式，常用丝锥的种类有哪些？

17. 工序最小余量包括哪些？

18. 边界润滑的种类有哪些？

19. 金属切削加工常用的切削液可分为哪三类？

20. 简述液压油的使用要求。

21. 数字增量插补方法一般适用于哪类数控机床？

22. 何为固定循环？

23. 简述在什么情况下用极坐标编程，为什么？

24. 简述刀具卡片编制应注意的事项。

25. 原始误差包括哪几种？

26. 什么是工艺系统原有误差？

27. 什么是测量对象？

28. 简述什么是光滑尺寸检验的手段。

29. 工件在精度检验及分析时应注意的事项有哪些？

30. 试述在自动表面铣削时出现工件表面粗糙度差和让刀的原因。

8.2.5 计算题

1. 如图 8-1 所示，尺寸 $60_{-0.12}^{0}$mm 已加工完成，现以 B 面定位精铣 D 面，试求出工序尺寸 A_2，并画出尺寸链图。

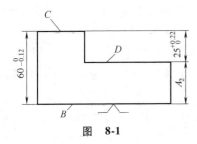

图 8-1

2. 如图 8-2 所示，零件的 A、B、C 面，$\phi 10H7$ ($_{0}^{+0.015}$) 及 $\phi 30H7$ ($_{0}^{+0.021}$) 孔均已加工，试分析加工 $\phi 12H7$ ($_{0}^{+0.018}$) 孔时，选用哪些表面定位最为合理？为什么？选择适宜的定位元件及尺寸公差，计算该定位方式的定位误差。

3. 如图 8-3 所示，$A_0 = 12_{-0.3}^{+0.3}$mm 是设计尺寸，零件加工工序尺寸要求为 $A_1 = 42_{-0.1}^{+0.2}$mm，$A_2 = 10_{0}^{+0.15}$mm，$A_3 = 20_{-0.10}^{+0.05}$mm，试问按工序尺寸规定加工所得到的 A_0 能否满足设计要求，要求画出尺寸链图。

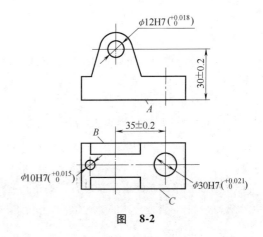

图 8-2

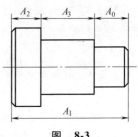

图 8-3

4. 图 8-4 所示为一轴端，其要求外径为 $\phi 25_{-0.014}^{0}$mm，键槽底面尺寸为 $21.2_{-0.14}^{0}$mm。工艺过程的加工顺序为精车外圆至 $\phi 25.3_{-0.084}^{0}$mm，然后铣键槽深度至尺寸 A，最终磨外圆至 $\phi 25_{-0.014}^{0}$mm。试用深度尺测量槽深尺寸 A，要求画出尺寸链图。

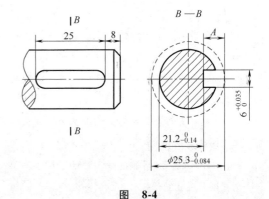

图 8-4

5. 多齿盘分度工作台的最小分度角分别是 1°、3°、5°时，多齿盘齿数分别是多少？

6. 现有三把铣刀，直径分别为 $\phi 63$mm、$\phi 80$mm、$\phi 100$mm，若铣刀转速为 500r/min，切削

速度为 157mm/min，选用哪把铣刀比较合适？

7. 加工中心加工一批工件，用前道工序加工好的 $\phi 32^{+0.025}_{0}$ mm 孔定位，设计直径为 $\phi 32^{-0.009}_{-0.025}$ mm 的心轴，试计算定位基准的位移量。

8. 用立铣刀和薄片（塞尺或纸片厚 0.1mm）对图 8-5 所示工件进行对刀，在 a、b、d 位置记录的机床坐标为

点	X 方向	Y 方向	Z 方向
a	-220.520	-180.325	—
b	-198.314	-195.786	—
d	—	—	-200.345

试计算铣刀刀位点在对刀点长方形的中点 c 位置上的机床坐标 X_c、Y_c、Z_c。

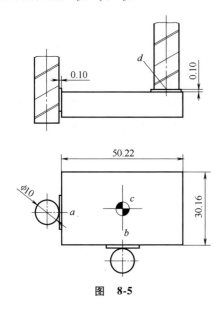

图 8-5

9. 计算图 8-6 所示直线与圆弧的切点 P 的 X、Y 坐标。

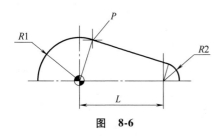

图 8-6

10. 在铣床上用 ϕ100mm 的铣刀，以 28m/min 的速度进行铣削，问铣床主轴转速应调整到多少？

8.2.6 论述题

1. 综述铣槽刀具的主要种类及应用。
2. 确定铣刀进给路线时应考虑哪些问题？
3. 简述铣刀让刀的原因？
4. 刀具补偿有何作用？
5. 铣平面时，造成表面粗糙度值大的原因有哪些？
6. 铣平行面时造成平行度差的原因有哪些？
7. 铣削深槽时，如何选用立铣刀才能避免产生振动？
8. 制定工艺文件的步骤有哪些？
9. 影响加工中心加工精度的因素有哪些？
10. 综述铣削加工时，工件尺寸发生超差的解决措施。

8.2.7 绘图题

1. 补齐视图，如图 8-7 所示。

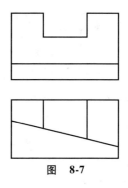

图 8-7

2. 将主视图画成剖视图，如图 8-8 所示。

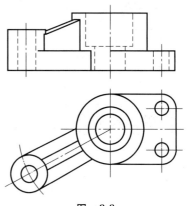

图 8-8

3. 画出下面零件的 A—A 主剖视图，如图 8-9 所示。

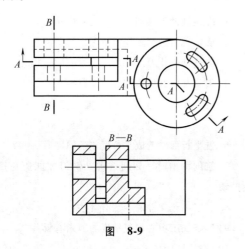

图 8-9

4. 补齐视图，如图 8-10 所示。

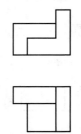

图 8-10

5. 请根据图 8-11 画出轴测图。

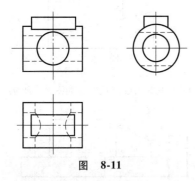

图 8-11

8.3 高级技师试题

8.3.1 填空题

1. 数控铣床夹具最基本的组成部分是_____元件、夹紧装置和夹具体。

2. 数控加工程序是由若干程序段组成，每个程序段是由若干个指令字组成，_____代表某一信息单元。

3. 用符号_____表示跳过此段程序，执行下一段。

4. 首件试切加工时应尽量_____快速进给速度。

5. 数控铣床刚性攻螺纹时，Z 轴每转进给量 f 应该_____丝锥导程。

6. 在深槽的数控铣削加工时，需加长铣刀的_____。

7. 孔和轴的公差带大小和公差带位置组成_____。

8. 游标卡尺由尺身和附在尺身上能滑动的_____两部分构成。

9. 设备保养维护的"三好"指对设备_____；"四会"指对设备会使用、会维护、会检查、会排除一般故障。

10. 数控铣床自动供油系统按供油方式不同，可分为_____系统和间歇供油系统。

11. 一般单向阀的作用是允许液压油向一个方向流动，不允许_____流动。

12. 调速阀一般是由节流阀和定差_____阀串联而成的。

13. 每个脉冲信号使机床运动部件沿坐标轴产生一个最小位移叫_____。

14. 检验铣床主轴定心轴颈的径向圆跳动，是将百分表测量头顶在主轴定心轴颈表面上，旋转主轴，百分读数的_____就是径向圆跳动的误差。

15. 数控铣床在进行圆弧铣削精度检测时，是采用立铣刀侧刃精铣试件的_____。

16. 机械图上标注的尺寸值为零件的真实大小与绘图比例及绘图的准确性_____。

17. 公差带图可以直观地表示出_____的大小及公差带相对于零线的位置。

18. 基准制分为基孔制和_____。

19. 机件的某一部分向基本投影面投影而得的视图称为_____视图，其断裂边界应以波浪线表示。

20. 若斜视图不在投影方向的延长线上，应转正后画出并在其上方标注＿＿＿＿＿。

21. 剖切面必须＿＿＿＿于剖视图所在的投影面，一般应通过内部结构（如孔、槽）的轴线或对称面。

22. 半剖视图主要用于内、外形状都需要表达的＿＿＿＿零件。

23. 回火能提高钢的＿＿＿＿，使工件具有良好的综合力学性能。

24. 钢材淬火时，为了减少变形和避免开裂，需要正确选择加热温度和＿＿＿＿＿。

25. 珠光体可锻铸铁的抗拉强度高于＿＿＿＿可锻铸铁的抗拉强度。

26. 高速钢铣刀的韧性虽然比硬质合金高，但不能用于＿＿＿＿切削。

27. 中碳钢调质处理后，可获得良好的综合力学性能，其中＿＿＿＿钢应用得最广。

28. P类硬质合金刀片适于加工长切屑的＿＿＿＿＿。

29. 中国使用粉末冶金和激光烧蚀进行金属＿＿＿＿＿制造歼-15舰载机的关键部件。

30. 调质钢中碳的质量分数一般在 0.25% ~ ＿＿＿＿%。

31. 合金结构钢又细分为普通低合金结构钢、合金渗碳钢、合金调质钢、合金弹簧钢和＿＿＿＿＿五类。

32. 三相电源相线与中性线之间的电压称为＿＿＿＿＿。

33. 旋转磁场由三相电流通过三相＿＿＿＿绕组产生。

34. 近年来PLC技术正向着＿＿＿＿＿、仪表控制、计算机控制一体化方向发展。

35. 一般维修应包含两方面的含义：一是日常的维护，二是＿＿＿＿＿。

36. G41和G42，G40是一组指令。它们功能是建立刀具半径补偿和＿＿＿＿刀具半径补偿。

37. 在数控铣床上加工整圆时，为避免工件表面产生刀痕，刀具从起始点沿圆弧表面的切线方向进入，进行圆弧铣削加工；整圆加工完毕退刀时，顺着圆弧表面的＿＿＿＿方向退出。

38. 在FANUC系统中，使用返回参考点指令＿＿＿＿＿应取消刀具补偿功能，否则机床无法返回参考点。

39. 在FANUC系统中，深孔往复排屑钻，简称啄式钻孔指令为＿＿＿＿＿。

40. 铣削特形面的特形铣刀，前角一般为＿＿＿＿＿，铣刀修磨后要保持前角不变，否则会影响其形状精度。

41. 可转位铣刀刀具寿命长的主要原因是避免了＿＿＿＿＿。

42. 周铣加工具有硬皮的铸件、锻件毛坯时，不宜采用＿＿＿＿方式。

43. 增大圆柱铣刀的螺旋角 β 可使实际切削＿＿＿＿增大，改善排屑条件。

44. 能消除工件6个自由度的定位方式，称为＿＿＿＿定位。

45. 加工曲面时，一般采用＿＿＿＿＿。

46. 水基的切削液可分为乳化液、半合成切削液和＿＿＿＿切削液。

47. 切削液的冷却性能和其导热系数、＿＿＿＿、汽化热及黏度（或流动性）有关。

48. 含有表面＿＿＿＿的水基切削液，清洗效果较好。

49. 切削油中，如果氯含量不足＿＿＿＿，可以认为它不是为了提高润滑性。

50. 管理者代表由＿＿＿＿＿指定。

51. 脉冲编码器是一种＿＿＿＿脉冲发生器。

52. 当加工中心主传动系统是由电动机直接带动主轴旋转时，其主轴＿＿＿＿受到限制。

53. 根据机床所受荷载性质不同，机床在静态力作用下所表现的刚度，称为机床的＿＿＿＿＿。

54. 加工中心主轴转速 n、切削速度 v_c 及刀具直径 d 之间的关系式是＿＿＿＿＿。

55. Y型可转位车刀片的断屑槽的特点是＿＿＿＿＿。

56. 自动定尺寸的丝锥夹头的柄部装有_____。

57. 铰刀的切削锥_____时，其前端应制成45°的倒角。

58. 增大_____比增大进给量更有利于提高生产率。

59. 转塔式刀架一般采用电气或_____驱动来实现自动换刀。

60. 乳化液介于水和油两者之间，更接近于_____。

61. 高温高压边界润滑又称_____。

62. 合理的加工工艺过程书写成表格等形式，称为_____，它可作为生产加工的依据。

63. 加工余量分工序余量和_____两种。

64. 测量结果与真值的一致程度，称为_____。

65. 零件各表面本身的实际形状与理想零件表面形状之间的符合程度，称为_____。

66. 相邻两工序的工序尺寸之差，称为_____。

67. 加工后零件表面本身或表面之间的实际尺寸与理想尺寸之间的差值，称为_____。

68. 加工后零件各表面之间实际位置与理想位置之间的差值，称为_____。

69. 数控机床的定位精度是表明所测量的机床各运动部件在数控装置控制下_____所能达到的精度。

70. 齿数为72的多齿盘，最小分度角度为_____。

71. 分度工作台由_____控制。

72. 铣削方法有_____两种。

73. 增大铣刀直径能_____刀齿在空气中的冷却时间。

74. 在钻削力的作用下，_____很差且导向不好的钻头很容易弯曲，以致使"引偏"的发生。

75. 密齿铣刀因_____较差，不能用大余量切削。

76. 直径小于_____的孔可以不铸出毛坯孔，全部加工都在加工中心上完成。

77. 预防带状切屑伤害的主要措施是使带状切屑_____。

78. 表面要求高的零件，精铣时应采取_____向切入、切出，以避免划痕。

79. 对于带铸造斜度或起模斜度的工件，用_____刀加工最为方便。

80. 工件装夹的目的是保证在加工中，工件相对于刀具具有_____。

81. 定位支承点的位置随工件定位基准位置的变化而自动与之适应的定位元件，称为_____。

82. 在加工中心上加工零件，零件的定位应遵守_____原则。

83. 在各工序中，用来确定本工序加工表面的尺寸、形状、位置的基准，称为_____。

84. 在装配过程中，用来确定零件或部件在产品中的相对位置所采用的基准，称为_____。

85. 程序中，英文字母后无后缀数字时，其后缀数字一律视为_____。

86. 顺时针方向铣内圆弧时的准备功能指令是_____。

87. 顺时针方向铣外圆弧时所选用的刀具补偿指令是_____。

88. 逆时针方向铣内圆弧时选用的刀具补偿指令是_____。

89. 执行完 G90 X300 G91 Y100; 指令后，以后的单节将默认为_____模式。

90. 取消固定循环的指令是_____。

91. _____圆不能通过指定 R 参数的圆弧插补指令来完成。

92. 极坐标有效指令是_____。

93. 固定循环时使用 G99 指令，表示_____复归。

94. 子程序不仅能从零件程序中调用，还能从其他_____中调用。

95. 沉孔底面或阶梯孔底面精度要求高时，编程时应添加_____指令。

96. MDI 模式即_____数据输入模式。

97. 用极坐标编制逆时针圆弧插补程序时应使用_____指令。

98. 具有过盈（包括最小过盈等于零）的配合，称为_____。

99. 在数控机床上，预先给定的一系列操作，用来控制机床轴的位移或使主轴运转，从而完成各项加工（如镗、钻等）的功能称为_____。

100. 卧式加工中心规定换刀点的位置在 Z0 及 XY 平面的第二参考点处，用_____表示。

8.3.2 选择题

1. QT400-15，其中 400 表示（　　）。
 A. 抗拉强度　　　B. 屈服强度
 C. 抗冲击强度　　D. 最低抗拉强度

2. 在三相四线制供电线路中，三相负载越接近对称负载，中性线上的电流（　　）。
 A. 越大　B. 不变　C. 越小　D. 无法确定

3. 国内外 PLC 各生产厂家都把（　　）作为第一用户编程语言。
 A. 指令表　　　　B. 梯形图
 C. 逻辑功能图　　D. C 语言

4. 编程中，将串联结点较多的电路放在梯形图的（　　）。
 A. 左边　B. 上方　C. 右边　D. 下方

5. 在数控铣床上，刀具从机床原点快速位移到编程原点上应选择（　　）指令。
 A. G02　B. G03　C. G04　D. G00

6. 数控铣床在进给系统中采用步进电动机，步进电动机按（　　）转动相应角度。
 A. 电流变动量　　B. 电容变动量
 C. 电脉冲数量　　D. 电压变化量

7. 对于多坐标数控加工（泛指四、五坐标数控加工），一般只采用（　　）。
 A. 圆弧插补　　　B. 线性插补
 C. 抛物线插补　　D. 螺旋线插补

8. 数控编程指令 G42 代表（　　）。
 A. 刀具长度补偿　　B. 刀具半径左补偿
 C. 刀具半径右补偿　D. 刀具半径补偿撤销

9. 铣刀初期磨损的快慢和（　　）及铣刀的刃磨质量有关。
 A. 铣刀材料　　　B. 铣刀结构
 C. 铣刀角度　　　D. 铣刀使用

10. 有些高速钢铣刀或硬质合金铣刀的表面涂敷一层钛化物或钽化物等物质，其目的是（　　）。
 A. 使刀具更美观
 B. 切削时降低刀具的温度
 C. 抗冲击
 D. 提高刀具的耐磨性

11. 铣削外轮廓，为避免切入/切出过程中产生刀痕，最好采用（　　）。
 A. 法向切入/切出　B. 切向切入/切出
 C. 斜向切入/切出　D. 直线切入/切出

12. 按一般情况，制作金属切削刀具时，硬质合金刀具的前角（　　）高速钢刀具的前角。
 A. 大于　　　　　B. 等于
 C. 小于　　　　　D. 以上三种可能都有

13. 周铣时用（　　）方式进行铣削，铣刀的寿命较高，获得加工面的表面粗糙度值较小。
 A. 对称铣　B. 逆铣　C. 顺铣　D. 不对称铣

14. 数控机床一般采用机夹刀具。与其他形式刀具相比，机夹刀具有很多特点，但（　　）不是机夹刀具的特点。
 A. 刀具要经常进行重新刃磨
 B. 刀片和刀具几何参数、切削参数的规范化、典型化
 C. 刀片及刀柄高度的通用化、规则化、系列化
 D. 刀片及刀具的寿命及其经济寿命指标的合理化

15. 水溶性润滑剂含有（　　）。
 A. 聚乙烯醇　　　B. 亚硝酸钠
 C. 二甲基硅油　　D. 苯酚

16. 非皂基脂的稠化剂含有（　　）填充料。
 A. 苯酚　B. 乙醇　C. 石墨　D. 丙二醇

17. 致力于增强满足质量要求的能力的活动是（　　）。

A．质量策划　　　　B．质量保证
C．质量控制　　　　D．质量改进

18．GB/T 28001—2011 旨在针对（　　）做出规定。
A．职业健康安全　　B．员工健身或健康计划
C．产品安全　　　　D．财产损失或环境影响

19．组织建立并保持应急准备，以及响应计划和程序的目的是（　　）。
A．对危险源进行全面的辨识和评价
B．彻底消除各种事故
C．开展运行控制
D．为了预防和减少潜在的事件或紧急情况可能引发的疾病和伤害

20．在铣轴套时，先以内孔为基准铣外圆，再以外圆为基准铣内孔，这是遵循（　　）原则。
A．基准重合　　　　B．基准统一
C．自为基准　　　　D．互为基准

21．刀具（　　）的优劣，主要取决于刀具切削部分的材料、合理的几何形状，以及刀具寿命。
A．加工能力　　　　B．工艺性能
C．切削性能　　　　D．经济性能

22．在铣床上铣削蜗杆，由于螺旋面产生了干涉现象，加工后蜗杆的（　　）误差较大。
A．齿距　　B．齿形　　C．模数　　D．螺旋升角

23．下列条件中，（　　）是单件生产的工艺特征。
A．广泛使用专用设备
B．有详细的工艺文件
C．广泛采用夹具进行安装定位
D．使用通用刀具和万能量具

24．在数控机床上，使用的夹具最应注重的是（　　）。
A．夹具的刚性好　　B．夹具上有对刀基准
C．夹具的精度高　　D．夹具的材料

25．在刀具材料中，（　　）的抗弯强度最差。
A．金刚石　　　　　B．高速钢
C．硬质合金　　　　D．陶瓷

26．子程序结束的程序代码是（　　）。
A．M02　　B．M17　　C．M19　　D．M30

27．正等轴测图 X、Y、Z 三个坐标方向上的尺寸比例为（　　）。
A．Y、Z 为 $3/4X$　　B．Y、Z 为 $2/3X$
C．Y 为 $2/3Z$　　　　D．全等

28．基轴制中，轴是配合的基准件，其基本偏差为上极限偏差，下极限偏差为（　　）。
A．正值　　B．零　　C．负值　　D．任何值

29．珠光体是（　　）的混合物。
A．铁素体和奥氏体　　B．奥氏体和渗碳体
C．奥氏体和莱氏体　　D．铁素体和渗碳体

30．金属抵抗冲击载荷作用而不被破坏的能力称为（　　）。
A．强度　　B．硬度　　C．塑性　　D．韧性

31．属于回跳硬度试验法的是（　　）。
A．布氏硬度　　　　B．肖氏硬度
C．维氏硬度　　　　D．莫氏硬度

32．将奥氏体工件转化成马氏体的热处理工艺是（　　）。
A．退火　　B．正火　　C．淬火　　D．回火

33．淬火钢经回火后的硬度会随回火温度的升高而（　　）。
A．升高　　B．降低　　C．不变　　D．任意变化

34．（　　）不属于安全规程。
A．安全技术操作规程
B．产品质量检验规程
C．工艺安全操作规程
D．岗位责任制和交接班制

35．酸雨通常指 pH 值小于 5.6 的降水，包括雨、露、雹、雪等。酸雨中的硫酸、硝酸是因其周围空气中（　　）大量排放造成的。
A．二氧化碳和二氧化硫
B．氨气和二氧化碳
C．氨气和氮氧化物
D．二氧化硫和氮氧化物

36．防治噪声最积极的办法和措施是（　　）。
A．消除或降低声源
B．在噪声传播途径上采取技术措施消除噪声
C．加强个人防护
D．领导高度重视

37. 机床的启动、停止、报警、复位等动作通常由（ ）来完成控制。

A. ATC   B. APC   C. PLC   D. CNC

38. 五轴加工中心一次装夹可完成除（ ）外的其他五个面的加工。

A. 上表面 B. 下表面 C. 侧面 D. 安装面

39. 数控机床接口是指（ ）与机床及机床电气设备之间的电气连接部分。

A. 驱动装置   B. 控制装置
C. 进给装置   D. 辅助装置

40. 共享总线结构的模块之间的通信，主要依靠（ ）来实现。

A. 存储器   B. 多端口存储器
C. CPU   D. 通信电缆

41. 直流模拟信号用于（ ）或其他接收、发送模拟量信号的设备。

A. 数字量   B. 开关量
C. 功率执行部件 D. 伺服控制

42. 数控机床进给系统减少摩擦阻力和动静摩擦之差，是为了提高数控机床进给系统的（ ）。

A. 传动精度
B. 运动精度和刚度
C. 快速响应性能和运动精度
D. 传动精度和刚度

43. 刀具切削性能的优劣，主要取决于刀具切削部分的（ ）。

A. 材料 B. 硬度 C. 韧性 D. 塑性

44. 当刀具的工作臂长度与直径比大于（ ）时，为了减少刀具振动，需采用减振式刀具。

A. 2   B. 3   C. 4   D. 5

45. 刀具半径补偿功能的作用是根据程序数据和刀具参数，自动计算出（ ）。

A. 工件轮廓   B. 刀具半径补偿值
C. 刀具半径轨迹 D. 刀具中心轨迹

46. 硬质合金焊接车刀的寿命为（ ）min。

A. 40   B. 50   C. 60   D. 70

47. 车细长轴时，为提高车刀寿命，车刀的主偏角可以采用（ ）。

A. 60°   B. 70°   C. 75°   D. 90°

48. 陶瓷刀具材料在（ ）℃高温时，其硬度尚能达到80HRA。

A. 1000   B. 1100   C. 1200   D. 1400

49. 麻花钻的工作部分应（ ）孔深，以便排屑和输送切削液。

A. 大于   B. 等于   C. 小于   D. 接近于

50. 刀具热裂纹是由（ ）切削时温度变化产生的垂直于切削刃的裂纹。

A. 连续   B. 断续
C. 大进给速度 D. 大进给量

51. 刀具半径自动补偿指令为（ ）。

A. G40   B. G41   C. G42   D. G43

52. 机械零件图上标注的尺寸，尺寸基准有（ ）。

A. 理论基准   B. 设计基准
C. 加工基准   D. 工艺基准

53. 以下各组配合中，配合性质相同的有（ ）。

A. $\phi30P8/h7$ B. $\phi30H7/f6$
C. $\phi30H8/p7$ D. $\phi30H8/m7$

54. 如果某轴一横截面实际轮廓由直径分别为 $\phi40.05$mm 和 $\phi40.03$mm 的两个同心圆包容而形成最小包容区域，则该横截面的圆度误差不正确的有（ ）。

A. 0.02mm   B. 0.04mm
C. 0.01mm   D. 0.015mm

55. 利用局部视图，可以减少基本视图的数量，补充没有表达清楚的部分。下列对局部视图的表述不正确的有（ ）。

A. 自成封闭时是完整的基本视图
B. 数列时是完整的基本视图
C. 是不完整的基本视图
D. 能够表达所有信息

56. 剖视图标注的要素有（ ）。

A. 对称面   B. 剖切符号
C. 字母   D. 数字

57. 画斜视图的注意事项有（ ）。

A. 斜视图的断裂边界用波浪线或双折线表示
B. 斜视图通常按投射方向配置和标注

C. 允许将斜视图旋转配置，但需在斜视图上方注明

D. 标注时字母靠近箭头端，符号方向与旋转方向一致

58. 断面图用来表达零件的内部形状，剖面可分为两种（　　）。

A. 实体部分　　　　B. 半实体部分

C. 空心部分　　　　D. 半空心部分

59. 工程中常用的特殊性能钢有（　　）。

A. 不锈钢　　　　　B. 高速钢

C. 耐热钢　　　　　D. 耐磨钢

60. 感应表面淬火的技术条件主要包括（　　）。

A. 热影响区　　　　B. 有效淬硬深度

C. 淬硬区的分布　　D. 表面硬度

61. 根据 GB/T 13304 规定，弹簧钢按照其化学成分分为（　　）。

A. 超硬弹簧钢　　　B. 碳素弹簧钢

C. 合金弹簧钢　　　D. 冷轧弹簧钢

62. 根据溶质原子在溶剂晶格中的分布情况，固溶体有两种基本类型，它们是（　　）。

A. 置换固溶体　　　B. 非置换固溶体

C. 非间隙固溶体　　D. 间隙固溶体

63. 不同晶体结构的相，机械地混合在一起的组织，称作固态机械混合物。铁碳合金中，这样的组织有（　　）。

A. 奥氏体　　　　　B. 铁素体

C. 珠光体　　　　　D. 莱氏体

64. 人们常说的碳钢和铸铁即为（　　）元素形成的合金。

A. 铁　　B. 锰　　C. 碳　　D. 锌

65. 珠光体是（　　）的机械混合物。

A. 马氏体　　　　　B. 片状铁素体

C. 莱氏体　　　　　D. 渗碳体

66. 珠光体根据层片的厚薄可细分为珠光体、（　　）。

A. 马氏体　　　　　B. 索氏体

C. 屈氏体　　　　　D. 莱氏体

67. 化学热处理是有分解、（　　）三个基本过程组成。

A. 吸收　　B. 渗透　　C. 扩散　　D. 分散

68. 三相异步电动机的转速取决于（　　）。

A. 磁场极对数　　　B. 转差率

C. 无法确定　　　　D. 电源频率

69. PLC 的主要技术指标有 I/O 点数、存储容量、（　　）。

A. 可扩展性　　　　B. 扫描速度

C. 指令系统　　　　D. 通信功能

70. S7-200 寻址方式有（　　）。

A. 立即寻址　　　　B. 直接寻址

C. 指针寻址　　　　D. 间接寻址

71. 数控系统的报警大体可以分为操作报警、程序错误报警、驱动报警及系统错误报警。某个数控车床在启动后显示"没有 Y 轴反馈"这不属于（　　）。

A. 操作错误报警　　B. 程序错误报警

C. 驱动错误报警　　D. 计算机系统错误报警

72. 采用固定循环编程目的不是为了（　　）。

A. 加快切削速度，提高加工质量

B. 缩短程序的长度，减少程序所占的内存

C. 减少换刀次数，提高切削速度

D. 减少吃刀量，保证加工质量

73. 开环控制系统的控制精度取决于（　　）的精度。

A. 转速　　B. 步距　　C. 传动　　D. 运动

74. 功能型数控铣床与普通铣床相比，在机械结构上差别不大的部件是（　　）。

A. 主轴箱　　　　　B. 工作台

C. 进给传动　　　　D. 床身

75. 目前不适合用来制造切削刃形状十分复杂的刀具材料是（　　）。

A. 高速工具钢　　　B. 碳素合金

C. 硬质合金　　　　D. 立方氮化硼

76. 加工材料一定需进行热处理的是（　　）等。

A. 刀具　　B. 量具　　C. 模具　　D. 轴承

77. 回火的目的是（　　）。

A. 增大脆性　　　　B. 减小脆性

C. 增加钢的内应力　D. 降低钢的内应力

78. 钢渗氮的目的是提高零件表面的（　　）。

A. 硬度　　　　　B. 耐磨性
C. 耐蚀性　　　　D. 疲劳强度

79. 铁路工业有机废气的处理方法有（　　）。
A. 冷凝法　　　　B. 固体吸附法
C. 液体吸收法　　D. 燃烧净化法

80. 任何单位、个人都有（　　）的义务。
A. 维护消防安全　B. 保护消防设施
C. 预防火灾　　　D. 报告火警

81. 对操作工人基本功的要求是（　　）。
A. 会使用　　　　B. 会维护
C. 会检查　　　　D. 会排除故障

82. 五轴加工中心一次装夹完成五面加工的方式可以使工件的（　　）降到最低。
A. 表面粗糙度值　B. 尺寸误差
C. 形状误差　　　D. 位置误差

83. 加工中心包括：基础部件、主轴部件、（　　）等部分。
A. 自动换刀装置　B. 控制系统
C. 辅助系统　　　D. 自动托盘交换系统

84. 加工中心进给运动的（　　）直接影响工件的轮廓精度和位置精度。
A. 传动精度　　　B. 速度
C. 稳定性　　　　D. 灵敏度

85. 光栅检测装置的组成元件有（　　）、光电转换元件等。
A. 磁头　　　　　B. 光源
C. 标尺光栅　　　D. 指示光栅

86. 加工中心液压传动系统由（　　）组成。
A. 液压动力源　　B. 控制阀
C. 执行机构　　　D. 辅助件

87. I/O 处理主要是处理 CNC 装置与机床之间的强电信号的（　　）。
A. 输入　B. 输出　C. 放大　D. 控制

88. 为了保证数控机床能满足不同的工艺要求，获得最佳切削速度，主传动系统的要求是（　　）。
A. 无级调速　　　B. 变速范围宽
C. 分段无级变速　D. 分段变速

89. 适宜在加工中心上使用的刀具有（　　）等。
A. 高速合金钢刀具　B. 硬质合金刀具

C. 陶瓷刀具　　　D. 立方氮化硼刀具

90. 铣削刀具主要有（　　）。
A. 面铣刀　　　　B. 立铣刀
C. 盘形铣刀　　　D. 成型铣刀

91. 刀具磨损是（　　）等几种因素综合作用的结果。
A. 机械　B. 物理　C. 化学　D. 热电

92. 刀具初期磨损阶段，磨损较快的原因是（　　）等。
A. 后刀面与加工表面之间的实际接触面积很大
B. 压强大
C. 后刀面与加工表面之间的实际接触面积很小
D. 压强小

93. 切削时切削液的施加方法有（　　）。
A. 浸泡法　　　　B. 浇注法
C. 冷凝法　　　　D. 喷雾冷却法

94. 关于切削液的润滑作用，说法正确的是（　　）。
A. 减少切削过程中的摩擦
B. 减少切削阻力
C. 显著提高工件表面质量
D. 降低刀具寿命

95. 工序可分解为（　　）。
A. 进给　B. 安装　C. 工位　D. 工步

96. 属于工艺系统原始误差的是（　　）。
A. 安装误差　　　B. 测量误差
C. 静态误差　　　D. 原理误差

97. 机械零件加工质量包括（　　）。
A. 加工精度　　　B. 生产率
C. 生产成本　　　D. 表面质量

98. 光整阶段的主要目的是对精度要求高的工件进一步（　　）。
A. 提高尺寸精度　B. 提高形状精度
C. 减小表面粗糙度值　D. 纠正位置度误差

99. 工序最小余量包括（　　）。
A. 上道工序加工后的表面粗糙度，应在本工序切去

B. 上道工序加工后产生的表面缺陷,应在本道工序切去

C. 上道工序加工后形成的表面形状和空间位置误差,应在本道工序修正

D. 本道工序工件的装夹误差

100. 引起工件变形的主要原因有（　　）。

A. 切削力过大

B. 切削速度过快

C. 切削温度过高

D. 没有采取热处理措施消除内应力

8.3.3 判断题

1. 局部剖视图中,被剖部分与未剖部分的分界线用双折线表示。（　　）

2. 40Cr是最常用的合金调质钢。（　　）

3. 16Mn中碳的质量分数为0.16%,是较高含锰量的优质碳素结构钢。（　　）

4. 低温回火的目的是使工件获得高的弹性极限屈服强度和韧性。（　　）

5. 工业纯铁中,碳的质量分数小于0.0218%。（　　）

6. 铁碳合金相图上的共析线是PSK。（　　）

7. 从金属学的观点来看,冷加工和热加工是以结晶温度为界限区分的。（　　）

8. Cr12MoV是不锈钢。（　　）

9. 滚动轴承钢主要加入的是Cr合金元素。（　　）

10. 12Cr13是铬不锈钢。（　　）

11. 已知对称三相电源的相电压 $u_A = 10\sin(\omega t + 60°)$ V,相序为A—B—C,则当电源星形联结时线电压 u_{AB} 为 $10\sin(\omega t + 90°)$ 。（　　）

12. 用左手定则判断转子绕组受到的电磁力方向。（　　）

13. 梯形图是程序的一种表示方法。也是控制电路。（　　）

14. 能进行轮廓控制的数控机床,一般也能进行点位控制和直线控制。（　　）

15. 判断刀具左右偏移指令时,必须对着刀具前进方向判断。（　　）

16. G03 X __ Y __ I __ J __ K __ F __ 表示在XY平面上顺时针插补。（　　）

17. 同组模态G代码可以放在一个程序段中,而且与顺序无关。（　　）

18. 为了提高刀具切削刃的强度,可以采用负的刃倾角。（　　）

19. 周铣时,只有铣刀的圆周刃进行切削,所以周铣的表面粗糙度大于端铣。（　　）

20. 采用先钻孔再扩孔的工艺时,钻头直径应为孔径的40%~60%。（　　）

21. 为了提高加工表面质量,铰刀刀齿在圆周上可采用不等距分布。（　　）

22. 一个完整的刀具运动程序段主体应包括准备机能、终点坐标、辅助机能、主轴转速机能。（　　）

23. 在数控铣床上指定刀具补偿值时用F。（　　）

24. FANUC数控铣床中,高速深孔钻循环指令为G73。（　　）

25. 绝大部分的数控系统都装有电池,它的作用是给系统的CPU提供电源。（　　）

26. 导轨副的维护一般包括导轨副的润滑、滚动导轨副的预紧和导轨副的防护。（　　）

27. 数控机床不得有渗油、渗水、渗气现象。检查主轴运行稳定后的温度情况,一般最高温度不超45℃。（　　）

28. 制定环境管理方案的目的在于满足相关方的所有要求。（　　）

29. 箱体零件图中,各部分定位尺寸、各孔中心线之间的距离、轴承孔轴线与安装面的距离,以及各装配尺寸都应直接注出。（　　）

30. 在数控机床上加工零件,应尽量选用组合夹具和通用夹具装夹工件,避免采用专用夹具。（　　）

31. 切削速度增大时,切削温度升高,刀具寿命增加。（　　）

32. 刀具磨损分为初期磨损、正常磨损、急剧磨损三种形式。（　　）

33. 用G44指令也可以达到刀具长度正向

补偿。　　　　　　　　　　　　　（　）

34. 工件坐标系的原点即"编程原点"，与零件定位基准不一定重合。（　）

35. 刀具长度负向补偿用 G44 指令。（　）

36. 在 FANUC 系统中，代码 S 与 F 之间没有联系。（　）

37. G00 为非模态 G 代码。（　）

38. G00 的运动速度不能用程序改变，但可以用倍率开关改变。（　）

39. 在 FANUC 系统中，G96 S200 表示主轴转速为 200r/min。（　）

40. 沿刀具进给方向看，工件位于刀具左侧，则应执行刀尖半径左补偿指令 G41。（　）

41. 在 FANUC 系统中，程序段 M98 P1200；表示调用程序号为 O1200 的子程序。（　）

42. 若遇机械故障停机时，应按下停止开关。（　）

43. 当数控加工程序编制完成后，不可直接进行正式加工，应先做程序校验。（　）

44. 数控机床的进给路线，不但是编程轨迹计算的依据，还会影响工件的加工精度和表面粗糙度。（　）

45. 若遇机械故障停机时，应按下选择停止开关。（　）

46. 在立式 CNC 铣床上以面铣刀铣削工件，若发现铣削面凹陷，则可能是因进给量太大造成的。（　）

47. 通过参数的改变，可以在数控装置硬件不变的条件下进行功能调整。（　）

48. 数控系统功能的参数是数控装置制造厂商根据用户对系统功能的要求设定的。（　）

49. 使用变量时，变量值可用程序或用 MDI 面板上的操作改变。（　）

50. 数控系统参数的作用只是简化程序。（　）

51. 加工中心的进给系统即为驱动装置，该系统承担该加工中心各直线坐标轴的定位和切削进给，对机床的整机运行状态和精度指标影响不大。（　）

52. 丝杠螺母机构是一种直线运动机构。（　）

53. PLC 内部定时器的设定时间一经设定不可更改。（　）

54. CNC 系统中，插补完全由软件完成。（　）

55. 旋转变压器是速度检测元件。（　）

56. 永磁式交流伺服电动机的磁场是由转子中的激磁绕组产生的。（　）

57. T 系列交流伺服电动机为实心轴电动机。（　）

58. P 系列主轴电动机在主轴驱动中可以完全去掉齿轮转动。（　）

59. 独立型 PLC 是独立于 CNC 装置的，它具有完备的硬件和软件功能，能够独立完成规定的控制任务。（　）

60. PLC 梯形图逻辑控制的结束时间取决于继电器线圈触点和其他电机式器件动作的时间。（　）

61. 螺纹车刀和丝锥都是用切削加工方法加工螺纹的刀具。（　）

62. 高速钢刀具的硬度和韧性均不如硬质合金刀具。（　）

63. 单刃镗刀刚性差，切削时易引起振动，所以镗刀的主偏角应选择较大，以减小背向力。（　）

64. 铣刀前角一般大于车刀前角。（　）

65. 为了减少与孔壁之间的摩擦，铰刀的刃带不宜过小。（　）

66. 宽刃车刀用于低速、大进给量精车。（　）

67. 单刃镗刀能纠正原有预制孔的位置度，但尺寸精度由操作者的技术水平来保证。（　）

68. 攻丝和套丝的精度较高，可用于精度较高的螺纹加工。（　）

69. 聚晶立方氮化硼用于钢件的精加工时，其加工精度与表面粗糙度足以代替磨削。（　）

70. 低浓度乳化液主要起润滑作用。（　）

71. 硬质合金刀具粗加工时可以不用切削液。（　）

72. 定期向 X 轴、Y 轴、Z 轴的滚珠丝杠副内注入润滑脂，可以改善数控机床滚珠丝杠副润滑不良的状况。（　）

73. 选用液压油时，一般先确定适用的润滑度范围，再选择合适的液压油品种。（　）

74. 数控机床需要配备液压和气动装置来辅助实现整机的自动运行功能。它们的工作原理类似，都不污染环境，但使用范围有所不同。（ ）

75. 安装的划分以装夹次数为依据。（ ）

76. 基准可以在工件体内，也可以在工件体外。（ ）

77. 一般情况下，为使定位准确、稳定可靠，应选择工件上距离最长的表面作为导向面。（ ）

78. 强刀铣削要采用大进给量的切削方法。（ ）

79. 等分式分度头只能完成指定等分数，最终的分度定位大多采用一组端面齿盘来完成。（ ）

80. 齿数为 120 的多齿盘，可以满足 5° 的所有倍数角分度。（ ）

81. 加工中心夹具要以定位基准作为参考基准来确定零件的加工原点。（ ）

82. 利用专用夹具加工零件，既可保证质量，又可提高生产率，但成本较高。（ ）

83. 在加工中心上进行孔系加工时，应先加工小孔，再加工大孔。（ ）

84. 平面的加工余量是单边的，切削深度即为余量大小。（ ）

85. 钻孔—扩孔—倒角—铰孔的加工方法适用于位置度和尺寸公差要求高的孔加工。（ ）

86. 铣刀铣削运动方向与工件进给运动方向相同的铣削称为顺铣。（ ）

87. 顺铣时，切削层厚度由最大值减小至零。（ ）

88. 端铣的切削过程比周铣平稳。（ ）

89. 端铣比周铣的适应性更广。（ ）

90. 切削深度的增加能使工作齿数减少。（ ）

91. 铣削端面凸轮应采用端铣法。（ ）

92. 在加工零件时，工件的零点可以随意设定，既可以设在零件内，也可以设在机床加工范围外。（ ）

93. 当程序段跳过开关处于 ON 状态时，含"/"码的单节将被执行。（ ）

94. 顺时针方向铣外圆弧时，所选用的刀具补偿指令是 G42。（ ）

95. 执行 G00 G90 X0 Y0；G01 X100 Y50；程序段时，X、Y 轴进给速度不同。（ ）

96. 所有的圆都能通过指定 R 参数的圆弧插补指令来完成。（ ）

97. 使用 G00 指令时可以自己设定移动速度。（ ）

98. 机床零点也是参考点。一台数控机床可以有多个参考点。（ ）

99. G42 是刀具半径补偿，又称右补偿，即刀具沿进给方向运行在工件的右边。（ ）

100. 主程序与子程序的内容不同，但两者的程序格式应相同。（ ）

8.3.4 简答题

1. 在编程时，如何确定工件坐标系？
2. 简述闭环、半闭环数控系统的概念。
3. 数控铣削适用于哪些加工场合？
4. 零件结构工艺性分析及处理原则有哪些？
5. 数控机床对导轨的要求有哪些？
6. 设计夹具时，在夹具的总装图上应标注的主要尺寸和公差有哪些？
7. 什么叫重复定位？
8. 什么是定位误差？
9. 数控加工对刀具有哪些要求？
10. 什么是刀具半径补偿？
11. 简述积屑瘤对加工的影响。
12. 手工编程的内容和步骤是什么？
13. 何谓数控铣床的三轴联动和两轴半联动？
14. 在编程时，为什么要进行刀具半径补偿？
15. 何谓对刀点？对刀点的选取对编程有何影响？
16. 影响零件获得形状精度的因素有哪些？
17. 按夹具通用化程度分，夹具可分为哪几类？
18. 组合夹具的特点是什么？
19. 什么叫夹紧机构？
20. 刀具材料应具备的基本要求有哪些？
21. 什么是刀具失效？
22. 加工中心刀具长度的选择原则是什么？

23. 普通麻花钻的切削部分是由什么组成的？

24. 使用丝锥夹头加工螺纹时应注意些什么？

25. 试述双刃浮动镗刀的优缺点。

26. 铰孔余量选择不当将会造成哪些不良后果？

27. 引起加工工件变形的主要原因有哪些？

28. 什么叫喷雾冷却法？

29. 切削液中常用的添加剂种类有哪些？

30. 什么叫插补？插补有哪几类？

8.3.5 计算题

1. 已知某个孔尺寸 $\phi 125_{-0.2}^{+0.05}$ mm，试求它的最大尺寸和公差，与之相配合的轴尺寸 $\phi 125_{-0.05}^{+0.18}$ mm，试求它们的最大间隙量。

2. 用数控铣床加工图 8-12 所示图形中的加粗部分，机床转速为 4000r/min，选用 3 齿铣刀，直径为 $\phi 10$mm，采用分层加工，每层最大吃刀量为 3mm，每齿进给量 f_z 为 0.15mm/z，计算实际最短切削时间（不考虑进、退刀时间）。

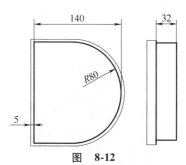

图 8-12

3. 球头铣刀的刀具直径 $D_c = 10$mm，加工的切削深度 $a_p = 1$mm，转速 $n = 1000$r/min，试计算球头铣刀的切削速度。

4. 套筒零件的尺寸如图 8-13 所示，加工 $60_{-0.17}^{0}$ mm（A_2）尺寸和 A_1 尺寸后须保证尺寸 $15_{-0.36}^{0}$ mm。要求：(1) 画出尺寸链图。(2) 指出封闭环、增环和减环。(3) 求 A_1 的上极限尺寸和下极限尺寸。

5. 已知某传动系统的总传动比 $i = 40$，电动机的转速为 $n = 1440$r/min，试求输出端的转速。如果电动机的功率为 7.5kW，则其最大的输出转矩是

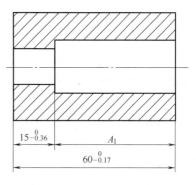

图 8-13

多少？

6. 已知一直径为 80mm 的铣刀，以 25m/min 的铣削速度进行铣削，求铣床的主轴转速。

7. 某一加工程序，部分程序段为：

N10 S2000 M03；

N20 G01 X100 F800；

试计算单齿进给率 f_z（$Z_n = 4$）。

8. 某程序段为：

N10 G01 X0 Y100 Z0 F1000；

N20 G02 X86.603 Y50 I0 J0；

试计算程序执行结束时，X 和 Y 轴的移动距离。

9. 已知一对正确安装的外啮合齿轮，采用正常齿制，模数 $m = 3$mm，齿数 $Z_1 = 21$、$Z_2 = 64$，求两齿轮的传动比 i_{12} 和中心距 a。

10. 用面铣刀铣削平面。工件的材料为 45 钢，铣刀的直径 $D = 125$mm，齿数 $z = 5$，刀具材料为 YT15。背吃刀量 $a_p = 3$mm，主轴转数 $n = 600$r/min，每齿进给量 $f_z = 0.15$mm/z。（注：铣削 45 钢材料，若每分钟切除 20cm^3，所用功率相当于 1kW）求：(1) 铣削速度 v_c。(2) 金属切除率 Q。(3) 估算切削功率 P。

8.3.6 论述题

1. 某加工中心出现刀具交换时掉刀故障，试分析产生这一故障的原因并找出解决办法。

2. 机床切削精度检查是在切削加工的条件下，对机床的几何精度和定位精度的综合检查。试设计

一个检验机床切削精度的方案。

3. 数控机床的检验是一项复杂的工作,其中最主要的工作是对数控机床精度的检验,详述数控机床精度检验的主要内容。

4. 简述数控机床坐标系 X、Z 轴命名及运动方向的规定?

5. 试简述定位与夹紧之间的关系。

6. 逐点比较法的插补方法中,终点判断用哪两种方法?这两种方法主要区别是什么?

7. 逐点比较法的插补方法中,圆弧插补、直线插补的计数方向 GX 和 GY 如何判定?

8. 怎样测绘零件图?

9. 试述丝锥夹头的大致结构及使用过程。

10. 定位误差产生的原因是什么?如何计算?

8.3.7 绘图题

1. 请补全图 8-14 所示三视图。

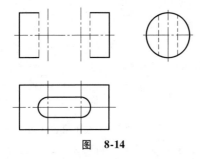

图 8-14

2. 如图 8-15 所示,分别给出了主、俯视图,试用全剖视图补齐左视图。

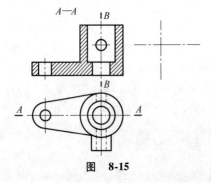

图 8-15

3. 如图 8-16 所示,根据给出的主视图与俯视图画出左视图。

4. 补画图 8-17 中的左视图。

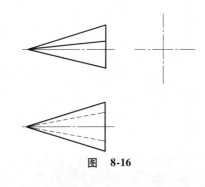

图 8-16

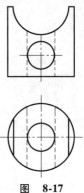

图 8-17

5. 根据轴测图 8-18 画出三视图(作图比例为 1∶1,尺寸从图中测量)。

图 8-18

8.4 试题答案

8.4.1 高级工试题答案

8.4.1.1 填空题

1. 细实线 2. 右下角 3. 全剖视图 4. 斜视图 5. 0.04%~2.11% 6. 钨 7. 235 8. 正火 9. 回火托氏体 10. 2.11% 11. 普通黄铜和特殊

黄铜　12. AC　13. 10^6　14. 铁心　15. 过载保护　16. 脉冲数量　17. 机床原点　18. 密封装置　19. 塑性变形　20. 振动　21. 硬质合金　22. 回转工作台　23. 前道　24. 加工方法　25. 自为　26. 深度　27. 水　28. 斜视图　29. 时效　30. 6　31. 粗　32. 提高加工效率　33. 顺时针圆弧　34. 轮廓控制　35. 工艺基准　36. 右手定则　37. 绝对值编程　38. 工件原点　39. 远离工件　40. 子程序结束　41. G01　42. G03　43. 刀具半径补偿　44. 加工精度　45. 加工路线　46. 降低　47. 变量　48. 重磨精度高　49. 相同　50. G02　51. 60°　52. 较差　53. 横刃　54. 垂直　55. 内外径　56. 操作人员　57. 空运转　58. 简单　59. 复位键　60. PLC　61. 半剖视图　62. 粗实线　63. 大于　64. 基轴制　65. 基准孔　66. h　67. 有色金属　68. 铁和碳　69. 碳含量　70. 合金钢　71. 外力　72. 韧性　73. HBW　74. 降低　75. NC　76. CNC　77. 数控技术　78. 半闭环控制　79. 软件　80. 滑动　81. 材料　82. 立铣刀　83. 微调　84. 导向　85. 刀具寿命　86. BT50　87. 润滑　88. 单边余量　89. 两　90. 攻螺纹　91. 逆　92. 基准重合　93. 精基准　94. 6　95. 完全　96. 基准不重合　97. 设计基准　98. 工艺基准　99. M19　100. 垂直　101. G　102. 非模态　103. 有效　104. G91　105. XY　106. G01　107. G49　108. G42　109. M00　110. M03　111. M05　112. 圆弧起点　113. 负　114. 报警　115. 复位　116. 手动原点复归　117. 整数　118. 相同　119. 损坏的器件　120. 目测

8.4.1.2　选择题

1. A　2. C　3. A　4. B　5. B　6. A　7. A
8. C　9. B　10. A　11. B　12. B　13. A　14. A
15. B　16. A　17. B　18. A　19. A　20. C　21. B
22. D　23. C　24. B　25. A　26. C　27. A　28. C
29. A　30. C　31. A　32. B　33. D　34. A　35. D
36. B　37. A　38. B　39. D　40. D　41. A　42. D
43. C　44. D　45. C　46. D　47. B　48. A　49. C
50. C　51. BC　52. AD　53. AB　54. AB　55. ACD
56. ABC　57. ABD　58. AB　59. AC　60. CD
61. ABCD　62. AB　63. ABC　64. ABC　65. ABCD
66. AC　67. ABC　68. ABC　69. AC　70. ABCD
71. BCD　72. ABD　73. ABC　74. ABCD　75. BC
76. ACD　77. BCD　78. ABD　79. BCD　80. ABC
81. ACD　82. ABC　83. ABC　84. BCD　85. BD
86. ABCD　87. ABCD　88. ABCD　89. AB
90. ABCD　91. ABCD　92. ABCD　93. CD
94. ACD　95. ABC　96. ABCD　97. AB　98. AC
99. ABCD　100. ABD

8.4.1.3　判断题

1. ×　2. √　3. √　4. √　5. √　6. ×　7. √
8. ×　9. ×　10. √　11. √　12. ×　13. ×
14. ×　15. √　16. ×　17. ×　18. ×　19. ×
20. ×　21. ×　22. ×　23. √　24. √　25. √
26. √　27. ×　28. √　29. √　30. ×　31. √
32. √　33. ×　34. √　35. √　36. √　37. ×
38. √　39. ×　40. √　41. √　42. √　43. √
44. √　45. √　46. √　47. √　48. √　49. ×
50. ×　51. √　52. √　53. √　54. √　55. √
56. √　57. √　58. √　59. √　60. √　61. √
62. ×　63. √　64. ×　65. √　66. √　67. √
68. √　69. √　70. √　71. √　72. √　73. √
74. √　75. √　76. √　77. √　78. √　79. ×
80. √　81. √　82. √　83. √　84. √　85. √
86. ×　87. √　88. √　89. √　90. √　91. √
92. √　93. √　94. √　95. √　96. √　97. √
98. ×　99. √　100. √

8.4.2　技师试题答案

8.4.2.1　填空题

1. 铁素体　2. 精度　3. 手动数据输入　4. 较大　5. 盲孔　6. 深槽　7. IT7　8. 日常维护保养　9. 冷却作用　10. 滚珠　11. 电信号　12. 内循环和外循环　13. 机床参数　14. 成组量块　15. 合理　16. 不经挑选　17. 间隙配合　18. 半剖　19. 斜视图　20. 粗实线　21. 内部　22. 粉末冶金　23. 脱碳　24. 特殊黄铜　25. 退火　26. 淬火　27. 正火　28. 粉末冶金　29. 特殊性能钢　30. 高速钢　31. 120°　32. 绕线型　33. DEC　34. 右手　35. 切削　36. 手动编程　37. 顺铣　38. 裂纹　39. 螺旋角　40. 最

大直径 41. 负前角 42. 盲孔 43. 变化 44. 加工误差 45. 润滑 46. 闭口闪点 47. 水溶性 48. 水 49. 切削油 50. 驱动装置 51. 较大 52. 完全 53. 纯切削时间 54. 刀具的磨钝标准 55. 轮廓尺寸 56. 控制运动 57. 直角坐标 58. 加工精度 59. 正方向 60. 重复出现 61. 工件 62. 远离 63. N 64. 首件试切 65. 初始平面 66. 备份 67. 机床参数 68. 变量编程 69. 主偏角 70. 粗实线 71. 波浪线 72. 过盈配合 73. 尺寸链 74. 2.11% 75. 软件式 76. G91 77. ：X-X 展开 78. 过盈 79. 斜度 80. 抗拉强度 81. FMS 82. 顺序 83. 开环 84. 直线型 85. 角位移 86. 150% 87. 反向间隙 88. 内孔 89. 越大 90. 机械手 91. 合成 92. 最大实体尺寸 93. 最小实体尺寸 94. 液压能 95. 机械能 96. 减小 97. 弹性恢复 98. 右旋 99. 位置度 100. 近似

8.4.2.2 选择题

1. C 2. A 3. D 4. B 5. A 6. A 7. C 8. A 9. A 10. A 11. B 12. C 13. A 14. B 15. C 16. D 17. B 18. C 19. A 20. A 21. B 22. B 23. A 24. B 25. A 26. B 27. D 28. C 29. B 30. A 31. B 32. D 33. C 34. C 35. B 36. C 37. D 38. D 39. A 40. D 41. D 42. C 43. D 44. B 45. C 46. C 47. A 48. C 49. A 50. D 51. ABC 52. ACD 53. ABC 54. BC 55. BCD 56. AC 57. BD 58. BD 59. ABC 60. ABCD 61. ACD 62. ABCD 63. AD 64. ABCD 65. AB 66. ABCD 67. ABCD 68. ABCD 69. CD 70. AD 71. ABC 72. AD 73. CD 74. BC 75. ABCD 76. BCD 77. AC 78. BD 79. ABCD 80. BCD 81. AD 82. ACD 83. ABC 84. ABD 85. ABC 86. ABCD 87. ACD 88. AC 89. AB 90. AC 91. AD 92. AB 93. AC 94. ACD 95. BCD 96. CD 97. BC 98. AC 99. ABCD 100. BCD

8.4.2.3 判断题

1. × 2. √ 3. √ 4. √ 5. × 6. × 7. × 8. √ 9. × 10. √ 11. × 12. √ 13. × 14. √ 15. × 16. √ 17. √ 18. √ 19. √ 20. × 21. × 22. √ 23. × 24. × 25. √ 26. √ 27. √ 28. × 29. √ 30. √ 31. × 32. √ 33. × 34. √ 35. √ 36. √ 37. √ 38. √ 39. √ 40. √ 41. √ 42. × 43. × 44. × 45. √ 46. × 47. × 48. × 49. √ 50. √ 51. √ 52. √ 53. √ 54. √ 55. √ 56. √ 57. √ 58. √ 59. √ 60. √ 61. × 62. √ 63. √ 64. √ 65. × 66. √ 67. × 68. × 69. √ 70. √ 71. × 72. × 73. × 74. √ 75. √ 76. √ 77. √ 78. × 79. √ 80. √ 81. √ 82. √ 83. √ 84. √ 85. √ 86. √ 87. √ 88. √ 89. √ 90. √ 91. √ 92. √ 93. √ 94. √ 95. √ 96. × 97. × 98. √ 99. × 100. √

8.4.2.4 简答题

1. 答：刀具磨损到一定限度就不能继续使用，这个磨损的限度称为磨钝标准。刀具寿命指刀具自开始切削，一直到磨损量达到刀具磨钝标准所经过的总切削时间。

2. 答：目的是为了保证反向传动精度和轴向刚度。常见的预紧方法有：垫片预紧、螺纹预紧、齿差调节预紧、单螺母变位螺距预加负荷预紧。

3. 答：便于数字处理和简化编程；在机床上找正容易，加工中便于检查；引起的加工误差小。

4. 答：滚珠丝杠螺母副的滚珠在循环过程中，与丝杠脱离接触的称为外循环，始终与丝杠保持接触的称为内循环。

5. 答：调速范围要宽，要有良好的稳定性；输出位置精度要高；负载特性要硬；响应速度要快；能可逆运行和频繁灵活启停；系统的可靠性要高，维护使用方便，成本低。

6. 答：由于夹具的定位元件与刀具及机床运动的相对位置可以事先调整，因此加工一批零件时采用夹具工件，即不必逐个找正，又快速方便，且有很高的重复精度，能保证工件的加工要求。

7. 答：在分析工件定位时通常用一个支承点限制一个自由度，用合理分布的六个支承点限制工件的6个自由度，使工件在夹具中位置完全确定，称为六点定位。

8. 答：为了保证产品质量，提高劳动生产率，解决机床加工中的特殊困难，扩大机床的加工范围，降低对工人的技术要求。

9. 答：进给路线的确定与工件表面状况、要求的零件表面质量、机床进给机构的间隙、刀具寿命及零件轮廓形状等有关。

10. 答：前角、后角及螺旋角。

11. 答：夹紧力作用方向不破坏工件定位的正确性，夹紧力方向应使所需夹紧力尽可能小，夹紧力方向应使工件变形尽可能小。

12. 答：逐点比较插补法是通过不断比较刀具与被加工零件轮廓之间的相对位置，并根据比较结果决定下一步的进给方向。一个插补循环包括偏差判别、坐标进给、偏差计算、终点判别。

13. 答：刀具长度补偿是指通过长度补偿指令使编程点在插补运算时，自动加上或减去刀具的一个长度值，使实际加工的长度尺寸不受刀具变化的影响，以简化编程。

14. 答：固定循环由以下 6 个顺序动作组成：X、Y 轴定位；快速运动到 R 参考点；孔加工；在孔底的动作；退回到 R 参考点；快速返回到初始点。

15. 答：机床坐标系又称机械坐标系，是机床运动部件的进给运动坐标系，其坐标轴及方向按标准规定。其坐标原点由厂家设定，称为机床原点。工件坐标又称编程坐标系，供编程用。

16. 答：常用丝锥有手用丝锥、机用丝锥、螺母丝锥、锥形丝锥及挤压丝锥等。

17. 答：上道工序加工后的表面粗糙度，应在本道工序切去；上道工序加工后产生的表面缺陷，应在本道工序切去；上道工序加工后形成的表面形状和空间位置误差应在本道工序修正；本道工序工件的装夹误差。

18. 答：低温低压边界润滑、高温边界润滑、高压边界润滑、高温高压边界润滑。

19. 答：水溶液、乳化液、切削油。

20. 答：适宜的黏度和良好的黏温性能；润滑性能好；稳定性要好，即对热、氧化、水解等都有

良好的稳定性；使用寿命长。

21. 答：适用于闭环和半闭环以直流或交流伺服电动机为驱动元件的位置采样控制系统，即粗插补时在每个插补周期内计算出坐标位置增量值，而精插补时在每个插补周期内根据闭环或半闭环反馈的增量计算出坐标位置增量值，求得跟随误差。

22. 答：是一种预先给定的一系列操作，用来控制轴的位移或使主轴运转，从而完成各项加工，如镗、钻、攻等。

23. 答：带角度与半径尺寸的工件可使用极坐标编程。因为极坐标编程，可以减少坐标尺寸的计算，简化编程。

24. 答：机床允许的刀具最大直径和质量；刀具与夹具零件发生干涉的可能性，零件越复杂此项检验越重要；零件精度越高，材料越硬，越要注意刀具寿命的控制和备用刀具的准备。

25. 答：原理误差、安装误差、静态误差、调整误差、动态误差、质量误差等。

26. 答：在零件未进行正式切削加工以前，由机床、夹具、刀具、量具和工件所组成的工艺系统本身就存在的某些误差，称为工艺系统原有误差。

27. 答：测量对象指几何量，包括长度、角度、表面粗糙度、形状、位置，以及其他复杂零件中的几何参数等。

28. 答：在大批量生产时，通常使用光滑极限量规检验，借以判断工件的合格性；单件小批量生产时，常常采用普通计量器具，测出工件的实际尺寸，以确定工件是否合格。

29. 答：尽可能清除检验工具的误差、温度对机床与工件的影响、数控系统和机械传动误差等。

30. 答：切削刃有一侧受力，一侧不受力，机床在让刀方向有间隙，刀具在 7∶24 丝锥孔中不吻合或有垫伤的间隙，夹具的刚性不强。

8.4.2.5 计算题

1. 答：（1）首先画出尺寸链图，如图 8-19 所示。

（2）区分增环和减环，$25_0^{+0.22}$ 是加工过程最后形成的，是尺寸链的封闭环，$60_{-0.12}^{0}$ 是增环，A_2

图 8-19

是减环。

（3）封闭环的公称尺寸及上、下极限偏差计算。

公称尺寸	上极限偏差	下极限偏差
60	0	-0.12
-35	+0.22	+0.12
25	+0.22	0

计算结果为：$A_2 = 35_{-0.22}^{-0.12}$ mm。

2. 答：加工 $\phi12H7$（$_0^{+0.018}$）孔时，最好采用 A 面、$\phi10H7$（$_0^{+0.015}$）及 $\phi30H7$（$_0^{+0.021}$）孔定位。此种定位方式的定位基准与设计基准重合，基准不重合误差为零，定位误差小。相应的定位元件为一面两销，$\phi10H7$（$_0^{+0.015}$）孔内为菱形销，$\phi30H7$（$_0^{+0.021}$）孔内为圆柱销。圆柱销尺寸为 $\phi30f6$（$_{-0.033}^{-0.02}$）。采用此种定位方式后，30mm±0.2mm 工序尺寸的定位误差为 0；35mm±0.2mm 工序尺寸的定位误差为：0.021mm + 0.033mm = 0.054mm < 0.4mm × 1/3 = 0.133mm，满足加工要求。

3. 答：（1）首先画出尺寸链图，如图 8-20 所示。

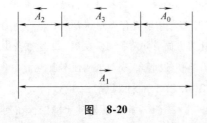

图 8-20

（2）区分增环和减环，A_0 是加工过程最后形成的，是尺寸链的封闭环；$A_1 \sim A_3$ 是 3 个组成环，其中 A_1 是增环，A_2、A_3 是减环。

（3）封闭环的公称尺寸及上、下极限偏差计算

公称尺寸	上极限偏差	下极限偏差
42	+0.20	-0.10
-10	0	-0.15
-20	+0.10	-0.05
12	+0.30	-0.30

计算结果为：$A_0 = 12\text{mm} \pm 0.30\text{mm}$。

（4）按工序尺寸规定加工所得到的 A_0 恰好能满足设计要求。

4. 答：（1）首先画出尺寸链图，如图 8-21 所示。精车外圆的半径为 $12.65_{-0.042}^{0}$ mm，磨削后外圆半径为 $12.5_{-0.007}^{0}$ mm。

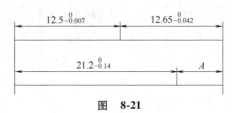

图 8-21

（2）区分增环和减环，尺寸 $21.2_{-0.14}^{0}$ mm 为封闭环，尺寸 $12.65_{-0.042}^{0}$ mm 和尺寸 $12.5_{-0.007}^{0}$ mm 为增环，尺寸 A 是减环。

（3）A 的公称尺寸及上、下极限偏差计算。

公称尺寸	上极限偏差	下极限偏差
12.5	0	-0.007
12.65	0	-0.042
-3.95	0	-0.091
21.2	0	-0.14

计算结果为：$A = 3.95_{0}^{+0.091}$ mm。

5. 答：多齿盘分度工作台旋转一周的角度是 360°。

当多齿盘分度工作台最小分度角度是 1°时，360° ÷ 1° = 360；

当多齿盘分度工作台最小分度角度是 3°时，360° ÷ 3° = 120；

当多齿盘分度工作台最小分度角度是 5°时，360° ÷ 5° = 72。

因此，多齿盘齿数分别是 360 个、120 个、72 个。

6. 答：$v_c = \pi Dn/1000$，$D = 1000v_c/(\pi n) = 1000 \times 157/(3.14 \times 500)$ mm $= 100$ mm。

因此选用 $\phi 100$ mm 铣刀比较合适。

7. 答：定位基准的位移量为孔和轴配合的最大间隙，所以孔的上极限尺寸为 32mm+0.025mm = 32.025mm；轴的下极限尺寸为 32mm+(-0.025)mm = 31.975mm。

定位基准的位移量 = 孔的下极限尺寸 - 轴的下极限尺寸 = 32.025mm - 31.975mm = 0.05mm。

8. 答：$X_c = -220.520 + 50.22/2 + 10/2 + 0.10 = -190.31$

$Y_c = -195.786 + 30.16/2 + 10/2 + 0.10 = -175.606$

$Z_c = -200.345 + 0.10 = -200.245$

9. 答：$\dfrac{X}{R1-R2} = \dfrac{R1}{L}$，$X = \dfrac{R1(R1-R2)}{L}$

$\dfrac{Y}{X} = \dfrac{L}{R1-R2}$，$Y = \dfrac{XL}{R1-R2}$

10. 答：$v_c = \pi Dn/1000$，$n = 1000v_c/(\pi D) = 1000 \times 28/(3.14 \times 100)$ mm $= 89.17$ mm。

主轴转速应调整到 90r/min 比较合适。

8.4.2.6 论述题

1. 答：立铣刀，可铣削各种形状槽的平面和轮廓面；键槽铣刀，可铣削各种键槽；半圆键铣刀，可铣削半圆键槽；三面刃铣刀，可铣削各种直通槽和圆弧形端部的封闭槽；T形槽铣刀，可铣削各种T形槽；对称双角铣刀，可铣削各种角度V形槽；不对称双角铣刀，可铣削螺旋形刀具的刀齿槽；凸半圆铣刀，可铣削各种直径的半圆槽；锯片铣刀，可铣削窄槽；燕尾槽铣刀，可铣削燕尾槽。

2. 答：数控铣削加工中进给路线对零件的加工精度和表面质量有直接的影响，因此，确定好进给路线是保证铣削加工精度和表面质量的工艺措施之一。进给路线的确定与工件表面状况、要求的零件表面质量、机床进给机构的间隙、刀具寿命及零件轮廓形状有关。

3. 答：铣削过程中，铣刀容易向不受力一侧偏，通常被称为让刀。让刀的原因：一侧受力，另一侧不受力；机床在让刀方向有间隙；刀具在让刀方向上刚性不够；夹具在让刀方向有间隙，或刚性不够。

4. 答：刀具补偿一般有长度补偿和半径补偿。刀具长度补偿可进行刀具长度补偿及位置补偿。利用刀具半径补偿可使同一程序、同一尺寸的刀具进行粗、精加工；直接用零件轮廓编程，避免计算刀心轨迹；刀具磨损、重磨、换刀而引起直径改变后，不必修改程序，只需在刀具参数设置状态输入刀具半径改变的数值；利用刀具补偿功能，可利用同一个程序，加工同一个公称尺寸的内、外两个型面。

5. 答：由于进给量过大表面会有明显的波纹，切痕间距大。当工作台塞铁调整不当，引起爬行，加工表面也会出现规则的波纹；铣刀不锋利，使表面切痕粗糙，出现拉毛现象；铣刀安装不好，跳动过大，使切削不平稳；铣削过程中振动太大；切削液采用不当；铣刀几何参数选用不当。

6. 答：由于虎钳导轨面与工作台不平行，或因平行垫铁精度较差等因素，使工件基准面与工作台不平行；如果与固定钳口贴合的面与基准面的垂直度差，则铣出的平行面也会随之产生误差；端铣时，若进给方向与铣床主轴轴线不垂直，不仅影响平行度而且也影响平面度；周铣时，铣刀圆柱度差，也会影响加工面对基准面的平行度。

7. 答：立铣刀铣削深槽时，在不干涉内轮廓的前提下，尽量选用直径较大的立铣刀，直径大的刀具比直径小的刀具的抗弯强度大，加工中不容易引起受力弯曲和振动。在立铣刀切削刃长度满足最大切削深度的前提下，尽量缩短刀具从主轴伸出的长度和立铣刀从刀柄夹持工具的工作部分中伸出的长度，立铣刀的长度越长，抗弯强度越小，受力弯曲程度越大，因此会影响加工的质量，并容易产生振动。

8. 答：零件结构工艺性分析；确定毛坯，绘制毛坯图，计算总余量、毛坯尺寸和材料利用率等；设计工艺过程，包括划分工艺过程的组成、选择定位基准、选择零件表面的加工方法、安排加工顺序和组合工序等；工序设计，包括选择机床和工艺装备、确定加工余量、计算工序尺寸及其公差、确定切削用量及计算工时定额等；编制工艺文件。

9. 答：工件材料的切削性能、热变形及内应力变形所引起的误差；刀具的几何精度、寿命及受力变形所引起的误差；工件的装夹；机床的刚性、各轴的运动精度（包括定位精度和重复定位精度）；环境温度、湿度、振动、电网波动；数控系统；切削液及冷却方式的选择；

10. 答：检查铣刀刃磨后是否符合图样要求，及时更换磨损的刀具；检查铣刀安装后的摆动是否超过精度要求范围；检查铣刀刀杆是否弯曲；检查铣刀、刀柄及主轴之间配合联接是否松动；检查铣刀、刀柄及主轴内孔之间是否有杂物、毛刺未清除。

8.4.2.7 绘图题

1. 补齐视图，如图 8-22 所示。

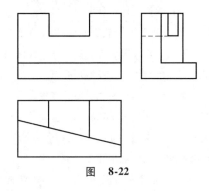

图 8-22

2. 将主视图画成剖视图，如图 8-23 所示。

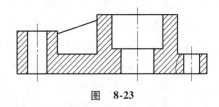

图 8-23

3. 画出下面零件的 A—A 主剖视图，如图 8-24 所示。

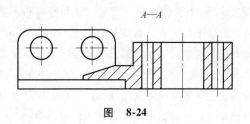

图 8-24

4. 补齐视图，如图 8-25 所示。

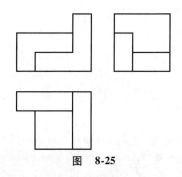

图 8-25

5. 画出的轴测图如图 8-26 所示。

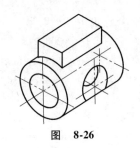

图 8-26

8.4.3 高级技师试题答案

8.4.3.1 填空题

1. 定位　2. 指令字　3. ∕　4. 降低　5. 等于　6. 伸出量　7. 配合公差　8. 游标尺　9. 管好、用好、保养好　10. 连续供油　11. 反向　12. 压力　13. 脉冲当量　14. 最大差值　15. 外圆表面　16. 无关　17. 公差　18. 基轴制　19. 局部　20. 旋转符号　21. 平行　22. 对称　23. 韧性　24. 冷却介质　25. 黑心　26. 高速　27. 45　28. 黑色金属　29. 3D 打印　30. 0.5　31. 滚动轴承钢　32. 相电压　33. 对称　34. 电气控制　35. 故障维修　36. 撤销　37. 切线　38. G28　39. G83　40. 0°　41. 焊接内应力　42. 顺铣　43. 前角　44. 完　45. 球头刀　46. 全合成　47. 比热容　48. 活性剂　49. 1%　50. 最高管理者　51. 旋转式　52. 输出转矩　53. 静刚度　54. $n = 1000v_c/(\pi d)$　55. 前宽后窄　56. 机械离合器　57. ≤30°　58. 切削深度　59. 液压　60. 水　61. 极压润滑　62. 工艺文件　63. 加工总余量　64. 测量精度　65. 形状精度　66. 工序余量

67. 尺寸误差 68. 位置误差 69. 运动 70. 5°
71. 可编程控制器 72. 周铣和端铣 73. 延长
74. 刚性 75. 容屑性 76. φ30mm 77. 断屑
78. 切 79. 成型 80. 正确的位置 81. 自位支承
82. 六点定位 83. 工序基准 84. 装配基准 85. 0
86. G02 87. G41 88. G41 89. G91 90. G80
91. 整 92. G16 93. R点标准 94. 子程序 95. G04
96. 手动 97. G13 98. 过盈配合 99. 固定循环
100. G30 X0

8.4.3.2 选择题

1. D 2. C 3. B 4. B 5. D 6. C 7. B
8. C 9. A 10. D 11. B 12. C 13. C 14. A
15. A 16. C 17. D 18. A 19. D 20. D 21. C
22. B 23. D 24. B 25. A 26. D 27. D 28. C
29. D 30. D 31. D 32. C 33. B 34. B 35. A
36. A 37. C 38. D 39. B 40. A 41. D 42. C
43. A 44. C 45. D 46. C 47. C 48. C 49. A
50. B 51. ABC 52. BD 53. AC 54. ABD
55. ABC 56. ABC 57. ABCD 58. AC 59. ACD
60. BCD 61. BC 62. AD 63. CD 64. AC 65. BD
66. BC 67. AC 68. ABD 69. ABCD 70. ABD
71. ABD 72. ACD 73. BC 74. ABD 75. BCD
76. ABCD 77. BD 78. ABCD 79. ABCD
80. ABCD 81. ABCD 82. CD 83. ABCD
84. ACD 85. BCD 86. ABCD 87. ABD 88. AB
89. ABCD 90. ABCD 91. ABCD 92. BC
93. BD 94. ABC 95. BCD 96. ACD 97. AD
98. ABC 99. ABCD 100. ACD

8.4.3.3 判断题

1. × 2. √ 3. × 4. × 5. √ 6. √ 7. ×
8. × 9. √ 10. √ 11. × 12. √ 13. × 14. ×
15. × 16. × 17. × 18. √ 19. √ 20. ×
21. × 22. √ 23. × 24. × 25. × 26. √
27. × 28. × 29. × 30. × 31. × 32. ×
33. √ 34. √ 35. √ 36. × 37. × 38. √
39. √ 40. √ 41. √ 42. √ 43. × 44. √
45. × 46. √ 47. √ 48. √ 49. √ 50. ×
51. × 52. √ 53. √ 54. √ 55. × 56. ×
57. × 58. √ 59. √ 60. × 61. √ 62. ×
63. √ 64. × 65. × 66. √ 67. √ 68. ×
69. √ 70. × 71. √ 72. √ 73. × 74. ×
75. √ 76. √ 77. √ 78. √ 79. √ 80. ×
81. √ 82. √ 83. √ 84. √ 85. × 86. √
87. √ 88. √ 89. √ 90. √ 91. √ 92. √
93. × 94. × 95. √ 96. √ 97. √ 98. √
99. √ 100. √

8.4.3.4 简答题

1. 答：工件坐标系是编程人员在编程时，以工件图上的某一固定点为原点所建立的坐标系，编程尺寸都按工件坐标系中的尺寸确定。

2. 答：闭环数控系统是指进给驱动系统的最后执行元件上有反馈测量，并通过反馈量来调整进给运动的系统。半闭环数控系统是指进给驱动系统有反馈环节，但反馈量是从传动中间环节上取信息的系统。

3. 答：适用于一些加工比较困难、形状比较复杂的零件及模具，如曲面加工；适用普通铣床难于达到的高精度零件的加工；适于小批量、多品种零件的加工。

4. 答：零件图上的尺寸标注应便于编程；分析零件的变形情况，保证获得要求的加工精度；尽量统一零件轮廓内圆弧的有关尺寸；保证基准统一原则。

5. 答：导向精度高、耐磨性能好、有足够的刚度、低速运动平稳性好、结构简单、工艺性好。

6. 答：配合尺寸，加工面尺寸，加工面位置尺寸，定位件位置尺寸，夹具的长、宽和高等总体尺寸。

7. 答：定位点多于应限制的自由度数，说明实际上有些定位点重复限制了同一个自由度，这样的定位称为重复定位。

8. 答：由于工件定位造成的加工面相对其工序基准的位置误差，称作定位误差。

9. 答：精度高、刚度好、寿命长、尺寸稳定、安装调整方便等。

10. 答：由于刀具总有一定的半径或刀尖部分

有一定的圆弧半径，因此在零件轮廓加工过程中刀位点的运动轨迹并不是零件的实际轮廓，刀位点必须偏移零件轮廓一个刀具半径的距离，这种偏移称为刀具半径补偿。

11. 答：积屑瘤可保护刀尖，增大实际前角；使工件的加工精度和表面下降；机床所受切削力变化不定。

12. 答：分析零件图样→确定工艺过程→设计工装夹具→数值计算→编写输入→程序输入→校对检查程序→首件试切。

13. 答：三轴联动是指铣床的三个坐标可同时运动。两轴半联动是指三轴铣床中两根轴组合可以同时动作。三轴联动的机床可以加工空间任意曲面，而二轴半机床只能加工平面曲线。

14. 答：在连续轮廓加工过程中，由于刀具总有一定的半径，而机床的运动轨迹是刀具的中心轨迹，为了要得到符合要求的轮廓尺寸，在进行加工时必须使刀具偏离加工轮廓一个半径的距离，以简化编程。

15. 答：对刀点是指数控加工时，刀具相对于工件运动的起点。对刀点选取合理，可便于数学处理和编程，在机床上容易找正，在加工过程中也便于检查，还可减小加工误差。

16. 答：各成型运动本身的精度、各成型运动之间相互关系的精度、各成型运动之间的速度关系的精度、成型刀具的制造和安装精度。

17. 答：通用夹具、专用夹具、通用可调夹具、成组夹具、组合夹具等。

18. 答：可由预先制造好的标准组合夹具元件或合件，根据加工零件的不同工序要求进行组装。

19. 答：夹紧机构是接收和传递原始作用力，使其变为夹紧力并执行夹紧任务的机构。

20. 答：高的硬度和耐磨性、足够的强度和韧性、良好的耐热性和导热性、小的膨胀系数、较好的工艺性。

21. 答：在切削过程中，刀具磨损到一定程度，切削刃崩刀、破损、卷刀（塑变），使刀具丧失切削能力或无法保障加工质量，称为刀具失效。

22. 答：在满足各个部位加工要求的前提下，尽量减小刀具长度，以提高工艺系统刚性。

23. 答：普通麻花钻的切削部分可看作为两把镗刀，它由两个前刀面、两个后刀面、两个副刀面、两个主切削刃、两个副切削刃和一个横刃组成。

24. 答：加工的材料硬度较高，进给速度应较慢；加工一般材料时，选择主轴转速必须适度，因为速度太快或太慢均会造成丝锥夹头损坏或破裂。

25. 答：优点是加工质量高，生产率高；缺点是不能找正原有孔的轴线歪斜或位置偏差，刀具成本比单刃镗刀高。

26. 答：铰孔余量的大小直接影响孔的质量。余量太小，往往不能将上道工序所留下的加工痕迹全部铰去；余量太大，会使孔的精度降低，表面粗糙度值变大。

27. 答：切削力大、切削温度高、没有采取热处理措施消除内应力。

28. 答：喷雾冷却法是利用压缩空气使切削液雾化，并高速喷向切削区，当微小的液滴碰到灼热的刀具时，切削液便很快气化，带走大量的热，从而有效地降低切削温度。

29. 答：油性添加剂、极压添加剂、防锈添加剂、防霉添加剂、抗泡沫添加剂及乳化添加剂等。

30. 答：机床的数控系统，根据给定曲线的数学模型，在理想的轨迹或轮廓上的起点与终点之间计算出若干个中间点的坐标值，这一数据的密化工作称为插补。插补分直线插补和圆弧插补。

8.4.3.5 计算题

1. 答：孔的最大尺寸为 125.05mm，公差为 0.05mm-(-0.2)mm = 0.25mm。轴的最小尺寸为 124.95mm，最大间隙量=孔的最大尺寸-轴的最小尺寸=125.05mm-124.95mm=0.1mm。

2. 答：$v_f = nf_z z$ = 4000r/min × 0.15mm/z × 3z = 1800mm/min。

层数 = 32mm/3mm = 11。

周长 = 3.14×(80+5)mm+2×(140-80+5)mm+

（80×2+5+5）mm=567.036mm。

实际最短切削时间 $t=560.03\text{mm}\times11/1800\text{mm/min}=3.465\text{min}$。

3. 答：计算示意图如图8-27所示。球头铣刀接触点的直径 $D_e=\sqrt{D_c^2-(D_c-2a_p)^2}=6\text{mm}$。

因为 $n=v_c\times1000/(\pi D_e)$，所以 $v_c=\pi D_e n/1000=3.14\times6\times1000/1000\text{m/min}=18.84\text{m/min}$。

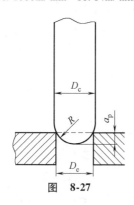

图 8-27

4. 答：（1）尺寸链图如图8-28所示。

图 8-28　尺寸链图

（2）图8-28中，$A_0=15_{-0.36}^{0}\text{mm}$ 为尺寸链的封闭环，$A_2=60_{-0.17}^{0}\text{mm}$ 为增环，A_1 为减环。

（3）由于 $A_{0\max}=A_{2\max}-A_{1\min}$，故 $A_{1\min}=A_{2\max}-A_{0\max}=60\text{mm}-15\text{mm}=45\text{mm}$。

由于 $A_{0\min}=A_{2\min}-A_{1\max}$，故 $A_{1\max}=A_{2\min}-A_{0\min}=59.83\text{mm}-14.64\text{mm}=45.19\text{mm}$。

所以 A_1 的上极限尺寸为45.19mm，A_1 的下极限尺寸为45mm。

5. 答：输出端转速=1440（r/min）/40=36r/min，最大输出转矩=P/ω=7500/（2π×36）N·m=33.174N·m。

6. 答：$n=1000v/(\pi D)=1000\times25/(3.14\times80)$r/min=99r/min。

7. 答：$f_z=F/(SZ_n)=800/(2000\times4)\text{mm}=0.1\text{mm}$。

8. 答：由程序可知I，J为圆心坐标值。

所以 $X=86.603\text{mm}-0\text{mm}=86.603\text{mm}$，$Y=100\text{mm}-50\text{mm}=50\text{mm}$

9. 答：$i_{12}=Z_2/Z_1=64/21=3.047$。

$a=(Z_1+Z_2)m/2=85\times3/2\text{mm}=127.5\text{mm}$

10. 答：（1）$v_c=\pi Dn/1000=3.14\times125\times600/1000\text{m/min}=235.5\text{m/min}$。

（2）金属切除率 $Q=3\times125\times0.15\times5\times600/1000\text{cm}^3/\text{min}=168.75\text{cm}^3/\text{min}$。

（3）$P=Q/20=168.75/20\text{kW}=8.44\text{kW}$，估算切削功率在8.44kW左右。

8.4.3.6　论述题

1. 答：（1）刀具交换时掉刀，故障分析步骤。

1）检查机械手：把机械手停止在垂直极限位置。检查机械手手臂上的两个卡爪及支持卡爪的弹簧等附件，检查机械手夹持刀具是否紧固。

2）检查刀具夹持情况：检查主轴内孔中碟簧是否有损坏，对刀具夹持是否紧固，是否出现刀装不到位。

3）检查换刀程序：编辑一个自动换刀反复执行程序，并运行此程序，以便于找到掉刀的真正原因。

例如：在机械手没有到位的情况下，主轴上的刀具松开，机械手没有抓住刀，从而出现掉刀现象，说明机械手到位磁感应开关误动作。若更换开关，故障现象仍然存在。应查看PLC梯形图。

（2）刀具交换时掉刀的原因。

1）换刀时主轴箱没有回到换刀点。

解决办法：重新操作主轴箱运动，使其回到换刀点位置。

2）换刀点漂移。

解决办法：重新设定换刀点。

3）机械手抓刀时没有到位，就开始拔刀。

解决办法：调整机械手手臂，使手臂爪抓紧刀柄再拔刀。

2. 答：切削精度是一项综合精度，它不仅反映了机床的几何精度和定位精度，同时还包括了试件的材料、环境温度、刀具性能，以及切削条件等各种因素造成的误差，所以在切削和试件的设计时应尽量减少这些因素的影响。

切削精度检验一般分为单项加工精度检查和加工一个综合性试件检查两种，其中均包括试件材料、刀具、切削用量的选择。检查的主要内容有：

1）镗深孔：检查孔的圆度和圆柱度是否在允许误差范围内。

2）面铣刀铣平面：检查平面度。

3）面铣刀铣侧面精度：检查各侧面之间的垂直度和平行度。

4）镗孔孔距精度：镗铣正方形分布的四个孔，分别检查 X 方向、Y 方向及对角线方向的孔距偏差，以及单孔的孔径偏差。

5）立铣刀铣削四周面精度：检查各侧面的直线精度、平面之间的平行度及垂直度、平面的轮廓度。

6）两轴联动铣削直线精度：检查直线的直线度、平行度、直线之间的垂直度。

7）立铣刀铣削圆弧精度：检查圆弧精度。

3. 答：(1) 几何精度检查：工作台面的平面度；各坐标方向移动的相互垂直度；X、Y 方向移动时，工作台面的各平行度；X 方向移动时，工作台面 T 形槽侧面的平行度；主轴孔的径向圆跳动和主轴的轴向窜动；主轴箱沿 Z 方向移动时，主轴轴心线的平行度等。

(2) 定位精度检查：各直线运动轴和旋转轴的定位精度和重复定位精度；各直线运动轴和旋转轴参考点的返回精度；各直线运动轴和旋转轴的反向误差。

(3) 切削精度检查：镗孔尺寸精度及孔距精度；镗孔的形状及位置精度；面铣刀铣平面的精度；侧面铣刀铣侧面的直线精度；侧面铣刀铣侧面的圆度精度等。

4. 答：数控机床坐标系采用右手直角笛卡儿坐标系，Z 轴为主轴或平行机床主轴的坐标轴，如果机床有一系列的主轴，则尽可能的选垂直于工件装夹面的主要轴为 Z 轴。Z 轴的正方向定义为使刀具远离工件的方向。X 轴是在工件装夹平面内的轴，一般是水平轴。它垂直于 Z 轴，站在工作台的正面看，优先选择向右方向为正方向。

5. 答：定位指工件在机床或夹具里占据一正确位置，以保证加工表面与定位面之间的位置精度。选择基准与夹具一起来限制工件的自由度。夹紧是在工件定位后把工件固定在机床上或夹具里，给工件施加足够的压力，防止工件运动。夹紧会破坏已确定了的定位，并承担切削力。定位与夹紧是工件安装不可缺少的两个部分。

6. 答：(1) 双坐标计数法。将两坐标方向进给的步数之和，预先置入计数器 J 中，每进给一步，则 J-1，当 J-1=0 时，表明动点到达运动终点，该段曲线插补结束。此种方法多用于国内的数控机床。

(2) 单坐标计数法。将某一坐标方向进给的步数，预先置入计数器 J 中，每进给一步，则 J-1，当 J-1=0 时，表明动点到达运动终点，该段曲线插补结束。此种方法多用于国内的数控线切割机床中。

7. 答：(1) 逐点比较法的插补方法中，圆弧插补时，当圆弧终点靠近 Y 轴，计数方向则取 GX，即把该曲线插补过程中沿 X 轴的插补步数置入计数器 J 中；反之，若圆弧终点靠近 X 轴，计数方向则取 GY，即把该曲线插补过程中沿 Y 轴的插补步数置入计数器 J 中。

(2) 逐点比较法的插补方法中，直线插补的终点靠近 Y 轴时取 GY，反之取 GX。同时应把相应坐标轴的插补步数置入计数器 J 中。

8. 答：全面了解测绘对象，分析弄清零件的名称、用途。鉴定零件的材料、热处理和表面处理情况，分析零件结构形状和各部分的作用，有无磨损和缺陷，了解零件的制造工艺过程等。徒手绘制零件草图，在对零件结构认真分析的基础上，根据零件表达的选择原则，确定最佳表达方案。徒手画出零件草图，并在草图上注全尺寸和技术要求。根据零件草图，经过认真检查校对，绘制出零件工作图，用以指导零件制造。

9. 答：丝锥夹头的结构可分为三部分，即锥柄、夹头柄部及丝锥夹套。锥柄有莫氏锥柄和 7∶24 锥柄两种。柄部内装有机械离合器（指扭矩保护丝锥夹头），外面装有扭矩调整套。夹头柄部同时装有固定丝锥夹套用的滑套钢球，使用时将丝锥装入到丝锥夹套中，然后再将丝锥夹套装入到夹头柄部的滑套中，再将丝锥夹头装入到机床主轴中，通过转矩调整套调整好所需的转矩后即可进行螺纹孔的加工。当丝锥在切削过程中承受的转矩过大时，夹头柄部内的机械离合器就自动打滑，以保护丝锥和工件，或提示操作者该螺纹孔加工完毕。

10. 答：由于定位基准本身的尺寸和几何形状误差，以及定位基准与定位元件之间的间隙，所引起的同批工件定位基准沿加工尺寸方向的最大位移，称为定位基准位移误差，以 Y 表示。由于工序基准与定位基准不重合所引起的同批工件尺寸相对工序基准产生的偏移，称为基准不重合误差，以 B 表示。这两类误差之和即为定位误差，以 D 表示，其计算公式为 $D=Y+B$。

8.4.3.7 绘图题

1. 答：如图 8-29 所示。

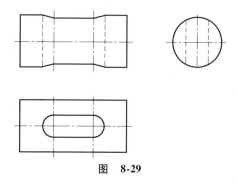

图 8-29

2. 答：如图 8-30 所示。

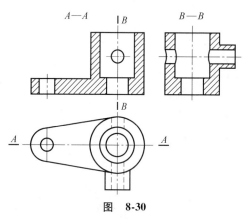

图 8-30

3. 答：如图 8-31 所示。

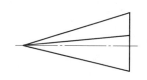

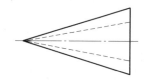

图 8-31

4. 答：如图 8-32 所示。

图 8-32

5. 答：如图 8-33 所示。

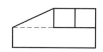

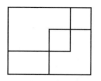

图 8-33

8.5 技能实操试题

8.5.1 高级工实操试题

数控加工中心高级工操作技能考核试卷（A）

(1) 本题分值：100分。

(2) 考核时间：根据每道试题的考核工时。

(3) 具体考核要求：根据图样要求进行试件加工。

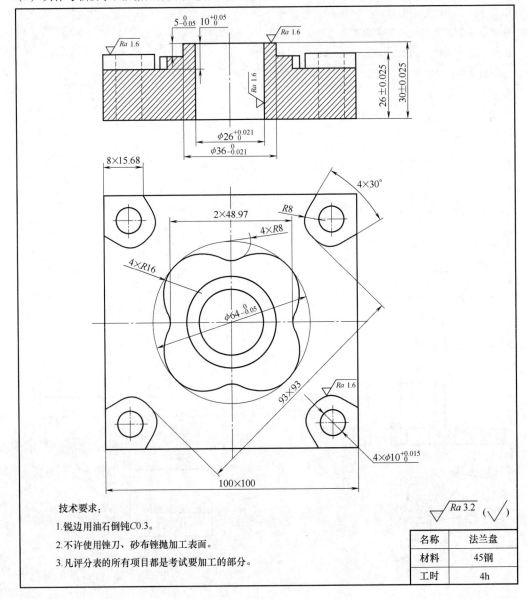

数控加工中心高级工操作技能考核评分记录表

序号	项目	内容及要求	评分标准	配分	检测结果	得分	备注
1	外形	厚度 30±0.025mm	每超 0.01mm 扣 1 分	4			
		长度 100±0.04mm	每超 0.1mm 扣 1 分	2			
		宽度 100±0.04mm	每超 0.1mm 扣 1 分	2			
2	花形凸台	宽度 4×R8mm	每超 0.1mm 扣 1 分	4			
3		高度 25mm	每超 0.1mm 扣 1 分	2			
4		顶面 $Ra1.6\mu m$	每降 1 级扣 1 分	2			
5		定位尺寸 2×80±0.02mm	超差 0.1mm 不得分	2			
6	圆柱	$\phi 36_{-0.021}^{0}$ mm	超差不得分	4			
7		深度 $5_{-0.05}^{0}$ mm	每超 0.01mm 扣 1 分	4			
8		$Ra3.2\mu m$	每降 1 级扣 1 分	4			
9	孔	$\phi 26_{0}^{+0.021}$ mm	每超 0.01mm 扣 1 分	8			
10		$Ra1.6\mu m$	每降 1 级扣 1 分	3			
11	四角轮廓凸台	圆弧过渡,R8(8 处)	有明显接痕每处扣 1 分	8			
12		顶面 $Ra1.6\mu m$	每降 1 级扣 1 分	4			
13		高度 26±0.025mm	每超 0.01mm 扣 1 分	4			
14		8×R8mm	每超 0.1mm 扣 0.5 分	2			
15		4×30°	每超 0.1° 扣 1 分	2			
16	销孔	$4\times\phi 10_{0}^{+0.015}$ mm	每个孔 3 分,超差不得分	12			
17		94±0.04mm	每超 0.1mm 扣 1 分	4			
18		空位置 80mm×80mm	每超 0.1mm 扣 1 分	4			
19		孔口倒角	每个孔 1 分	4			
20	安全文明生产	1. 遵守机床安全操作规程 2. 设备保养、场地清洁	酌情扣 1~5 分	5			
21	工艺合理	1. 工件定位、加紧及刀具选择合理 2. 加工顺序及刀具轨迹路线合理	酌情扣 1~5 分	5			
22	程序编制	1. 数值计算正确,程序编写表现出一定的技巧,简化计算及加工程序 2. 切削参数、坐标系选择正确、合理	酌情扣 1~5 分	5			
23	其他项目	发生重大事故(人身和设备安全事故)、严重违反工艺原则和情节严重的野蛮操作等,由主考老师决定取消考试资格					
		总分					

考试时间:考试时间 4h,到点交考件,不延时

考生:　　　　　　　考评人员:

检测人员:　　　　　核分人员:

数控加工中心高级工操作技能考核工、量具、材料准备清单

序号	类别	名称	型号	数量	备注
1	刀具	立铣刀	$\phi 8mm$、$\phi 10mm$、$\phi 14mm$	各1	
2	刀具	铰刀	$\phi 10H7$	各1	
3	刀具	中心钻	A3.15/10 B6078-85	1	
4	刀具	钻头	$\phi 9.8mm$、$\phi 14mm$	各1	
5	量具	游标卡尺	0.02mm,0~125mm	1	
6	量具	深度尺	0.02mm,0~125mm	1	
7	量具	百分表及磁力表座	0.01mm,10mm	1	
8	量具	内径千分表	测量 $\phi 22$~$\phi 30mm$ 孔	1	
9	量具	千分尺	0~25mm	1	
10	量具	千分尺	25~50mm	1	
11	工具	机用平口钳	—	1	
12	工具	弹簧夹套	$\phi 8mm$、$\phi 10mm$、$\phi 14mm$	各1	
13	工具	钻夹头	—	1	
14	工具	整形锉	—	1套	
15	工具	锤子	—	1把	
16	工具	活扳手	250mm	1把	
17	工具	螺钉旋具	一字形,150mm	1把	
18	工具	毛刷	50mm	1把	
19	工具	棉纱	—	若干	

数控加工中心高级工操作技能考核卷备料图

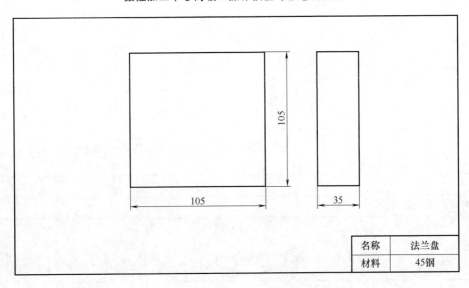

名称	法兰盘
材料	45钢

数控加工中心高级工操作技能考核试卷（B）

（1）本题分值：100分。
（2）考核时间：根据每道试题的考核工时。
（3）具体考核要求：根据图样要求进行试件加工。

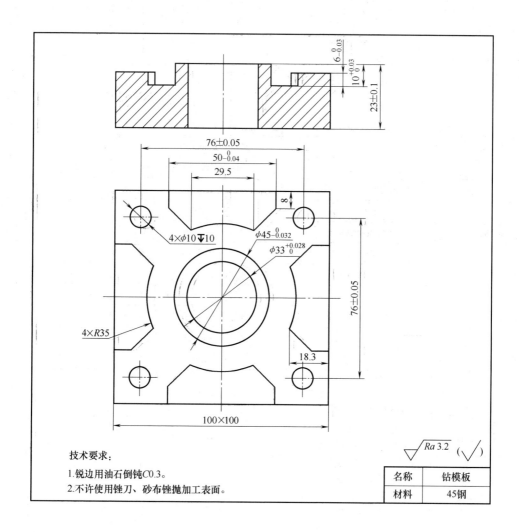

技术要求：
1. 锐边用油石倒钝C0.3。
2. 不许使用锉刀、砂布锉抛加工表面。

数控加工中心高级工操作技能考核评分记录表

序号	项目	内容及要求	评分标准	配分	检测结果	得分	备注
1	外形	厚度 23±0.1mm	每超 0.01mm 扣 1 分	4			
		长度 100mm	每超 0.1mm 扣 1 分	2			
		宽度 100mm	每超 0.1mm 扣 1 分	2			
2	凹槽	宽度 4×R35mm	每超 0.1mm 扣 1 分	4			
3		高度 $6_{-0.03}^{0}$ mm	每超 0.01mm 扣 1 分	5			
4		底面 $Ra1.6\mu m$	每降 1 级扣 1 分	3			
5		定位尺寸 4×18.3mm	超差 0.1mm 不得分	4			
6	圆柱	$\phi45_{-0.032}^{0}$ mm	每超 0.01mm 扣 1 分	4			
7		高度 $10_{0}^{+0.03}$ mm	每超 0.01mm 扣 1 分	4			
8		$Ra3.2\mu m$	每降 1 级扣 1 分	2			
9	孔	$\phi33_{0}^{+0.028}$ mm	每超 0.01mm 扣 1 分	4			
10		$Ra1.6\mu m$	每降 1 级扣 1 分	3			
11	凸台	圆弧宽度 $50_{-0.04}^{0}$(4 处)	每处 2 分	8			
12		顶面 $Ra1.6\mu m$	每降 1 级扣 1 分	4			
13		凸台顶面倒角 C1	每处 1 分	4			
14		8×8mm	每处 1 分	8			
15		4×29.5mm	每处 1 分	4			
16	销孔	4×ϕ10mm	每个孔 1 分,超差不得分	4			
17		2×76±0.05mm	每超 0.01mm 扣 1 分	6			
18		孔深 10mm	每超 0.1mm 扣 1 分	2			
19		孔口倒角	每个孔 1 分	4			
20	安全文明生产	1. 遵守机床安全操作规程 2. 刀具、工具、量具放置规范 3. 设备保养、场地清洁	酌情扣 1~5 分	5			
21	工艺合理	1. 工件定位、加紧及刀具选择合理 2. 加工顺序及刀具轨迹路线合理	酌情扣 1~5 分	5			
22	程序编制	1. 指令正确,程序完整 2. 数值计算正确、程序编写表现出一定的技巧,简化计算及加工程序 3. 刀具补偿功能运用正确、合理 4. 切削参数、坐标系选择正确、合理	酌情扣 1~5 分	5			
23	其他项目	发生重大事故(人身和设备安全事故)、严重违反工艺原则和情节严重的野蛮操作等,由主考老师决定取消考试资格					
		总分					

考试时间:考试时间 4h,到点交考件,不延时

考生: 考评人员:

检测人员: 核分人员:

数控加工中心高级工操作技能考核工、量具、材料准备清单

序号	类别	名称	型号	数量	备注
1	刀具	立铣刀	φ8mm、φ10mm、φ14mm	各1	
2		球头刀	φ10mm、φ14mm	各1	
3		中心钻	A3.15/10 B6078-85	1	
4		铰刀	φ10H7	1	
5		钻头	φ10mm、φ14mm	各1	
6	量具	游标卡尺	0.02mm,0~125mm	1	
7		深度尺	0.02mm,0~125mm	1	
8		百分表及磁力表座	0.01mm,10mm	1	
9		内径千分表	测量φ22~φ30mm 孔	1	
10		千分尺	0~25mm	1	
11		千分尺	25~50mm	1	
12	工具	机用平口钳	—	1	
13		弹簧夹套	φ8mm、φ10mm、φ14mm	各1	
14		钻夹头	—	1	
15		整形锉	—	1套	
16		锤子	—	1把	
17		活扳手	250mm	1把	
18		螺钉旋具	一字形,150mm	1把	
19		毛刷	50mm	1把	

数控加工中心高级工操作技能考核卷备料图

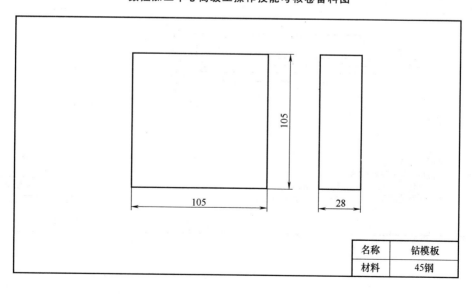

数控加工中心高级工操作技能考核试卷（C）

（1）本题分值：100分。

（2）考核时间：根据每道试题的考核工时。

（3）具体考核要求：根据图样要求进行试件加工。

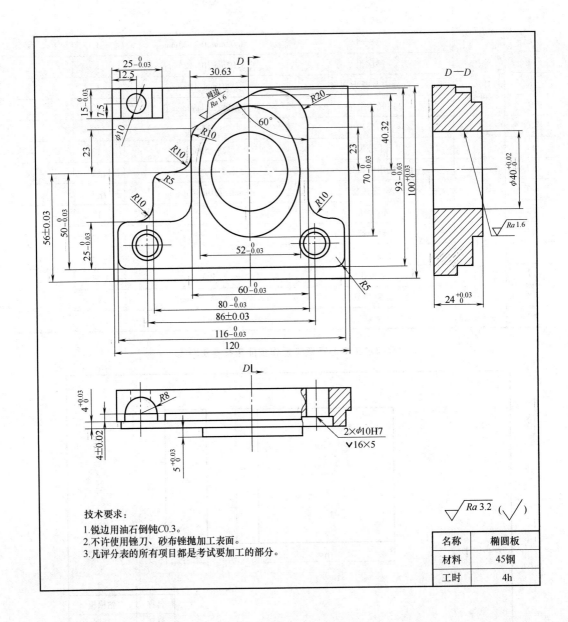

数控加工中心高级工操作技能考核评分记录表

序号	项目	内容及要求	评分标准	配分	检测结果	得分	备注
1	外形	厚度 $24_0^{+0.03}$mm	每超0.01mm扣1分	5			
		长度 120mm	每超0.1mm扣1分	2			
		宽度 $100_0^{+0.03}$mm	每超0.1mm扣1分	4			
2	凹槽	宽度 R8mm	每超0.1mm扣1分	2			
3		高度 4±0.02mm	每超0.01mm扣1分	3			
4		宽度 $15_{-0.03}^{0}$mm	每超0.01mm扣1分	3			
5		长度 $25_{-0.03}^{0}$mm	每超0.01mm扣1分	3			
6	椭圆	长度 $52_{-0.03}^{0}$mm	每超0.01mm扣1分	5			
7		宽度 $70_{-0.03}^{0}$mm	每超0.01mm扣1分	5			
8		高度 $5_0^{+0.03}$mm	每超0.01mm扣1分	5			
9	孔	$\phi40_0^{+0.02}$mm	每超0.01mm扣1分	4			
10		$Ra1.6\mu m$	每降1级扣1分	3			
11	凸台	宽度 $60_{-0.03}^{0}$mm	每超0.01mm扣1分	4			
12		宽度 $93_{-0.03}^{0}$mm	每超0.01mm扣1分	4			
13		宽度 $116_{-0.03}^{0}$mm	每超0.01mm扣1分	4			
14		宽度 $80_{-0.03}^{0}$mm	每超0.01mm扣1分	4			
15		宽度 $50_{-0.03}^{0}$mm	每超0.01mm扣1分	4			
16	销孔	3×ϕ10H7	每个孔3分,超差不得分	12			
17		86±0.03mm	每超0.01mm扣1分	3			
18		孔深 2×5mm	每超0.1mm扣1分	4			
19		孔口倒角	每个孔1分	2			
20	安全文明生产	1. 遵守机床安全操作规程 2. 刀具、工具、量具放置规范 3. 设备保养、场地清洁	酌情扣1~5分	5			
21	工艺合理	1. 工件定位、加紧及刀具选择合理 2. 加工顺序及刀具轨迹路线合理	酌情扣1~5分	5			
22	程序编制	1. 指令正确,程序完整 2. 数值计算正确、程序编写表现出一定的技巧,简化计算及加工程序 3. 刀具补偿功能运用正确、合理 4. 切削参数、坐标系选择正确、合理	酌情扣1~5分	5			
23	其他项目	发生重大事故(人身和设备安全事故)、严重违反工艺原则和情节严重的野蛮操作等,由主考老师决定取消考试资格					
	总分						

考试时间:考试时间4h,到点交考件,不延时

考生:　　　　　　　　考评人员:

检测人员:　　　　　　核分人员:

数控加工中心高级工操作技能考核工、量具、材料准备清单

序号	类别	名称	型号	数量	备注
1	刀具	立铣刀	φ8mm、φ10mm、φ14mm	各1	
2		球头刀	φ10mm、φ14mm	各1	
3		中心钻	A3.15/10 B6078-85	1	
4		铰刀	φ10H7	1	
5		钻头	φ10mm、φ14mm	各1	
6	量具	游标卡尺	0.02mm,0~125mm	1	
7		深度尺	0.02mm,0~125mm	1	
8		百分表及磁力表座	0.01mm,10mm	1	
9		内径千分表	测量φ22~φ30mm孔	1	
10		千分尺	0~25mm	1	
11		千分尺	25~50mm	1	
12	工具	机用平口钳	—	1	
13		弹簧夹套	φ8mm、φ10mm、φ14mm	各1	
14		钻夹头		1	
15		整形锉	—	1套	
16		锤子	—	1把	
17		活扳手	250mm	1把	
18		螺钉旋具	一字形,150mm	1把	
19		毛刷	50mm	1把	

数控加工中心高级工操作技能考核卷备料图

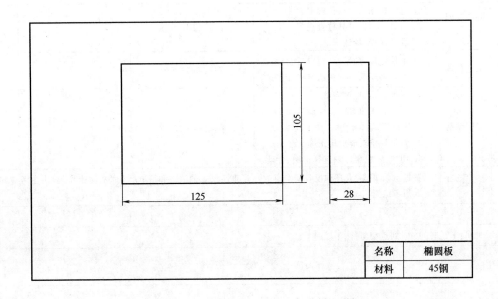

8.5.2 技师实操试题

数控加工中心技师操作技能考核试卷（A）

(1) 本题分值：100分。
(2) 考核时间：根据每道试题的考核工时。
(3) 具体考核要求：根据图样要求进行试件加工。

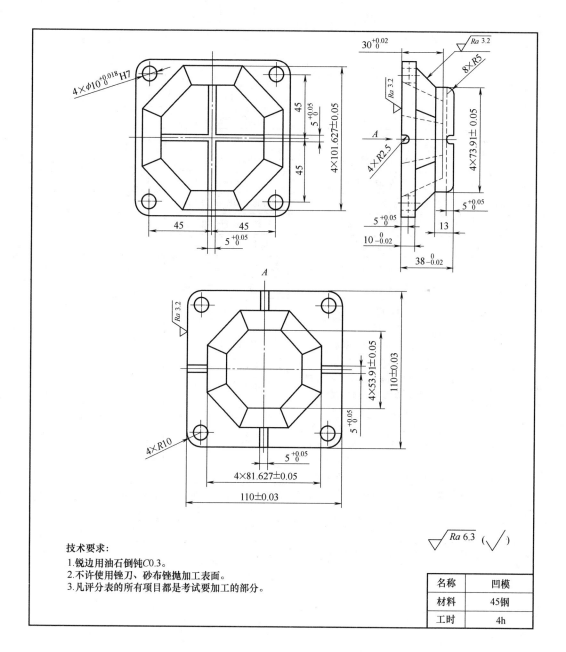

技术要求：
1. 锐边用油石倒钝C0.3。
2. 不许使用锉刀、砂布锉抛加工表面。
3. 凡评分表的所有项目都是考试要加工的部分。

名称	凹模
材料	45钢
工时	4h

数控加工中心技师操作技能考核评分记录表

序号	项目	内容及要求	评分标准	配分	检测结果	得分	备注
1	外形	厚度 $38_{-0.02}^{0}$ mm	每超 0.01mm 扣 1 分	5			
		长度 110±0.03mm	每超 0.1mm 扣 1 分	2			
		宽度 110±0.03mm	每超 0.1mm 扣 1 分	2			
2	十字凹槽	宽度 $4\times5_{0}^{+0.05}$ mm	超差没分,每处 2 分	8			
3		深度 $4\times5_{0}^{+0.05}$ mm	超差没分,每处 2 分	8			
4		8×R2.5mm	超差没分,每处 1 分	4			
5		$Ra3.2\mu m$	超差没分,每处 1 分	4			
6	外八方	4×73.91±0.05mm	每超 0.01mm 扣 1 分	4			
7		8×R5mm	超差没分,每处 0.5 分	4			
8		4×101.627±0.05mm	每超 0.01mm 扣 1 分	4			
9		高度 13mm	每超 0.1mm 扣 1 分	2			
10	凹八方	深度 $30_{0}^{+0.02}$ mm	每超 0.01mm 扣 1 分	4			
11		凹槽斜面 $Ra3.2\mu m$	每降 1 级扣 1 分	2			
12		4×73.91±0.05mm	每超 0.01mm 扣 1 分	4			
13		4×81.627±0.05mm	每超 0.01mm 扣 1 分	4			
14	轮廓	高度尺寸 $10_{-0.02}^{0}$ mm	每超 0.01mm 扣 1 分	2			
15		4×R10mm	每超 0.1mm 扣 1 分	2			
16	销孔	4×φ10H7	每个孔 3 分,超差不得分	12			
17		4×45mm	每超 0.1mm 扣 1 分	4			
18		孔口倒角	每个孔 1 分	2			
19	安全文明生产	1. 遵守机床安全操作规程 2. 刀具、工具、量具放置规范 3. 设备保养、场地清洁	酌情扣 1~5 分	5			
20	工艺合理	1. 工件定位、加紧及刀具选择合理 2. 加工顺序及刀具轨迹路线合理	酌情扣 1~5 分	5			
21	程序编制	1. 指令正确,程序完整 2. 数值计算正确、程序编写表现出一定的技巧,简化计算及加工程序 3. 刀具补偿功能运用正确、合理 4. 切削参数、坐标系选择正确、合理	酌情扣 1~5 分	5			
22	其他项目	发生重大事故(人身和设备安全事故)、严重违反工艺原则和情节严重的野蛮操作等,由主考老师决定取消考试资格					
		总分					

考试时间:考试时间 4h,到点交考件,不延时

考生: 考评人员:

检测人员: 核分人员:

数控加工中心技师操作技能考核工、量具、材料准备清单

序号	类别	名称	型号	数量	备注
1	刀具	立铣刀	φ4mm、φ6mm、φ8mm、φ10mm、φ14mm	各1	
2		球头刀	φ4mm、φ6mm、φ8mm、φ10mm、φ14mm	各1	
3		中心钻	A3.15/10 B6078-85	1	
4		钻头	φ9.8mm、φ14mm	各1	
5		铰刀	φ10H7	1	
6	量具	游标卡尺	0.02mm,0~125mm	1	
7		深度尺	0.02mm,0~125mm	1	
8		百分表及磁力表座	0.01mm,10mm	1	
9		内径千分表	测量φ22~φ30孔	1	
10		千分尺	0~25mm、25~50mm、50~75mm	1	
11		千分尺	75~100mm、100~125mm	1	
12	工具	机用平口钳	—	1	
13		弹簧夹套	φ4mm、φ6mm、φ8mm、φ10mm、φ14mm	各1	
14		钻夹头	—	1	
15		整形锉		1套	
16		锤子	—	1把	
17		活扳手	250mm	1把	
18		螺钉旋具	一字形,150mm	1把	
19		毛刷	50mm	1把	

数控加工中心技师操作技能考核卷备料图

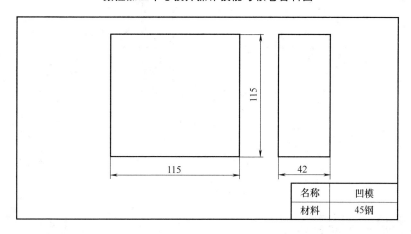

数控加工中心技师操作技能考核试卷（B）

（1）本题分值：100 分。

（2）考核时间：根据每道试题的考核工时。

（3）具体考核要求：根据图样要求进行试件加工。

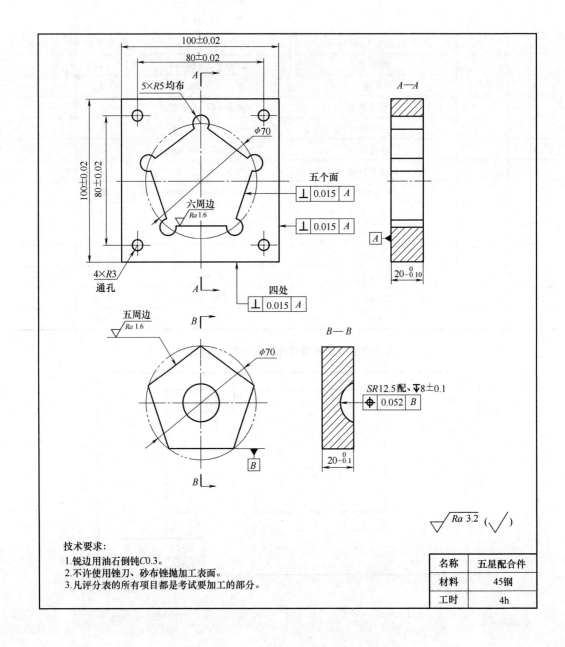

技术要求：
1. 锐边用油石倒钝C0.3。
2. 不许使用锉刀、砂布锉抛加工表面。
3. 凡评分表的所有项目都是考试要加工的部分。

名称	五星配合件
材料	45钢
工时	4h

数控加工中心技师操作技能考核评分记录表

序号	项目	内容及要求	评分标准	配分	检测结果	得分	备注
1	件1	外形	厚度 $20_{-0.10}^{0}$ mm	每超 0.1mm 扣 1 分	2		
			长度 100 ± 0.02 mm	每超 0.01mm 扣 1 分	2		
			宽度 100 ± 0.02 mm	每超 0.01mm 扣 1 分	2		
2		轮廓	$5\times R5$ mm	每超 0.1mm 扣 1 分	5		
3			$\phi70$ mm	每超 0.1mm 扣 1 分	4		
4			周边 $Ra1.6\mu m$(5 处)	每降 1 级扣 1 分	5		
5			垂直 0.015(9 处)	超差处不得分	9		
6		孔	$4\times80\pm0.02$ mm	每超 0.01mm 扣 1 分	8		
7			通孔 $4\times R3$ mm	每降 1 级扣 1 分	4		
8			孔内 $Ra3.2\mu m$	每降 1 级扣 1 分	4		
9	件2	五边形	$\phi70$ mm	每超 0.1mm 扣 1 分	2		
10			周边 $Ra1.6$(5 处)	每降 1 级扣 1 分	5		
11			$SR12.5$ mm,深 8 ± 0.1 mm	每超 0.1mm 扣 1 分	4		
12			$Ra3.2$(3 处)	每降 1 级扣 1 分	4		
13	配合		五边形单边配合间隙≤0.1mm	超差一处扣 2 分	10		
14			五边形翻面互换	超差一处扣 2 分	10		
15			$SR12.5$ 接触面积大于 50%	超差不得分	5		
16	安全文明生产		1. 遵守机床安全操作规程 2. 刀具、工具、量具放置规范 3. 设备保养、场地清洁	酌情扣 1~5 分	5		
17	工艺合理		1. 工件定位、加紧及刀具选择合理 2. 加工顺序及刀具轨迹路线合理	酌情扣 1~5 分	5		
18	程序编制		1. 指令正确,程序完整 2. 数值计算正确、程序编写表现出一定的技巧,简化计算及加工程序 3. 刀具补偿功能运用正确、合理 4. 切削参数、坐标系选择正确、合理	酌情扣 1~5 分	5		
19	其他项目		发生重大事故(人身和设备安全事故)、严重违反工艺原则和情节严重的野蛮操作等,由主考老师决定取消考试资格				
			总分				

考试时间:考试时间 4h,到点交考件,不延时

考生:　　　　　　考评人员:

检测人员:　　　　核分人员:

数控加工中心技师操作技能考核工、量具、材料准备清单

序号	类别	名称	型号	数量	备注
1	刀具	立铣刀	φ4mm、φ6mm、φ8mm、φ10mm、φ14mm	各1	
2		球头刀	φ4mm、φ6mm、φ8mm、φ10mm、φ14mm	各1	
3		中心钻	A3.15/10 B6078-85	1	
4		钻头	φ6mm、φ10mm	各1	
5		铰刀	φ6H7	1	
6	量具	游标卡尺	0.02mm,0~150mm	1	
7		深度尺	0.02mm,0~150mm	1	
8		百分表及磁力表座	0.01mm,10mm	1	
9		内径千分表	测量φ22~φ30mm 孔	1	
10		千分尺	0~25mm、25~50mm、50~75mm	1	
11		千分尺	75~100mm、100~125mm	1	
12	工具	机用平口钳	—	1	
13		弹簧夹套	φ4mm、φ6mm、φ8mm、φ10mm、φ14mm	各1	
14		钻夹头	—	1	
15		整形锉	—	1套	
16		锤子	—	1把	
17		活扳手	250mm	1把	
18		螺钉旋具	一字形,150mm	1把	
19		毛刷	50mm	1把	

数控加工中心技师操作技能考核卷备料图

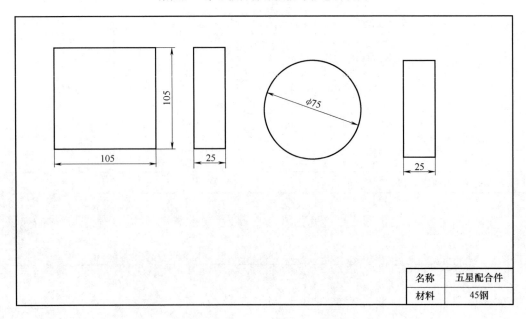

名称：五星配合件
材料：45钢

数控加工中心技师操作技能考核试卷（C）

（1）本题分值：100 分。
（2）考核时间：根据每道试题的考核工时。
（3）具体考核要求：根据图样要求进行试件加工。

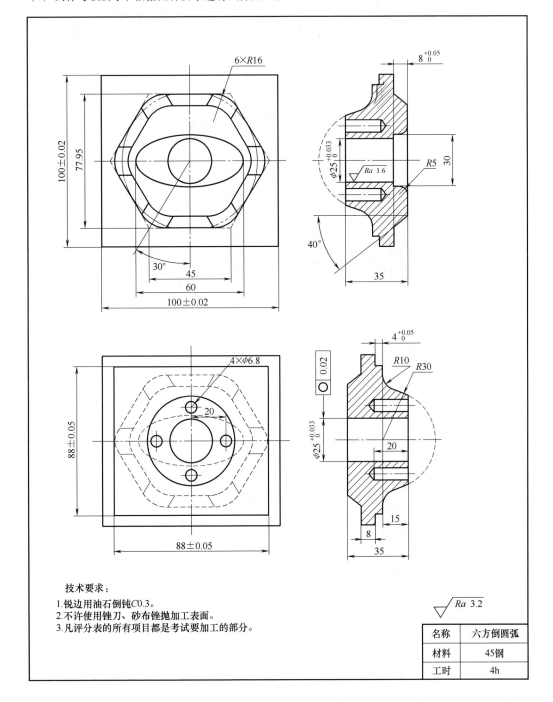

数控加工中心技师操作技能考核评分记录表

序号	项目	内容及要求	评分标准	配分	检测结果	得分	备注
1	外形	$\phi 100\pm 0.02$mm(2处)	一处不合格扣3分	6			
		88 ± 0.05mm(2处)	一处不合格扣2分	4			
		内径 $\phi 25_{0}^{+0.033}$mm	超差无分	2			
		$8_{0}^{+0.05}$mm	超差无分	2			
2	十字凹槽	未注公差(8处)	一处不合格扣0.5分	4			
3		$4_{0}^{+0.05}$mm	超差无分	2			
4		$R30$mm	不合格不得分	2			
5		$R16$mm(6处)	一处不合格扣2分	12			
6	外八方	$R10$mm	不合格不得分	2			
7		圆角 $R5$mm	不合格不得分	6			
8		圆度 0.02	超差无分	4			
9		角度 40°	不合格不得分	8			
10	凹八方	椭圆 30mm×15mm	不合格不得分	6			
11		$Ra1.6\mu$m	不合格不得分	6			
12		$Ra3.2\mu$m(13处)	一处不合格扣0.5分	6.5			
13		锐边倒角(12处)	一处不合格扣0.5分	3			
14	轮廓	有无损伤	损伤不得分	0.5			
15		完整、不缺项	缺一项扣8分	3			
16	孔	孔径 $4\times\phi 6.8$mm	一处不合格扣1分	4			
17		深度 4×20	超差无分	2			
18	安全文明生产	1. 遵守机床安全操作规程 2. 刀具、工具、量具放置规范 3. 设备保养、场地清洁	酌情扣1~5分	5			
19	工艺合理	1. 工件定位、加紧及刀具选择合理 2. 加工顺序及刀具轨迹路线合理	酌情扣1~5分	5			
20	程序编制	1. 指令正确,程序完整 2. 数值计算正确、程序编写表现出一定的技巧,简化计算及加工程序 3. 刀具补偿功能运用正确、合理 4. 切削参数、坐标系选择正确、合理	酌情扣1~5分	5			
21	其他项目	发生重大事故(人身和设备安全事故)、严重违反工艺原则和情节严重的野蛮操作等,由主考老师决定取消考试资格					
	总分						
考试时间:考试时间4h,到点交考件,不延时							

考生:　　　　　　　　　考评人员:

检测人员:　　　　　　　核分人员:

数控加工中心技师操作技能考核工、量具、材料准备清单

序号	类别	名称	型号	数量	备注
1	刀具	立铣刀	φ4mm、φ6mm、φ8mm、φ10mm、φ14mm	各1	
2		球头刀	φ4mm、φ6mm、φ8mm、φ10mm、φ14mm	各1	
3		中心钻	A3.15/10 B6078-85	1	
4		钻头	φ6mm、φ10mm	各1	
5		铰刀	φ6H7	1	
6	量具	游标卡尺	0.02mm,0~150mm	1	
7		深度尺	0.02mm,0~150mm	1	
8		百分表及磁力表座	0.01mm,10mm	1	
9		内径千分表	测量φ22~φ30mm孔	1	
10		千分尺	0~25mm、25~50mm、50~75mm	1	
11		千分尺	75~100mm、100~125mm	1	
12	工具	机用平口钳	—	1	
13		弹簧夹套	φ4mm、φ6mm、φ8mm、φ10mm、φ14mm	各1	
14		钻夹头	—	1	
15		整形锉	—	1套	
16		锤子	—	1把	
17		活扳手	250mm	1把	
18		螺钉旋具	一字形,150mm	1把	
19		毛刷	50mm	1把	

数控加工中心技师操作技能考核卷备料图

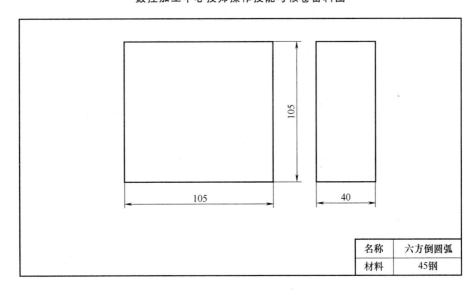

名称	六方倒圆弧
材料	45钢

8.5.3 高级技师实操试题

数控加工中心高级技师操作技能考核试卷（A）

（1）本题分值：100 分。

（2）考核时间：根据每道试题的考核工时。

（3）具体考核要求：根据图样要求进行试件加工。

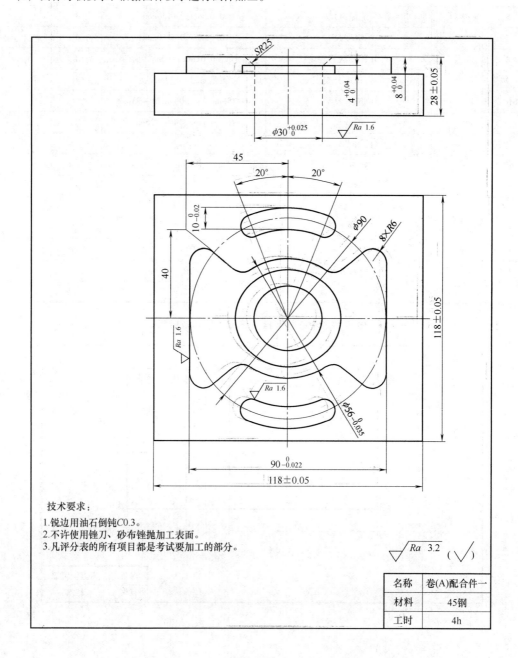

技术要求：
1. 锐边用油石倒钝C0.3。
2. 不许使用锉刀、砂布锉抛加工表面。
3. 凡评分表的所有项目都是考试要加工的部分。

名称	卷(A)配合件一
材料	45钢
工时	4h

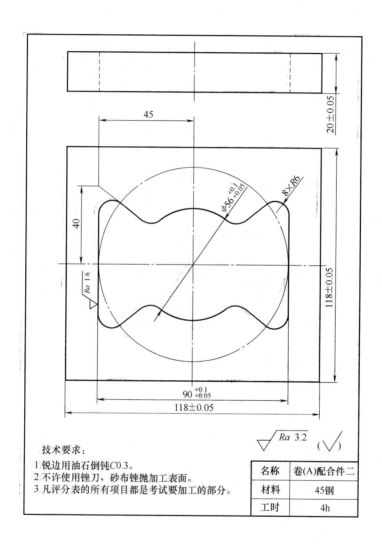

数控加工中心高级技师操作技能考核评分记录表

序号	项目		内容及要求	评分标准	配分	检测结果	得分	备注
1	外形		厚度 280±0.05mm	每超 0.01mm 扣 1 分	2			
			长度 1180±0.05mm	每超 0.01mm 扣 1 分	1			
			宽度 1180±0.05mm	每超 0.01mm 扣 1 分	1			
2	件 1	弧形凸台	宽度 $100_{-0.02}^{0}$ mm	每超 0.01mm 扣 1 分	4			
3			高度 $4_{0}^{+0.04}$ mm	每超 0.01mm 扣 1 分	2			
4			周边 $Ra1.6\mu m$	每降 1 级扣 1 分	2			
5			定位尺寸($\phi 90mm,20°$)	超差不得分	2			
6		球面	SR25	超差不得分	4			
7			$Ra3.2\mu m$	每降 1 级扣 1 分	2			
8		孔	$\phi 30_{0}^{+0.025}$ mm	每超 0.01mm 扣 1 分	8			
9			$Ra1.6\mu m$	每降 1 级扣 1 分	3			
10		曲线轮廓凸台	圆弧过渡,R6mm(8 处)	有明显接痕每处扣 1 分	8			
11			周边 $Ra1.6\mu m$	每降 1 级扣 1 分	4			
12			高度 $8_{0}^{+0.04}$ mm	每超 0.01mm 扣 1 分	2			
13			$\phi 56_{-0.035}^{0}$ mm	每超 0.01mm 扣 1 分	2			
14			$90_{-0.022}^{0}$ mm	每超 0.01mm 扣 1 分	2			
15	件 2	曲线轮廓凹槽	厚度 20±0.05mm	每超 0.01mm 扣 1 分	2			
16			长度 118±0.05mm	每超 0.01mm 扣 1 分	1			
17			宽度 118±0.05mm	每超 0.01mm 扣 1 分	1			
18			圆弧过渡 R6mm(8 处)	有明显接痕每处扣 1 分	10			
19			周边 $Ra1.6\mu m$	每降 1 级扣 1 分	4			
20			$90_{+0.05}^{+0.1}$ mm	每超 0.01mm 扣 1 分	2			
21			$\phi 56_{+0.05}^{+0.1}$ mm	超差不得分	2			
22	残料清角		外轮廓加工后的残料必须清除;内轮廓必须清角	每留一个残料岛屿扣 1 分,未清角每处扣 1 分	8			
23	配合		单边配合间隙≤0.03mm	超差不得分	10			
24	安全文明生产		1. 遵守机床安全操作规程 2. 刀具、工具、量具放置规范 3. 设备保养、场地清洁	酌情扣 1~5 分	3			
25	工艺合理		1. 工件定位、加紧及刀具选择合理 2. 加工顺序及刀具轨迹路线合理	酌情扣 1~5 分	3			
26	程序编制		1. 指令正确,程序完整 2. 数值计算正确、程序编写表现出一定的技巧,简化计算及加工程序 3. 刀具补偿功能运用正确、合理 4. 切削参数、坐标系选择正确、合理	酌情扣 1~5 分	5			
27	其他项目		发生重大事故(人身和设备安全事故)、严重违反工艺原则和情节严重的野蛮操作等,由主考老师决定取消考试资格					
	总分							

考试时间:考试时间 4h,到点交考件,不延时

考生: 考评人员:

检测人员: 核分人员:

数控加工中心高级技师操作技能考核工、量具、材料准备清单

序号	类别	名称	型号	数量	备注
1	刀具	立铣刀	φ4mm、φ6mm、φ8mm、φ10mm、φ14mm	各1	
2		球头刀	φ4mm、φ6mm、φ8mm、φ10mm、φ14mm	各1	
3		中心钻	A3.15/10 B6078-85	1	
4		钻头	φ6mm、φ10mm	各1	
5	量具	游标卡尺	0.02mm,0~150mm	1	
6		深度尺	0.02mm,0~150mm	1	
7		百分表及磁力表座	0.01mm,10mm	1	
8		内径千分表	测量φ22~φ30mm孔	1	
9		千分尺	0~25mm、25~50mm、50~75mm	1	
10		千分尺	75~100mm、100~125mm	1	
11	工具	机用平口钳	—	1	
12		弹簧夹套	φ4mm、φ6mm、φ8mm、φ10mm、φ14mm	各1	
13		钻夹头	—	1	
14		整形锉	—	1套	
15		锤子	—	1把	
16		活扳手	250mm	1把	
17		螺钉旋具	一字形,150mm	1把	
18		毛刷	50mm	1把	
19		棉纱	—	若干	

数控加工中心高级技师操作技能考核卷备料间

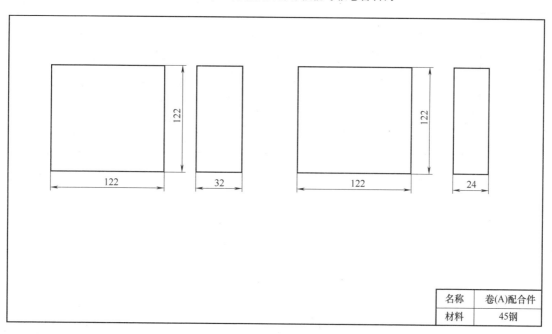

名称	卷(A)配合件
材料	45钢

数控加工中心高级技师操作技能考核试卷（B）

（1）本题分值：100分。

（2）考核时间：根据每道试题的考核工时。

（3）具体考核要求：根据图样要求进行试件加工。

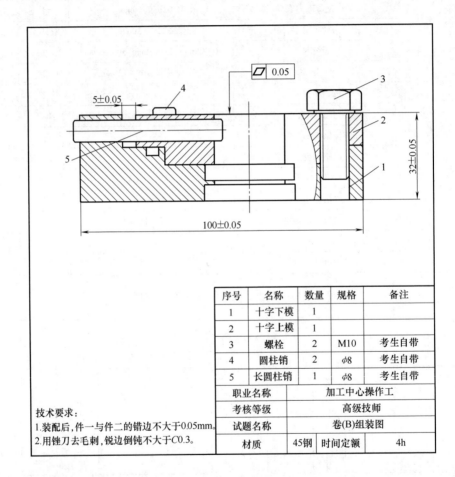

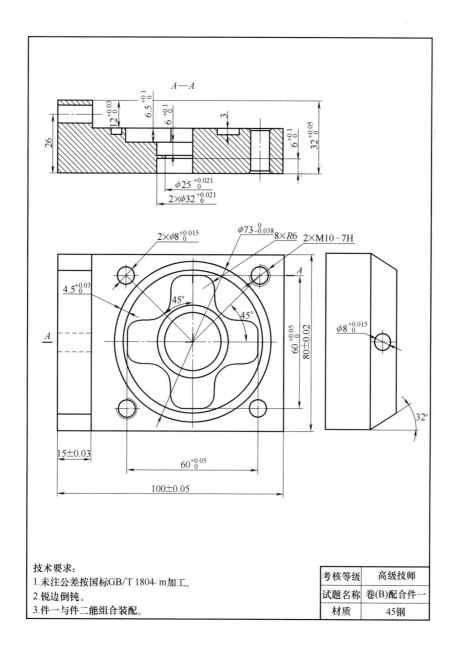

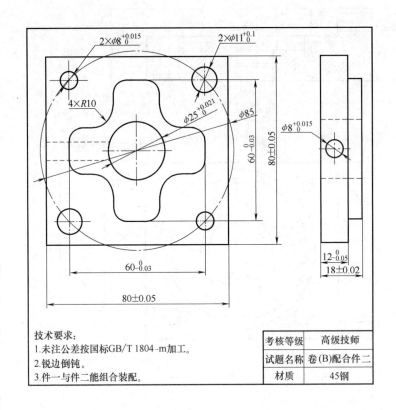

数控加工中心高级技师操作技能考核评分记录表

序号	项目		内容及要求	评分标准	配分	检测结果	得分	备注
1	件1	外形	高度 $32_0^{+0.05}$mm	每超 0.01mm 扣 1 分	2			
			长度 100±0.05mm	每超 0.01mm 扣 1 分	4			
			宽度 80±0.02mm	每超 0.01mm 扣 1 分	4			
2		凸台	宽度 15±0.03mm	每超 0.01mm 扣 1 分	4			
3			高度 $12_0^{+0.03}$mm	每超 0.01mm 扣 1 分	2			
4			侧面销孔 $\phi 8_0^{+0.015}$mm	超差不得分	2			
5			两侧 32°	超差不得分,每处 1	2			
6			定位尺寸 26mm	每超 0.1mm 扣 1 分	2			
7		凹槽	宽度 $4.5_0^{+0.03}$mm	每超 0.01mm 扣 1 分	4			
8			深度 3mm	每超 0.1mm 扣 1 分	2			
9			$\phi 73_{-0.038}^{0}$mm	每超 0.01mm 扣 1 分	4			
10			$2×60_0^{+0.05}$mm	每超 0.01mm 扣 1 分	4			
11			$6.5_0^{+0.1}$mm	每超 0.1mm 扣 1 分	2			
12		孔	圆弧过渡,R6mm(8 处)	有明显接痕每处扣 1 分	8			
13			$2×\phi 8_0^{+0.015}$mm	超差不得分	4			
14			2×M10-7H	超差不得分	4			
15			$\phi 25_0^{+0.021}$mm	每超 0.01mm 扣 1 分	2			
16			$2×\phi 32_0^{+0.021}$mm	每处 2 分,超差不得分	4			
17	件2	外形	2×80±0.05mm	每超 0.01mm 扣 1 分	2			
18			$2×60_{-0.03}^{0}$mm	每超 0.01mm 扣 1 分	4			
19			$\phi 25_0^{+0.021}$mm	每超 0.01mm 扣 1 分	2			
20		凸台	高度 18±0.02mm	每超 0.01mm 扣 1 分	2			
21			高度 $12_{-0.05}^{0}$mm	每超 0.01mm 扣 1 分	2			
22		孔	$2×\phi 8_0^{+0.015}$mm	超差不得分	4			
23			侧面销孔 $\phi 8_0^{+0.015}$mm	超差不得分	2			
24			$2×\phi 11_0^{+0.1}$mm	超差不得分	2			
25	配合		3 处错边不大于 0.05mm	超差不得分,每处 3 分	9			
26	安全文明生产		1. 遵守机床安全操作规程 2. 刀具、工具、量具放置规范 3. 设备保养、场地清洁	酌情扣 1~3 分	3			
27	工艺合理		1. 工件定位、加紧及刀具选择合理 2. 加工顺序及刀具轨迹路线合理	酌情扣 1~3 分	3			
28	程序编制		1. 指令正确,程序完整 2. 数值计算正确、程序编写表现出一定的技巧,简化计算及加工程序 3. 刀具补偿功能运用正确、合理 4. 切削参数、坐标系选择正确、合理	酌情扣 1~5 分	5			
29	其他项目		发生重大事故(人身和设备安全事故)、严重违反工艺原则和情节严重的野蛮操作等,由主考老师决定取消考试资格					
	总分							

考试时间:考试时间 4h,到点交考件,不延时

考生:　　　　　　　　考评人员:

检测人员:　　　　　　核分人员:

数控加工中心高级技师操作技能考核工、量具、材料准备清单

序号	类别	名称	型号	数量	备注
1	刀具	立铣刀	φ4mm、φ6mm、φ8mm、φ10mm、φ14mm	各1	
2		球头刀	φ4mm、φ6mm、φ8mm、φ10mm、φ14mm	各1	
3		中心钻	A3.15/10 B6078-85	1	
4		钻头	φ7.8mm、φ8.5mm、φ10mm	各1	
5		铰刀	φ8H7	1	
6		镗刀	φ25mm、φ32mm	各1	
7		丝锥	M8	1	
8	量具	游标卡尺	0.02mm,0~150mm	1	
9		深度尺	0.02mm,0~150mm	1	
10		百分表及磁力表座	0.01mm,10mm	1	
11		内径千分表	测量φ22~φ35mm孔	1	
12		千分尺	0~25mm、25~50mm、50~75mm	1	
13		千分尺	75~100mm、100~125mm	1	
14	工具	机用平口钳	—	1	
15		弹簧夹套	φ4mm、φ6mm、φ8mm、φ10mm、φ14mm	各1	
16		钻夹头	—	1	
17		整形锉		1套	
18		锤子	—	1把	
19		活扳手	250mm	1把	
20		螺钉旋具	一字形,150mm	1把	
21		毛刷	50mm	1把	
22		棉纱	—	若干	

数控加工中心高级技师操作技能考核卷备料图

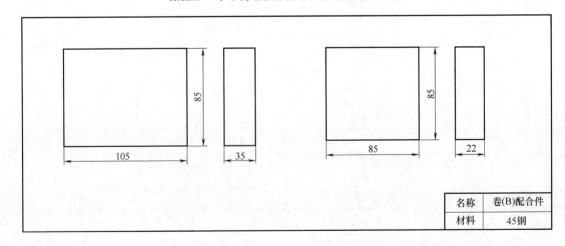

数控加工中心高级技师操作技能考核试卷（C）

（1）本题分值：100分。
（2）考核时间：根据每道试题的考核工时。
（3）具体考核要求：根据图样要求进行试件加工。

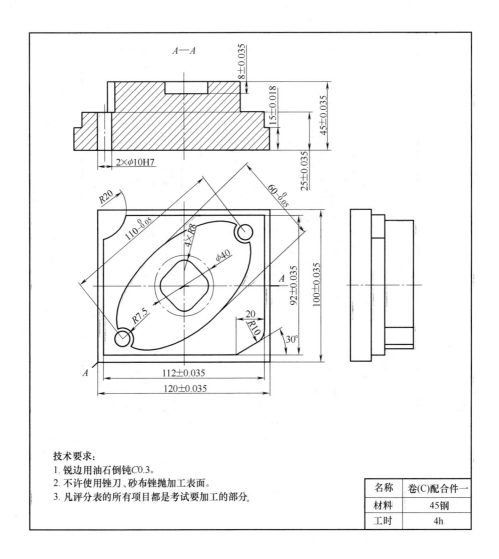

技术要求：
1. 锐边用油石倒钝C0.3。
2. 不许使用锉刀、砂布锉抛加工表面。
3. 凡评分表的所有项目都是考试要加工的部分。

名称	卷(C)配合件一
材料	45钢
工时	4h

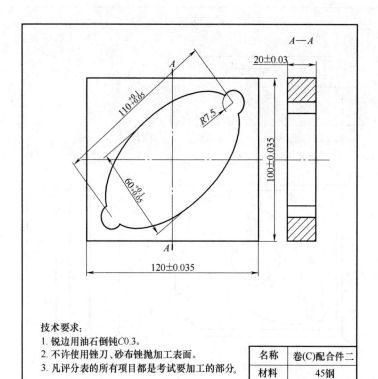

数控加工中心高级技师操作技能考核评分记录表

序号	项目		内容及要求	评分标准	配分	检测结果	得分	备注
1		外形	高度 45±0.035mm	超 0.1mm 不得分	4			
			长度 120±0.035mm	每超 0.01mm 扣 1 分	4			
			宽度 100±0.035mm	每超 0.01mm 扣 1 分	4			
2			宽度 92±0.035mm	每超 0.01mm 扣 1 分	4			
3			长度 112±0.035mm	每超 0.01mm 扣 1 分	4			
4			椭圆 $60_{-0.05}^{0}$ mm	超差不得分	2			
5			椭圆 $110_{-0.05}^{0}$ mm	超差不得分	2			
6			30°	超 0.1° 不得分	2			
7	件1	凸台	倒角长度 20mm	超 0.1mm 不得分	2			
8			R10mm 圆角	超差不得分	2			
9			R20mm 圆角	超差不得分	2			
10			高度 25±0.035mm	每超 0.01mm 扣 1 分	4			
11			高度 15±0.018mm	每超 0.01mm 扣 1 分	4			
12			高度 20mm	每超 0.1mm 扣 1 分	2			
13			ϕ40mm	超 0.1mm 不得分	1			
14		凹槽	深度 8±0.035mm	每超 0.01mm 扣 1 分	4			
15			4×R8mm	每处 1 分,超差不得分	4			
16		孔	圆弧过渡,R7.5mm(2 处)	有明显接痕每处扣 1 分	2			
17			2×ϕ10H7($^{+0.015}_{0}$) mm	每处 2 分,超差不得分	4			
18		外形	长度 120±0.035mm	每超 0.01mm 扣 1 分	4			
19			宽度 100±0.035mm	每超 0.01mm 扣 1 分	4			
20	件2		高度 20±0.03mm	每超 0.01mm 扣 1 分	4			
21		曲线轮廓	圆弧过渡,R7.5(2 处)	有明显接痕每处扣 1 分	2			
22			椭圆 $110_{+0.05}^{+0.1}$ mm	每超 0.01mm 扣 1 分	2			
23			椭圆 $60_{+0.05}^{+0.1}$ mm	超差不得分	4			
24	配合		多面装配,间隙不大于 0.05mm	超差不得分,每面 3 分	12			
25	安全文明生产		1. 遵守机床安全操作规程 2. 刀具、工具、量具放置规范 3. 设备保养、场地清洁	酌情扣 1~3 分	3			
26	工艺合理		1. 工件定位、加紧及刀具选择合理 2. 加工顺序及刀具轨迹路线合理	酌情扣 1~3 分	3			
27	程序编制		1. 指令正确,程序完整 2. 数值计算正确、程序编写表现出一定的技巧,简化计算及加工程序 3. 刀具补偿功能运用正确、合理 4. 切削参数、坐标系选择正确、合理	酌情扣 1~5 分	5			
28	其他项目		发生重大事故(人身和设备安全事故)、严重违反工艺原则和情节严重的野蛮操作等,由主考老师决定取消考试资格					
	总分							

考试时间:考试时间 4h,到点交考件,不延时

考生: 考评人员:

检测人员: 核分人员:

数控加工中心高级技师操作技能考核工、量具、材料准备清单

序号	类别	名称	型号	数量	备注
1	刀具	立铣刀	$\phi 4mm$、$\phi 6mm$、$\phi 8mm$、$\phi 10mm$、$\phi 14mm$	各1	
2		球头刀	$\phi 4mm$、$\phi 6mm$、$\phi 8mm$、$\phi 10mm$、$\phi 14mm$	各1	
3		中心钻	A3.15/10 B6078-85	1	
4		钻头	$\phi 9.8mm$	各1	
5		铰刀	$\phi 10H7$	1	
6		镗刀	$\phi 25mm$、$\phi 32mm$	各1	
7	量具	游标卡尺	0.02mm,0~150mm	1	
8		深度尺	0.02mm,0~150mm	1	
9		百分表及磁力表座	0.01mm,10mm	1	
10		内径千分表	测量$\phi 22$~$\phi 35$孔	1	
11		千分尺	0~25mm、25~50mm、50~75mm	1	
12		千分尺	75~100mm、100~125mm	1	
13	工具	机用平口钳	—	1	
14		弹簧夹套	$\phi 4mm$、$\phi 6mm$、$\phi 8mm$、$\phi 10mm$、$\phi 14mm$	各1	
15		钻夹头	—	1	
16		整形锉	—	1套	
17		锤子	—	1把	
18		活扳手	250mm	1把	
19		螺钉旋具	一字形,150mm	1把	
20		毛刷	50mm	1把	
21		棉纱	—	若干	

数控加工中心高级技师操作技能考核卷备料图

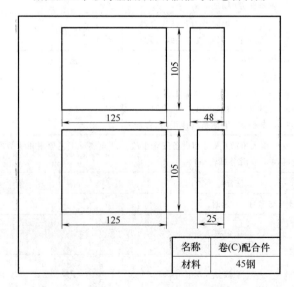

参 考 文 献

[1] 中国北车股份有限公司．加工中心操作工［M］．北京：中国铁道出版社，2015．
[2] 中国北车股份有限公司．铣工［M］．北京：中国铁道出版社，2015．
[3] 何贵显．FANUC 0i 数控铣床/加工中心编程技巧与实例［M］．北京：机械工业出版社，2015．
[4] 人力资源和社会保障部教材办．加工中心操作工：高级［M］．2版．北京：中国劳动社会保障出版社，2013．
[5] 韩鸿鸾．数控铣工加工中心操作工：中级［M］．北京：机械工业出版社，2006．
[6] 王荣兴．加工中心培训教程［M］．2版．北京：机械工业出版社，2014．